教育部人文社会科学研究青年基金项目
（批准号 17YJC720014）

科学 帝国

李
猛
著

上海交通大学出版社
SHANGHAI JIAO TONG UNIVERSITY PRESS

班克斯的
帝国博物学

BANKS'S IMPERIAL
NATURAL HISTORY

内容提要

　　班克斯是英国启蒙运动时期最具影响力的博物学家之一，是迄今为止任期最长的英国皇家学会主席。他依托皇家学会等学术机构，成功地将科学尤其是博物学推销给了王室、政府和东印度公司，极大地开发了科学的实用性，从而使科学开始真正走进人们的生活。班克斯建立了一个全球性的博物学网络，从认知和实作两个层面将博物学与大英帝国联系起来，构建起一个小科学时代的大科学发展模式。本书全景式回顾了班克斯的帝国博物学之路，从中可窥见博物学与政治、经济、社会等各方面千丝万缕的联系。

　　本书适合博物学、历史学爱好者阅读。

图书在版编目（CIP）数据

班克斯的帝国博物学/李猛著. —上海：上海交通大学出版社，2019
（博物学文化丛书）
ISBN 978 - 7 - 313 - 17180 - 1

Ⅰ．①班… Ⅱ．①李… Ⅲ．①博物学—研究 Ⅳ．①N91

中国版本图书馆 CIP 数据核字（2017）第 113499 号

班克斯的帝国博物学

编　　著：李　猛
出版发行：上海交通大学出版社　　　　　　地　　址：上海市番禺路 951 号
邮政编码：200030　　　　　　　　　　　　电　　话：021 - 64071208
印　　制：苏州市越洋印刷有限公司　　　　经　　销：全国新华书店
开　　本：710mm×1000mm　1/16　　　　　印　　张：20
字　　数：244 千字
版　　次：2019 年 5 月第 1 版　　　　　　　印　　次：2019 年 5 月第 1 次印刷
书　　号：ISBN 978 - 7 - 313 - 17180 - 1/N
定　　价：88.00 元

博物学文化丛书总序

博物学（natural history）是人类与大自然打交道的一种古老的适应于环境的学问，也是自然科学的四大传统之一。它发展缓慢，却稳步积累着人类的智慧。历史上，博物学也曾大红大紫过，但最近被迅速遗忘，许多人甚至没听说过这个词。

不过，只要看问题的时空尺度大一些，视野宽广一些，就一定能够重新发现博物学的魅力和力量。说到底，"静为躁君"，慢变量支配快变量。

在西方古代，亚里士多德及其大弟子特奥弗拉斯特是地道的博物学家，到了近现代，约翰·雷、吉尔伯特·怀特、林奈、布丰、达尔文、华莱士、赫胥黎、梭罗、缪尔、法布尔、谭卫道、迈尔、卡逊、劳伦兹、古尔德、威尔逊等是优秀的博物学家，他们都有重要的博物学作品存世。这些人物，人们似曾相识，因为若干学科涉及他们，比如某一门具体的自然科学，还有科学史、宗教学、哲学、环境史等。这些人曾被称作这个家那个家，但是，没有哪一头衔比博物学家（naturalist）更适合于描述其身份。中国也有自己不错的博物学家，如张华、郦道元、沈括、徐霞客、朱橚、李渔、吴其濬、竺可桢、陈兼善等，甚至可以说中国古代的学问尤以博物见长，只是以前我们不注意、不那么看罢了。

长期以来，各地的学者和民众在博物实践中形成了丰富、精致的博物学文化，为人们的日常生活和天人系统的可持续生存奠定了牢固的基础。相比于其他强势文化，博物学文化如今显得低调、无用，但自有其特色。博物学文化本身也非常复杂、多样，并非都好得很。但是，其中的一部分对于反省"现代性逻辑"、批判工业化文明、建设生态文明，可能发挥独特的作用。人类个体传习、修炼博物学，能够开阔眼界，也确实有利于身心健康。

中国温饱问题基本解决，正在迈向小康社会。我们主张在全社会恢复多种形式的博物学教育，也得到一些人的赞同。但对于推动博物学文化发展，正规教育和主流学术研究一时半会儿帮不上忙。当务之急是多出版一些可供国人参考的博物学著作。总体上看，国外大量博物学名著没有中译本，比如特奥弗拉斯特、老普林尼、格斯纳、林奈、布丰、拉马克等人的作品。我们自己的博物学遗产也有待细致整理和研究。或许，许多人、许多出版社多年共同努力才有可能改变局面。

上海交通大学出版社的这套"博物学文化丛书"自然有自己的设想、目标。限于条件，不可能在积累不足的情况下贸然全方位地着手出版博物学名著，而是根据研究现状，考虑可读性，先易后难，摸索着前进，计划在几年内推出约二十种作品。既有二阶的，也有一阶的，比较强调二阶的。希望此丛书成为博物学研究的展示平台，也成为传播博物学的一个有特色的窗口。我们想创造点条件，让年轻朋友更容易接触到古老又常新的博物学，"诱惑"其中的一部分人积极参与进来。

丛书主编　刘华杰

2015 年 7 月 2 日于北京大学

序言
扎实推进博物文化研究

　　厦门大学青年教师李猛副教授希望我为其即将出版的作品《班克斯的帝国博物学》写几句话，我欣然应允。此书在博士论文基础上修订而成，作为李猛的博士论文指导教师，我有义务交待一些情况，这样便于读者了解作者、理解书里所讨论的内容。

　　李猛硕士就读于北京师范大学，我的好朋友田松教授是其论文指导教师。多年前田松向我推荐了李猛，自然讲了许多优点，我记下了。那时候北京大学哲学系还没有实施推荐审核制，考生要一本正经考不少东西。李猛的笔试成绩排在前面（匿名批卷），于是一帆风顺，他来到北大读博士了。我印象中李猛本分、理性、勤奋、低调，是位比较省心的学生。李猛做事有条不紊，在适当的时候做适当的事，遇事他能识别大小。回过头，从稍大一点尺度看也是这样，读本科、硕士、博士，到英国访学，谈恋爱、结婚、生子，到大学任教、申请科研基金、职称晋升等，各项稳妥推进，既不冒进也不推迟，一切刚刚好。真希望所有的学子都能如此顺利。当然，外观顺当，建立在背后艰苦努力的基础之上，需要有坚定的意志和精明的局势评价力。李猛入学时我曾对包括他在内的在读研究生说，向徐保军、熊姣学习，言必信行必果。李猛毕业后，对于新来者又加了一句：向李猛学习，抓大放小，逃不掉的事情赶早不赶晚。

入学后，接下来就是考虑一个具体的研究课题，写出博士学位论文。我考虑了很久，针对李猛的背景和特长，建议他研究一下博物学家班克斯（Joseph Banks）。学界长期以来不大重视这个人物，国内更是如此。我读研究生时不晓得班克斯的地位、重要性。后来读 Ray Desmond 的 *The History of the Royal Botanical Gardens* 才略知一二。实际上我最早是通过山龙眼科植物的一个属 *Banksia* 而知道这个人的，属名就来自他的姓 Banks，这个属有上百个种。非常奇怪的是，这个属的中文名被中国植物学界长期译作"班克木属"，一本厚厚的拉英汉植物名词典也是这样写的。也就是说，人家一个完整的姓被生扯活拉地裁掉一块。就好比恩格斯被简化为恩格一样！如果采用音译，按理说应当叫班克斯属或者班氏木属。我曾在网上吐槽，建议改一改那个荒唐的中文名，可是有人不以为然，觉得"班克木"叫法挺好的，让人无语。后来刘冰和刘夙等把这个属的中文名改为筒花属，比较合适。这是闲话。不过，这也说明在中文世界班克斯的知名度不高，许多人不知道那个属名与一个人名有关。

班克斯任过英格兰皇家学会主席，而且年头甚久，至今没人能打破记录。照理说植物学界应当熟悉他，不应当随便把人家名字拆了。其实，这只是一种事后的猜想。比班克斯地位更高、影响更大的博物学家林奈人们又了解多少呢？迄今，林奈本人的任何作品都没有译成中文，相当多中文作品中关于其著名的"双词命名法"也有着望文生义的解释。现在，中国出版界好不容易才推出了一本译作《林奈传》，译者是李猛的师兄徐保军。

班克斯和林奈一样，都是博物学家，都做了许多重要的工作。在数百个大博物学家当中他们肯定会排在前面。那么为何中外学者长期不重视他们呢？说到底与人们的价值观有关，具体到史学界，与人们的编史观念有关。历史过程涉及的信息无穷多，书写出来的历史不可避免地大大简化，做法是摘取自己认为重要的东西，把它们整理得符合某种秩序，让读者相信那就是实际的历史。现在的科技哲学与科技史课程中，反省辉格史观是不可或缺的一课，但对辉格史不能简单否定了事。关于辉格史有三个阶段或者层次：第一是无意识的辉格史做法；第二是对辉格史的批判；第三则是在反省的基础上有意运用辉格史方法，变一种辉格史为多种辉格史。也就是说，用多维偏见补充单一偏见，力求对所关注主题有更立体的理解。

回到班克斯，科学史界如何关注他呢？在极端强调征服自然、改造自然的大背景下，在以数理科学、还原论科学为中心的年代，班克斯只能靠边站，因为他的所作所为不够有力量，学问不够深刻，甚至他所在的学科本身就不够硬，不属于硬科学。但是观念在缓慢变化着，各种各样非主流编史理念纷纷登场，特别是后现代、女性主义、人类学与社会学视角的全方位引入，以及后殖民主义编史策略的实施，冲破了旧有的格局。在此形势下，考虑博物编史纲领，博物学以及班克斯得到关注，是非常自然的事情。

起初，还是就科学史而讲科学史，一切都顶着科学技术这个大帽子。解放之路就是科技概念不断泛化的过程，用"宽面条"取代"窄面条"，让科技这个大帽子尽可能涵盖更多的内容，非西方传统、地方性知识、中国古代致知等均获得新的合法性加持。喜欢博物的，自然要论证它是科学或部分是科学，甚至是好的科学、"完善的科学"。在这种思路下，我也试图从人类认知传统上为博物寻找位置，构造了历史上自然科学的四大传统：博物、数理、控制实验和数值模拟。我在给熊姣的著作《约翰·雷的博物学思想》作序时就讲述过，2013 年 5 月 10 日在中国科学院自然科学史所的讲座"关于博物学编史纲领"中也讲过，并提示：此分类也只是韦伯所说的"理想类型"而已。现实的科学要比这复杂得多，是复合型的，各有所侧重。这四大传统的划分当然有充分根据，不但对过去、现在有相当的解释力，对于未来也有意义。它能为思考提供一种参照，比如将来发展自然科学，这四个传统是否还都要？权重如何？据我所知，John V. Pickstone 的 *Ways of Knowing：A New History of Science，Technology and Medicine* 与我的想法最为接近，或许我自己的划分更合理。沿此思路，可以做许多事情，有矿采、有饭吃。即使按此思路理解，做博物相关的史学研究依然不是主流（有人说已成为显学），但也正好因为不是主流而有广阔的空间，做的人会越来越多。

　　但是，这仍然是一种以（近现代）科学、科技为中心的范式，最终也难以逃脱西方中心论的、现代性的学理纠缠，因为人们理解的科学主要是以当下或者近期所见所感为依据的、抛开本质主义的路数。科学虽是不断演化的，内涵和外延一直在变，但是学者无法改变的基本事实是：伽利略、笛卡儿以来的近现代科技基本框定了（并非完全决定）"科学"概念的解释空间。挖掘中世纪、追到古希腊、吸收非西方智慧等，都改变不了这个大局，说到底那些只是一种学术装饰。在上述思路或阶段中，要为博物争名分，尽可能论证博物像科学、是科学。这样做，可以取得不少成果，但终究视野不够。但是，一旦跳出藩篱，情况就变化了。对于博物，现在有了三种方案：从属论、适当分离说和平行论。说到底它涉及如何确定博物与科学之间的关系。"此定位处理不好，将严重影响博物学在中国的长远发展"。"此事我思考了十多年，自己的想法也经历了三个阶段：①内部补充：以博物补充数理，作为自然科学四大传统之一的博物学对科学可能仍然有帮助。②适当切割：参与人群和目标并不重合，不必只考虑为自然科学服务。③平行论：着眼文明长程演化，确立'自性'，借鉴科技进展而不为其左右。实际上，一直是自己说服自己的过程，现在觉得'平行论'虽然大胆但比较恰当，从历史、现在和未来看，都讲得通。理解平行说并不难，打个比方，就像文学与自然科学的关系一样。"（《中华读书报》，2017 年 11 月 15 日，第 5 版）三种方案都不否定一个基本事实、共识：博物与科学有交叉，只是对交叉的多少、性质、意味有不同的理解。这个共识现在看十分直白、理所当然，但是它真的来之不易。最弱的表述便是，因为有此交叉，在科学史界、科学哲学界做与博物相关的研究就有了一定的合法性。

关注班克斯，当然首先也是从这个最弱的辩护出发的。到了现在，不大可能有人站出来反对从科学史的角度研究班克斯，虽然私下里仍可以认为这类研究不重要。

李猛对班克斯的研究是如何定位的？一开始，这并不是很合适的提问方式，实际上一个年轻人做某项研究也不可能时刻想着立场、境界。那么，如何看待本书的研究？我个人的看法是，看它提供的信息是否足够丰富、足够新鲜，是否给人以启发。我想，李猛做到了。帝国博物学是否也沾染了某些坏东西？班克斯的大科学与 20 世纪的大科学有何关联和区别？班克斯的科学组织对于当下的科技管理是否仍有借鉴意义？重启博物学可以从班克斯那里借鉴什么、回避什么？英法不同科技体制对于科技的未来意味着什么？

帝国型博物学是相对阿卡迪亚型（田园牧歌型）博物而言的，这种简单的二分，作为逻辑类型十分清晰、有用，但也要时刻清楚它只是一种方便的切分方式。有人吃惊地跟我说：没想到博物也与帝国扯到一起，博物也搞扩张、侵略，于是博物并不比科学好到哪里去。这是因为思考不足够，匆忙构造幻景并快速自己撕破幻景的过程。博物与科学一样，不会是铁板一块，从博物中找出坏人坏事决不是难事，因此重启博物学，也要做出限定，要讲究博物伦理。2018 年 8 月 18 日在成都白鹿小镇通过的关于博物理念的《白鹿宣言》就是为了事先做好准备。就人与自然互动的方式方法而论，博物与数理科学、还原论科学确实有相当的差别，后果也自然不同。坦率地讲，博物对天人系统的扰动、破坏很有限，用于杀人效率也不高，如果利用得当，还非常有助于系统的可持续生存。即使班克斯的帝国博物学听起来有可能损坏了天真的想象，其正面价值也是主要的，负面影响是可控的。班克斯关心过茶叶、面包树和羊毛，没有研究攻城术，没有组织研发自动步枪、机关枪、核武器、潜艇，这本身就能说明问题。有人有话等着呢："那是因为时代不同，或者因为他水平低，他不懂。"即便在他生活的年代，18 世纪下半叶和 19 世纪初，把自己的智慧主动奉献于军事战争的也不在少数，而且得到了交战各方的颂扬。

不管怎样，研究班克斯，提供一批有趣的材料、故事，能刺激人们思考，能为学者开展其他研究提供启发，也有文化传播的意义。这可能是本书的重要价值所在。顺便一提，李猛在博士论文写作过程中译出了法拉的著作《性、植物学与帝国：林奈与班克斯》，熊姣翻译了《造物中展现的神的智慧》，杨莎翻译了《探寻自然的秩序：从林奈到 E. O. 威尔逊的博物学传统》，刘星翻译了《发现鸟类：鸟类学的诞生（1760—1850）》，前三种由商务印书馆出版，后者由上海交通大学出版社出版。这些译作确实提供了大量有趣的信息，对中国学界也算是一种贡献吧。

作为一篇博士论文，《班克斯的帝国博物学》也并非完美，其实不足之处也较明显，我完全同意程美宝教授的意见：李猛可以更好地利用自己已经收集到的书信、档案材料，对其进行挖掘、分析。对此，我与李猛也多次交流过。如果还继续研究相关课题的话，走向深入是理所当然的。

一般说来，人文学术是慢活，急不得。年轻学者在开始独立进行研究时宜老老实实，尽可能吸收国内外同行的研究成果，然后再创新。学术必须创新，但是也不能过分鼓吹创新，也不宜轻言创新，必须站在巨人的肩膀上创新。巨人的肩膀岂是好站的？实际上矮子的肩膀也不是好站的！李猛目前做得比较扎实，一步一个脚印。我相信随着积累的增加，他的胆子也会变大，提出更多自己的想法。

李猛在北大就读时我是指导教师，但我们这里从来都是开放办学、开放培养学生，我的学生同时受益于校内外其他各位老师、同学。我要借此机会感谢教研室的各位老师，特别感谢校外的田松、范发迪、刘孝廷、程美宝、刘兵、吴彤、刘晓力、江晓原、法拉等诸位教授。

在与年轻人接触的过程中，我也在不断学习，所谓教学相长，他们也教育了我。感谢李猛，现在我们是同行、同事。作为丛书的主编，感谢李猛贡献了独特的力量！

刘华杰

2019 年 2 月 21 日于北京西三旗

目　录 | CONTENTS

绪论　/ 1

0.1　为何关注班克斯　/ 1

0.2　帝国博物学的认知与实作　/ 13

0.3　班克斯原始文献的简要说明　/ 20

1　帝国博物学"科学"地位的确立　/ 27

1.1　18、19 世纪英国博物学的繁荣　/ 29

1.2　启蒙运动时期皇家学会两种文化的冲突与交融　/ 45

2　班克斯的帝国博物学之路　/ 59

2.1　贵族与上流社会高雅之风　/ 60

2.2　班克斯的博物学之旅及其科学地位的确立　/ 75

2.3　在科学与宗教之间　/ 87

3　班克斯帝国博物学的空间逻辑与认知特性　/ 98

3.1　自然秩序的建立与地方性的消逝　/ 100

3.2　博物馆藏：自然秩序与帝国秩序　/ 111

3.3　博物画：帝国博物学的认知媒介　/ 118

4　班克斯的帝国博物学网络　/ 133

　　4.1　权力机构的政治诉求　/ 134

　　4.2　采集者与植物园　/ 159

　　4.3　小科学时代的大科学　/ 184

　　4.4　博物学团队的版权认定规范　/ 187

5　班克斯帝国博物学实作的民族国家属性　/ 190

　　5.1　博物学资源与帝国财富　/ 193

　　5.2　班克斯与"殖民地科学"　/ 198

　　5.3　自然的"经济"体系　/ 206

　　5.4　帝国博物学实作的自然观　/ 228

6　中英两国博物学交流的指挥者　/ 232

　　6.1　认识中国　/ 234

　　6.2　班克斯与中英博物学网络　/ 241

　　6.3　主导使团博物学交往　/ 249

7　班克斯式科学　/ 259

　　7.1　科学与权力的谋和　/ 260

　　7.2　帝国博物学的兴衰　/ 269

参考文献　/ 275

译名对照表　/ 295

后记　/ 300

绪　论

0.1　为何关注班克斯

班克斯（Joseph Banks，1743—1820）是 18 世纪末 19 世纪初英国最负盛名、最具影响力的博物学家之一。历史上博物学家有多种类型[1]，班克斯是其中采集型的杰出代表。仔细研究班克斯的博物学活动，有助于更加全面地认识博物学的本性，推进对近代西方科学的理解。

---

[1] 刘华杰教授将历史上的博物学家粗略分为如下几类："亚当"分类型（林奈、林德利）、百科全书型（普林尼、布丰）、采集型（班克斯、洛克）、综合科考型（洪堡、华莱士）、探险与理论构造型（魏格纳、达尔文）、解剖实验型（居维叶、欧文）、传道授业型（亚里士多德、道金斯）、人文型（怀特、梭罗）、世界综合型（德日进、E.O. 威尔逊），有些人物是重合的，身兼多种类型（刘华杰，2010a：67）。班克斯博物学以采集为主，又兼具分类、探险等多类型特征。

　　1768 年，年轻的班克斯组织起由博物学家、画家、仆人组成的学术团队①，登上库克（James Cook）②船长的奋进号（Endeavor），开始了为期三年的全球探险。奋进号返航后，班克斯的名声和学术地位逐渐确立起来，他还因此受到了国王的召见。1778 年，这位对全球物种资源充满激情的博物学家当选为伦敦皇家学会（Royal Society of London，通常译作"英国皇家学会"）主席，并统治这个国际性科学组织长达 40 多年，迄今无人能破该纪录③。班克斯在南太平洋的探险活动奠定了他的学术生涯，也间接改变了英国科学的发展方式。班克斯以推动国家商业发展和帝国扩张为理由，说服英国政府投资科学研究事业，从而把知识与权力、科学组织与国家机构、植物学爱好与商业利益紧密地联系起来。

　　班克斯逝世之后，大英博物馆和皇家学会邀请当时最著名的人物雕刻师钱特里（Francis Chantrey）为他制作雕像，并撰写了悼词。1832 年这个雕像被放在了大英博物馆，现在存于伦敦大英自然博物馆，悼词这样描述了班克斯的一生：

---

① 在这个团队中，索兰德（Daniel Solander）是博物学家，帕金森（Sydney Parkinson）是主要的植物绘画师，斯堡林（Herman Spöring）是助理画师，巴肯（Alexander Buchan）负责风景画，还有 4 位助手负责杂务：Peter Briscoe，James Robert，Thomas Richmond 和 George Dorlton。关于他们的具体介绍请参考 Banks & Beaglehole，1962a，Introduction：25 - 30。

② 库克，1728 出生于英格兰约克郡，1779 年在与土著的冲突中战死于夏威夷岛。他是英国著名的海军军官、航海家、探险家和制图师，皇家学会会员，因航行期间完成了大量科学试验而获得皇家学会的科普利奖章（Copley Medal）。库克于 1768—1771、1772—1775、1776—1779 年三度奉命前往太平洋进行殖民探险，对英国的天文、地理、航海、医学等产生了重要影响，他也因此成为民族英雄。另外，库克船队还是首批登陆澳洲东岸和夏威夷群岛的欧洲人，在今天的澳大利亚、新西兰和大洋洲地区，有不少地方均以库克命名，如库克群岛、库克海峡、库克峰。美国著名史学家克罗斯比（Alfred Crosby）认为，库克太平洋之行所带来的全球生态扩张，堪比"哥伦布大交换"。

③ 班克斯于 1778 年 11 月当选皇家学会主席，担任该职务直至逝世，共 41 年，任职时间最长。其次是牛顿，从 1703 到 1727 共 24 年。

约瑟夫·班克斯爵士年轻的时候，

勇敢、有毅力并不怕危险，

他奔走在陆地或海岛上，

接触了世界上最遥远的种族、野蛮人，甚至是闻所未闻的人，

探求着大自然所有领域的知识。

回到祖国后，

班克斯被毫无异议地推选为皇家学会主席，

他用余生竭尽全力推进人类认知。

班克斯以绝无仅有的慷慨大方，

向科学研究者开放自己的收藏，

他的这种精神被那些立志以其为榜样的捐助者学习、传承并发扬光大。

朋友已经将他的收藏捐献给大英博物馆，

以此怀念他的慷慨。

班克斯一生活了 76 年 6 个月 6 天。

1820 年 6 月 19 日与世长辞。（Chambers，2007：141）

同时代的博物学家似乎更易于看到班克斯对科学事业的贡献。在 1821 年爱丁堡哈维学会（Harveian Society of Edinburgh）① 成立 40 周年庆祝会上，安德鲁·邓肯（Andrew Duncan）追忆并赞扬了班克斯一生的主要工作，并在报告的末尾指出，班克斯将被载入自然哲学史册而被永久怀念（Duncan，1821：20）。法国动物学家、比较解剖学和古生物学的奠基者居维

---

① 该学会以发现血液循环的医师威廉·哈维的名字来命名，在爱丁堡、伦敦等地都有哈维学会。

叶（Georges Cuvier）持有相似的观点。1821 年 4 月 2 日，法国科学院召开纪念班克斯的会议，居维叶宣读了对这位外籍名誉院士的颂词：

> 他留下的著作仅有几页的篇幅，而且并不重要。但是，他的名字将闪耀在科学的历史长河……在那个被海洋阻隔的世界里，他开辟了科学探险的道路。地理学和博物学的进步要归功于他富有成效的工作……我们会毫不迟疑地承认，班克斯的这些活动与科学家们留下的著作具有同等重要的价值。（Tomlinson，1844：59 – 60）

令人遗憾的是，居维叶的预言并没有实现，班克斯死后的 100 多年，他的形象和贡献几乎完全湮没在科学的历史长河之中。

令人讽刺的是，这位迄今为止在位时间最长的皇家学会主席，邱园①实际的管理者，国王的密友，政府科学事务和帝国事务的政策顾问，林奈学会（Linnean Society）② 和皇家园艺学会（Royal Horticultural Society）③ 的重要组织者和参与者，几十年来一直处于英国科学界中心的伟大人物，逝世之后很快就被遗忘了。皇家学会内部，新兴的数理科学家为了彰显科学进步，故意忽视乃至贬低班克斯对科学事业所做的贡献。

---

① 邱园（Kew Garden）的正式名称为皇家植物园（Royal Botanic Gardens，Kew）。它可以追溯到 1759 年乔治二世与卡洛琳女王之子的遗孀奥古斯塔，派人在所住庄园中建立的一座占地仅 3.5 公顷的植物园，这便是最初的邱园。班克斯受国王乔治三世委托管理邱园，其间引进了大量物种，建成了世界范围内最具影响力的植物园。到 1840 年，邱园被移交给国家管理，并逐步对公众开放。

② 林奈学会建立于 1788 年，名称是来自植物分类系统的早期建立者、瑞典博物学家林奈（Carl Linnaeus），地点位于伦敦皮卡迪里（Piccadilly）。创立者史密斯（James Smith）是班克斯的朋友、后辈，在班克斯的建议和督促下，他购买了林奈生前收藏的标本，并以此为基础创立了该学会。

③ 皇家园艺学会 1804 年创办于伦敦，最初名称为伦敦园艺学会（Horticultural Society of London）。1861 年获得皇家许可，改为现在的名字。该学会致力于推动园林与园艺的发展。

早在 1783—1784 年，数学家霍斯利（Samuel Horsley）就对班克斯式的博物学提出了批评。霍斯利是牛顿著作的编辑者，对牛顿充满了尊敬与崇拜，但对博物学家的品鉴赏玩之风深恶痛绝，他曾揶揄说："（班克斯）总是试图用青蛙、跳蚤和蚂蚱来取悦皇家学会的会员。"（O'Brian，1988：209）另一位数学家、军事工程师格莱尼（James Glennie）更是指责班克斯忽视了数学和实验科学的发展，从而把学会变成了收集品的橱窗，根本就不是严谨的科学。

班克斯备受指责，在最困难的时候，他甚至暂停履行学会主席职务以证清白，但是却没有真正放弃自己喜欢的博物学研究工作。学会秘书布莱顿（Charles Blagden）① 依旧忠心耿耿地将书信转送或转述给班克斯。在 1784 年 10 月 3 日的信中，布莱顿介绍了罗伯特的一次远航和普利斯特列的一次化学实验，描述了金属反应过程中空气的变化（Banks & Chambers，2007b：311 - 312）。而 1784 年 10 月 21 日的一封信中，布莱顿转述了达尔文的祖父伊拉斯谟·达尔文（Erasmus Darwin）呈交给学会的一篇文章（An Account of an Artificial Spring of Water）。布莱顿提醒班克斯参加皇家学会的会议，以防他人觉得班克斯惧怕和羞愧见人。（Banks & Chambers，2007b：318 - 319）

班克斯去世后，在批判班克斯并试图掩盖其贡献的青年科学家队伍中，化学家戴维（Humphry Davy）是最重要的一位。他曾接受过班克斯的慷慨资助，并在陷入"安全矿灯"优先权之争时，得到过班克斯的鼎力支持。班克斯逝世之后不久，戴维利用权术战胜对手，当选为皇家学

① 布莱顿（1748—1820），美国独立战争期间担任舰队军医，1782—1789 年为卡文迪什（Henry Cavendish）助手。布莱顿于 1772 年当选皇家学会会员，1784—1797 年担任学会秘书，经常与班克斯交流学会的运转情况和法国科学进展状况。《班克斯爵士的科学书信集》中，两者书信数量多达 314 封（Banks & Chambers，2007f，Calendar of Correspondence：399 - 405）。

会主席。在论及前任工作时，戴维选择了避重就轻且略带无视的口吻：

> 他（班克斯）风趣幽默且慷慨大方，具有超强的交谈协商能
> 力，是一位兼容并包的植物学家，总体来看比较熟悉博物学。他读
> 书不多，没有深刻的见解。他总是准备着帮助年轻科学家实现目
> 标。班克斯充其量只能算作一位资助者，配不上那么多赞誉。当他
> 介绍自己在航行期间的奇闻趣事时，是那么享受和发自内心的快
> 乐。作为国王亲近的朋友，他骨子里就有着廷臣之志。在对待皇家
> 学会时又显得那么随意和个人化，常常把自己的家弄得像个宫廷。
> （Holmes，2008：400）

戴维虽然熟悉班克斯对科学所做的贡献，但不去高度赞扬。因为他
要巩固自己作为学会主席的权威。戴维要向年轻一代科学工作者表明，
自己要将皇家学会带上专门化与职业化的道路，并由此来获得他们的支
持。但是，这样做却伤害了班克斯的形象。

传统科学史家也因为他著作贫乏而不愿提起他。科尔兄弟在其科学
社会学著作中也提及了这种情况：除做出伟大发现的科学家之外，科学
管理者也是科学精英中的重要群体，尽管他们没有依靠杰出的发现而享
有精英所具有的盛誉，但依然在科学界产生了重要的影响。遗憾的是，
科学史常常把他们忘记了（科尔，1989：44-46）。其实除博物学外，班
克斯对当时的诸多自然哲学学科也充满着兴趣，这从他所参与的诸多科
学活动中就能反映出来。他曾经进行过一些关于温度的实验，处理过当
时科学家提交到学会的论文，仅是由他转呈和由他确定发表在《哲学汇
刊》上的文章至少就有133篇，内容涉及天文学、地理学、地质学、大
气学、化学、光学、磁学等。有很多例子可以表明班克斯对科学真理的

追求。亨特对班克斯追求真理时表现出的始终如一的热情表示了由衷敬佩："如果有一个人值得崇拜，那一定是班克斯。他关注着最理性的事业。"（Weld，1848：114）

史学家认为，在这个知识与理性的启蒙世纪，英国科学陷入了低谷。这种看法或许源于计算机之父巴贝奇（Charles Babbage）① 的著作，1830 年，他出版了《对英格兰科学衰落的思考》（*Reflections on the Decline of Science in England*）。该著作攻击了英国皇家学会和英格兰的大学，呼吁给科学研究者更高的荣誉和更好的待遇，以扭转科学落后的颓势。对巴贝奇以及持同样观点的史学家来说，18 世纪的英国科学陷入了"黑暗的低谷"（valley of darkness），就像双峰骆驼的峰谷部分，而 17 世纪和 19 世纪初才是耸立的峰顶（Miller，1989：155）。

大卫·米勒（David Miller）教授认为，科学史家之所以认为 18 世纪皇家学会不景气，主要是由两方面原因造成的：首先是皇家学会的人员构成，法国科学院主要是由科学技术的精英即自然哲学家构成，而英国皇家学会则更加向社会开放，科学技术的业余爱好者，甚至政治家、商人、收集家都可以当选学会会员；其次，牛顿去世后直到班克斯当选主席，中间没有出现集大成的学会掌舵人（Miller，1989：156 - 157）。班克斯虽然是享誉欧洲的大博物学家，但在数理科学方面并无突出贡献，也没有留下影响深远的理论巨著。

传统科学史编史纲领囿于对"科学"的狭隘划界，使得史学家看不到，甚或是有意"遗忘"了博物学在这一时期的辉煌历程，以致对当时

---

① 巴贝奇出生在英格兰西南部的托特纳斯，是一位富有的银行家的儿子，后来继承了相当丰厚的遗产，但他把金钱都用于了科学研究。巴贝奇在 1812—1813 年初次想到用机械来计算数学表，后来，他开始制造计算器、差分机。1812 年他参与建立了分析学会，其宗旨是向英国介绍欧洲大陆的数学成就，该学会致力于推动数学在英国的复兴。

的博物学家轻描淡写，缺乏深入系统的研究。如果转换思维，不再套用今天的学科划分，还原博物学在当时科学研究中的真实地位，那么18世纪欧洲科学还是取得了很大进步。瑞典的林奈和法国的布丰都在自然秩序的寻求方面取得了重要进展。单就英国来看，博物学伴随着大英帝国的全球扩张被推向历史前台，在植物采集、命名和分类以及自然博物馆建设方面走在了世界前列，为接下来一个世纪地质学、进化论等领域的繁荣发展打下了基础。

有一点值得注意，侧重实验观察的经验型科学最先实现了与博物学的共存和发展，甚至是合作、交融。英国经验型科学遵循了弗朗西斯·培根（Francis Bacon）所坚持的经验归纳法，因而也跟随培根把博物学收集工作视为自然哲学的基石。剑桥大学谢弗（Simon Schaffer）教授采用福柯式的概念分析方法，将博物学界定为一种科学实践方式或研究方法，解释了为什么赫歇尔（Friedrich Wilhelm Herschel）将自己的天文学工作称之为博物学，将自己的身份定义为博物学家（Schaffer，1980：211-239）。另外，数理科学家所批判的博物学主要是指朴素形态的博物学，在这一点上，重视理论的精致博物学与数理科学家们志同道合。

近几十年来，科学史家越来越注意到，博物学在18世纪的智识语境中具有非常重要的地位。博物学扎根于英国特有的社会文化之中，从那里成长、繁荣；反过来，博物学也对英国哲学、科学、文学等社会风潮，以及英国人的生活习惯产生了极为深远的影响①。正如范发迪所言，从人员参与、经费资助、成果数量以及政府、王室的参与程度来看，博物学都是那个时期英国人最为重要的科学活动之一，堪称当时的"大科

---

① 英国特有的经验主义哲学、自然神学对博物学影响很大。反过来，与数理实验科学相比，18世纪的英国博物学真正进入了普通大众的生活，他们的参与热情非常高，也由此带来与博物学相关产业的发展。

学"（big science）（范发迪，2011，中文版序：4）。而班克斯则是引领这一潮流之人①（基尔帕特里克，2011：163），于是，研究班克斯的博物学就成了科学史研究的恰当主题。

　　班克斯的专长是组织博物学活动，管理科学机构，而不是创新理论。他利用自己丰厚的家产，以及从王室、政府、东印度公司得到的资助，雇用并组织起庞大的博物学团队，在全球范围内观察、描述、分类、命名、采集或移植新物种。从今天的观点看，他更接近于业余爱好者（amateur），或准确地说，是一位植物研究及采集者（botanizer），而不是侧重理论研究的植物学家（botanist）。这种细分的意义在于，它可以向读者表明，班克斯并不是一位专注于理论，并在理论建设方面有重要贡献的植物学家——他不像雷（John Ray）、林奈那样，能为后世留下不朽巨著。但这种区分又带有强烈的辉格史味道，因为在班克斯生活的年代，并没有我们今天意义上的学科划分，也没有"植物学家"这个概念，在植物学采集、描述、移植与命名、分类、理论研究之间并无清晰明确的界限。作为享誉欧洲的博物学家，班克斯对当时流行的博物学理论也有自己独特的理解和看法。

　　班克斯没有留下系统的理论著述，但他却是一位优秀的日记作家，也是一位笔耕不辍的书信写作者。据其书信编纂者钱伯斯（Neil Chambers）统计，班克斯一生大约收发过 100000 封书信，其中 4 000 封是班克斯所写，长度从 50～5 000 个单词不等，平均每封信约 300 个单词（Banks & Carter，1979：xxvii），现在有 20000 封左右分散残存于世（Chambers，1999：28）。他的一些会议记录保存在皇家学会档案馆，植

----

① 班克斯的身份、地位和工作模式，使他成为博物学爱好者、研究者的最恰当代表。班克斯
　擅长植物采集、认知等园艺层面的东西，而不是理论创作（如林奈），普通百姓可以参与。

物标本、植物绘画保留在伦敦南肯辛顿区的自然博物馆（Natural History Museum)①。

近几十年，出现了一些收集和整理班克斯文献的机构，如澳大利亚的"班克斯爵士纪念基金会"（Sir Joseph Banks Memorial Fund）。建立初期，基金会致力于收集和整理班克斯的散落资料，尤其是存于澳大利亚境内的资料，后来它资助了"班克斯数字化工程"（Banks Digitisation Project）；英格兰诺丁汉特伦特大学设立了"班克斯爵士档案馆工程"（The Sir Joseph Banks Archive Project）；林肯郡成立了"班克斯爵士学会"（Sir Joseph Banks Society），在资料收集和研究方面都有独到的贡献。成果最多的当属"班克斯档案馆工程"（the Banks Archive Project)②，它依托英国皇家学会和英国自然博物馆，从社会募集资金。这个工程的目标是重新收集、整理散布于世界各地的班克斯书信，并按主题出版，为学者进一步研究班克斯提供翔实的文献。

在这些新的文献基础上研究班克斯，可以更加全面、更加真实地还原启蒙运动时期英国的科学发展状况，以及科学与社会的关系。

首先，班克斯研究可以展现科学史中博物学文化的诸多细节，丰富甚至还原更加真实的近代欧洲科学史。科学史家萨顿（George Sarton）对博物学史一直很重视③，但自从他创立科学史学科以来，大部分科学

① 因为自然博物馆是大英博物馆的一部分，因此也被写作"British Museum（Natural History)"。没有特殊说明，文中所使用"伦敦自然博物馆""自然博物馆"均指位于伦敦南肯辛顿区、隶属于大英博物馆的大英自然博物馆。
② "班克斯档案馆工程"成立于1989年，位于自然博物馆的图书馆服务处。该机构是一个独立组织，并不附属于自然博物馆。著名的班克斯研究者卡特（Harold Carter）教授曾担任名誉主席（Banks & Chambers, 2000, Forword: xi）。
③ 如萨顿的《文艺复兴时期的科学观》，全书分为三章：医学、自然史（博物学）、数学与天文学，其中自然史占据了很大篇幅。《希腊黄金时代的古代科学》中也有大量博物学内容。

史家所关注的科学往往局限于数学、物理、化学、天文等数理科学或实用技术。即使有些科学史著作提及博物学，也大部分是在"内史论"研究框架下，考查博物学家的工作在多大程度上为进化论做出了贡献，或者说考察博物学家的工作在多大程度上通向了达尔文进化论。另外，随着科学的专门化和职业化，博物学作为对动物、植物、矿物和其他自然现象的综合研究，已经分化和衍生成动物学、植物学、地质学等各自独立的学科。科学史家从今天的分科体制投射过去，探讨的是那些对今天学科有贡献的博物学部分，认识不到博物学本身作为整体的巨大意义①。抛开传统科学编史的成见，运用包容性更广的"科学"定义，把博物学作为科学史的研究对象，可以重新看到博物学在近代认知方式和社会生活方式中的重要作用，从而将班克斯的博物学工作作为科学史研究的恰当对象，可以更加全面地了解当时的学术环境及博物学活动，也能更好地理解大英帝国中科学与社会的互动。

其次，班克斯研究可以展现 18 世纪英国皇家学会的管理方式和运作机制，有助于展示科学研究活动的社会动机和利益链条。班克斯是在位时间最长的皇家学会主席，对英国乃至世界的科技政策、科学管理方式都产生了重要影响。他继承和发展了皇家学会精神之父弗朗西斯·培根的学术理想，致力于实现科学的功用。他用管理博物学的方式来改造

---

① 沃尔夫的《18 世纪科学、技术与哲学史》按照现在的分科体制，将当时许多博物学家的工作分为地质学、地理学、植物学、动物学等章节来叙述，割裂了博物学的整体性。丹皮尔的《科学史》中"自然历史"部分则只占据了一页篇幅，介绍了居维叶的分类法，农业改革中杂交产生新品种，以及某些园艺活动。然后便是进化论的产生历程。汉金斯的《科学与启蒙运动》在第五章"博物学与生理学"中，详细追溯了 18 世纪博物学繁荣的原因，并饶有兴趣地讨论了当时博物学理论层面最重要的争论——自然系统和人为系统的优劣。只是这本书用于介绍博物学的篇幅太少。波特所编的《剑桥科学史》第四卷"18 世纪的科学"，虽多次谈到与博物学相关的活动，但依旧没能单独给博物学留出篇幅。

皇家学会的自治传统，使科学发展与帝国扩张、商业利益紧密联系起来。科学与帝国的共生模式，加强了各国之间的科学交流与竞争，深远地影响着现代科学的发展模式。剑桥大学克莱尔学院科学史家法拉（Patricia Fara）高度赞扬了班克斯的这一贡献："他把科学放在了英国商业和政治帝国的中心，意义深远影响重大。作为皇家学会的领袖，他或许缺乏牛顿、达尔文甚至林奈的魅力，但他作为科学的奠基者之一，仍然值得被长久地纪念。掌管皇家学会 40 多年，班克斯促进了科学的繁荣、帝国的强盛和扩张。他建立起的科学与国家之间的相互依赖关系延续至今。"（Fara，2003：18）

再次，班克斯研究可以更好地展现博物学在近代殖民扩张中的作用。自 15 世纪新航路开辟以来，动植物资源的全球流动就随之开始了，深刻影响着全球的生态格局和政治格局。班克斯作为 18 世纪末 19 世纪初博物学帝国的重要掌舵人，其活动对国际关系影响深远。美国著名史学家麦克尼尔（John McNeill）在为《哥伦布大交换：1492 年以后的生物影响和文化冲击》（*The Columbian Exchange：Biological and Cultural Consequences of 1492*）30 周年版所写的前言中，高度评价了库克船长与班克斯的太平洋探险，及其随后所实现的生态交换，认为其意义和价值完全可以与哥伦布探险所带来的新旧世界生态交换相媲美。实际上，在帝国探险和扩张的背景下，博物学的海外活动，不只是探求事实的学术研究，更是认知领域的侵略性扩张。

最后，在科学研究方面，班克斯与普利斯特列、赫歇尔、富兰克林①等英国著名的数理实验科学家有大量通信往来；在科学管理方面，

---

① 在 6 卷本的《班克斯爵士的科学书信集》中，班克斯与三位科学家的信件往来数量分别为 9、29、22（Banks & Chambers，2007f，Calendar of Correspondence：492；451－452；439）。

班克斯与学会秘书布莱顿通信更为频繁。论文通过对这些信件的考察，尝试描绘出当时科学成果的交流方式和展现模式，勾勒出科学家身份的认同模式；另外，信件还透漏出，那些看似与博物学无关的数理科学家，其研究方式或研究旨趣也可能渗透着浓厚的博物情怀。

比如富兰克林在英国期间，曾在班克斯的帮助下在朴次茅斯进行了一场波阻尼实验。因为富兰克林年轻的时候曾经读到过老普林尼提及的一次海员的科学实验，即通过将油倒入海中来阻止波浪。《哲学汇刊》（*Philosophical Transactions*）上刊登了富兰克林与几位科学家进行的系统性对照实验，认为水面表层的油膜会减少水面与海风之间的摩擦力，以此阻止小波浪的形成进而防范了大波浪，于是海面就平静了（Franklin，1774：452-453）。1783 年班克斯致信富兰克林，信中提到了这次科学实验：

> 我不能错过这样相互帮助的机会，我们可以一起尝试将鲸油倒在海面上。你一定对布莱顿博士还有印象，他曾站在海岸记述实验的过程和结果。（Banks & Chambers，2007a：84-85）

接着班克斯还简要汇报了新的行星的发现，字里行间谦虚内敛，但也略带着掩藏不住的自豪感。班克斯认为作为政治家的富兰克林在哲学（科学）上着力必然不足，因此最后，班克斯"吹捧"富兰克林，希望他的哲学（科学）能像其文学和政治一样光彩亮丽。（Banks & Chambers，2007a：85）

0.2　帝国博物学的认知与实作

从词源看，大卫·米勒教授似乎首次明确提到了班克斯的帝国博物学（Banks's imperial natural history），他在《班克斯爵士：从编史学的立场看》(Sir Joseph Banks：An Historiographical Perspective) 一文中指出，班克斯的帝国博物学活动、农业改革实践，以及他管理皇家学会时表现出的政治特性，构成了完整的故事，全面刻画出班克斯的形象 (Miller，1981：290 - 291)。但大卫·米勒并没有对这个概念做出详细的界定。从语境来看，他所指称的帝国博物学，强调的依旧是班克斯如何将博物学与帝国扩张结合起来。

班克斯的帝国博物学在认知和实践两个层次上，都具有自身的特殊性，为全面分析帝国博物学提供了恰当的案例。考察王室和政府对待博物学的态度、利用博物学的方式，关注贵族阶级与日益坚定自信的中产阶级科学家的紧张关系，我们就可以更为清晰地展现这类博物学家的研究方式、认知理想、政治企图和商业目的。只有将班克斯的职业活动放在这样的语境下，才能更好地了解班克斯的工作模式，理解帝国博物学进路。

美国堪萨斯大学环境史家沃斯特 (Donald Worster) 教授在其生态史名著《自然的经济体系》(*Nature's Economy*) 中，区分了 18 世纪两种非常不同的生态观，并分别以两位伟大的博物学家为代表。一种是阿卡狄亚式 (Arcadia) 传统，它以塞耳彭的博物学家怀特 (Gilbert White) 为代表，倡导人类过一种简单和谐的生活，要求人与自然界其他有机体和平共处，核心理念是以生命为中心。第二种则是帝国 (imperial) 传统，弗朗西斯·培根最为热情地颂扬和鼓吹了它的价值，瑞典博物学家林奈是该进路的典型代表。他们的愿望是要通过理性的实践和艰苦的劳作建立人对自然的统治，核心理念是自然为人服务，以人类为中心 (沃斯特，2007：19 - 20)。两条不同的道路，代表了人类面对自然时两种迥异的道德观。

沃斯特从生态思想史角度使用"帝国"这一概念，表达的是在处理人类与自然的关系时，以人类为中心，主张物为人用的观点。班克斯作为林奈信徒，其学术研究和理论旨趣都符合沃斯特所定义的帝国性：班克斯极力主张用自己的博物学知识，最大限度地开发自然资源。但是另一方面，在践行这一理念时，班克斯又将博物学活动与大英帝国扩张联系起来，从而使他的博物学活动具有了另一层次的帝国性。沃斯特在著作中似乎无意扩展"帝国"内涵，但是班克斯在认知和实践两个层面的工作无疑大大扩展了沃斯特意义上的"帝国"含义。具体来看，这种广义的帝国博物学在认知层面和实作层面的特征如下：

首先，帝国博物学作为博物学的一个特殊分支，理所当然地具有认知层面的特性。这类博物学家拥有自己独特的研究方法和活动方式，同时，有着与怀特式博物学家不同的研究目标和知识诉求。作为博物学家，怀特的视野是地方性的（local）、"狭隘"的，他更加关切当下的、身边的生活世界。与之相比，帝国博物学家的视野则是全球性的（global）、异域的，他们着眼于帝国未来的经济竞争力，热衷于从世界最遥远的角落里，搜集外来珍稀物种，并对其进行命名、分类，以填充、验证、修改并传播自己的理论体系。因此，从研究方式看，帝国博物学家更多需要借助国家力量和庞大的博物学网络。另外，两类博物学家还有着不同的知识诉求。怀特把塞尔波恩①近郊视为一个复杂的、处在变换中的有机生态整体。在怀特看来，造物主创造了自然的经济体系，在这个体系中，即使并不和谐一致的生物都可以相互利用。而帝国博物学则更注重系统分类和命名，希望能借助对未知世界物种的认识，建立起自然的秩序。或许在他们看来，自然之秩序与帝国之秩序是对等的。

---

① 指塞耳彭（Selborne）。缪哲把怀特的 *The Natural History of Selborne* 译为《塞耳彭自然史》。现在 Selborne 一般译为塞耳彭。侯文蕙在翻译沃斯特著作中的 Selborne 时，将其译为了塞尔波恩，两者指同一个地方。因多次引用沃斯特著作，为统一起见，采用塞尔波恩这一译法。

因此，在帝国博物学的认知目标中，渗透着明显的政治道德观，指导和推动着欧洲近代的殖民化进程。帝国博物学在为殖民扩张服务的同时，实现了自身的体制化。这是一个对称性的过程，就像人要控制自然，一个国家也要建立对边界以外其他国家的统治，况且帝国博物学能够为此提供知识支持。林奈的这种功利主义强烈反映了同时代曼彻斯特和伯明翰的工业家以及英国农业改革家的价值观。而大地主出身的班克斯，从年轻时代起就成了林奈信徒，他是18世纪末19世纪初英国最为重要的博物学家和农业改革家之一。如果说弗朗西斯·培根利用科学开发自然资源的呐喊只停留在空想或者方法论陈述阶段，林奈在乌普萨拉植物园（Uppsala Garden）的活动只是寻求瑞典的自给自足和上帝之自然经济体系，那么，班克斯所实现的博物学与帝国活动之间的结合，是真正发生在帝国贸易和扩张的背景之中，且主要靠帝国主义和博物学、政府机构与科学组织相结合的方式实现的共同"进步"。即使那些表面看来与帝国无涉的采集、展览、分类与命名活动，也处处透漏出班克斯开发自然资源的野心，同时，这些活动还向世界尤其是英国在欧洲的对手宣示了大英帝国在全球的主权范围。

其次，帝国博物学在实作层面关涉的是科学与帝国扩张、知识与权力之间的关系。科学史家对科学帝国主义的研究已经日趋深入了①。作为一个概念，科学帝国主义强调科学和帝国主义之间可能存在的共生关系，即在特定的历史背景和历史事件中，科学进展与帝国扩张这对看起来毫无联系的二元路径之间，形成了一个相互影响、相互促进的反馈机

---

① 关于科学帝国主义的论述已有很多，如麦克莱伦（James McClellan）的 *Colonialism and Science*；库玛（Deepak Kumar）的 *Science and Empire*；珀蒂让（Patrick Petitjean）的 *Science and Empires*；莱因戈尔德（Nathan Reingold）的 *Scientific Colonialism* 等。

制。科学研究的进展可以促进或者阻碍帝国扩张的速度和范围，反之亦然。如航海学、制图学、地理学、植物学、动物学、医学、天文学等表面看来与帝国活动无关的认知学科，却在有意无意间促进了欧洲的殖民扩张活动；反过来，帝国扩张也为这些科学的发展提供了动力和条件。

如果突破传统科学编史学的局限，运用包容性更广的科学定义，即将科学定义为任何旨在系统地生产有关物质世界知识的活动（哈丁，2002：13），那么博物学就被纳入了科学的范围，在科学帝国主义的框架下研究博物学与帝国扩张之间的关系就变得顺理成章。近几十年来，科学史家越来越注意到，博物学在近代全球生态格局和政治格局形成过程中发挥着很大的作用。尤其到了 18 世纪，欧洲各国开始向全球扩张，并试图建立殖民地，英国、法国、荷兰、西班牙等欧洲传统帝国，各自成立了专门的殖民机构和贸易公司，相互竞争，在世界范围内抢夺殖民地，掠夺资源。相比数理实验科学，博物学在这一时期与帝国活动的联系更加紧密，因为博物学更贴近人类生活，更具有实用价值，能切实增加国家财富，提高国家影响力。因此，博物学与帝国殖民活动很自然地结合在一起。

美国科学史家克罗斯比（Alfred Crosby）[①] 是这类观点的代表人物。他花费几十年的时间思考和研究一个看起来已无新意的问题：为何欧洲会在历史上崛起？为何西方帝国能轻易地战胜土著而在新世界建立殖民地？克罗斯比和许多历史学家的研究路径都不同，他有意识地降低了政治、经济、军事等因素在新旧世界对抗中的作用，独辟蹊径，深入人类生存的生态方向，率先揭露出鲜为人知的另类生态史、文化史和人类

① 克罗斯比是得克萨斯州大学奥斯汀分校地理、历史和美洲研究的荣誉教授，曾任教于耶鲁大学和华盛顿州立大学，其著作曾荣获爱默生奖、医学作家协会奖、《洛杉矶时报》年度最佳选书。

史。对史学界来说，克罗斯比的贡献不在于提出了新问题，而是构建了一个全新的思考问题的路径。1979 年布罗克韦（Lucile Brockway）的《科学与殖民扩张》（*Science and Colonial Expansion：The Role of the British Royal Botanical Gardens*）一书，则是研究大英帝国殖民扩张与博物学活动之间关系的代表作。

在英国，班克斯不是博物学与帝国活动相结合的最早提倡者和开创者。从英国探险队开往新大陆的那一刻起，认识和开发当地动植物资源就成了船队任务的一部分。"英国植物学之父"特纳（William Turner）[①]在他的《新草本志》（*A New Herbal*）中，向他的资助人陈述了植物研究对国家的好处（Drayton，2000：27）。而另一位英国皇家学会主席斯隆（Hans Sloane）[②]，也致力于推进博物学与帝国活动的结合，以此提高英国的经济和贸易，他在美洲殖民地成功生产出了经济作物胭脂虫红和巧克力（Sloan，2003：23）。博物学家埃利斯（John Ellis）[③] 在西佛罗里达的博物学工作也给大英帝国带来了切实利益。

班克斯生逢其时，在竞争激烈、最需要把博物学知识与帝国活动相结合的时代，充分利用了皇家学会主席的身份，成功地将博物学知识推

[①] 特纳（1508—1568），英国神学家、宗教改革家、医师、博物学家，主要研究药用植物和鸟类学。年轻时在意大利学习医学。特纳是瑞士著名博物学家格斯纳（Conrad Gessner）的至交好友。1544 年特纳在剑桥大学期间出版了 *Avium praecipuarum，quarum apud Plinium et Aristotelem mentio est，brevis et succincta historia*，编辑整理了亚里士多德和普林尼著作中提到的鸟类。1551 年出版《新草本植物志》。

[②] 斯隆（1660—1753），爱尔兰人，英国皇家学会会员、医师，曾以医生身份随船去往牙买加。他接替牛顿担任皇家学会主席，是艺术品收藏家、博物学爱好者。曾利用与东印度公司驻中国工作人员昆宁汉姆的关系，从中国收集到大量植物标本和几百张中国植物图画。逝世后将收藏捐给国家，构成了大英博物馆最初成立时的重要部分。

[③] 埃利斯（1710—1776），英国皇家学会会员，麻布商人、博物学家，对珊瑚有专门研究，曾出版相关著作来考察珊瑚的自然史。1767 年获得皇家学会的科普利奖章。埃利斯曾担任西佛罗里达和多米尼加地区的皇家代表，为英国引入了大量植物和种子，是林奈重要的通信作者之一。

销给了王室和政府。班克斯最大限度地使用了自己的私人关系，把帝国欲望、商业诉求和贵族喜好有效结合在一起，形成了力量强大的殖民地博物学网络。因此，班克斯虽然不是帝国博物学的奠基之人，但却称得上是最具代表性的一位。

除发表过一篇关于玉米枯萎病的文章①，以及几篇关于实用园艺知识的文章外，班克斯就再也没有出版过原创性理论著述。正因为如此，英国的《国家传记大辞典》（*Dictionary of National Biography*）挪揄班克斯"从来没有因为著作而获得名声"。问题的关键是，如何评价一个人对科学技术事业做出的贡献？是只看论文和专著吗？在相当长一段时间内是这样甚至现在仍然如此。但是另一方面，历史上的确有人以其他方式大大推动了科学的发展，班克斯就是典型的一位。科学技术事业、科学文化不仅仅是认知活动，即使仅从认知的层面讲，班克斯也促进了认知的进步，他留下了大量科学通信和日记。

"但班克斯却是位名副其实的信件型著作家和日记作家……与之通信的人达 3 000 多个。"（Banks & Chambers②，2000，Forword：xi）这些通信清楚地展示了他的帝国博物学思想。如 1789 年，班克斯在给农业委员会（Board of Agriculture）主席霍克斯伯里爵士（Charles Jenkinson, first Baron Hawkesbury）③ 的信中陈述道，从印度地区带回的植物标本提供了一些机会，为英国在西印度群岛的殖民地提供了新的作物，他说："我坚定地认为，给一些地区提供新的可食用蔬菜品种，

---

① 指 1805 年班克斯发表在爱丁堡评论（*Edinburgh Review*）上的文章：A Short Account of the Cause of the Disease in Corn, Called by Farmers the Blight, the Mildew, and the Rust。

② 班克斯的一些书信、日志、手稿由后人编辑出版，因此引用时采用"Banks & 编辑者姓氏"的方式，表示原始内容为班克斯所写，或是班克斯所接收的书信。

③ 霍克斯伯里男爵，即查尔斯·詹金森（Charles Jenkinson, 1729—1808），1796 年成为利物浦伯爵一世，政治家。

是对当地居民最大的恩惠，如果它们能够繁荣生长的话。"（Banks &
Chambers，2010：86）

另外，从筹划和参与的活动来看，班克斯明显具有将世界自然资源
为英国所用的思想。班克斯生活的年代，正值工业革命的早期阶段，但
他却早已具有了利用科学知识——主要是植物学知识——来驾驭自然
界，以提高大英帝国利益的想法。1797 年班克斯成为国王乔治三世枢
密院中的一员，有了更多向王室兜售帝国博物学的机会。之后，他策划
了施恩号（Bounty）的太平洋之行，目的是将塔希提岛上的桑科植物面
包树（breadfruit，*Artocarpus altilis*）移植到西印度群岛，以解决殖民
地庄园中黑奴的口粮空缺；他还多次试图从中国引进茶树和制茶技术，
以便在印度生产英国所需要的茶叶。

0.3　班克斯原始文献的简要说明

如上所述，班克斯一生发表文章不多，除那篇关于玉米枯萎病的文
章外，只在《园艺学会会刊》（*Transactions of the Horticultural Society*）
上发表过几篇实用性短文章，涉及草莓种植，美国越橘培育，西班牙栗
树之园艺管理，以及苹果、无花果等水果育殖（Tomlinson，1844：88），
具体如下：

（1）马铃薯引入英国的时间初探，以及对印度山小麦的报告（An
attempt to ascertain the time when the potato was first introduced into the
country，with some account of the Hill-wheat of India）

（2）娇弱植物逐步适应英国气候的恰当技巧（Hints respecting the
proper mode of inuring tender plants to our climate）

（3）恢复一种过时的草莓管理技巧（On the revival of an obsolete

method of managing strawberries）

（4）美国蔓越莓在斯普林格罗夫地区的种植方法（An account of the method of cultivating the American cranberry at Spring Grove）

（5）甜栗树或西班牙栗树的园艺管理（On the horticultural management of the sweet or Spanish chestnut-tree）

（6）论罗马人的温室，以及我们花园中所生长着的罗马人种植过的水果清单（On the forcing-houses of the Romans，with a list of fruits cultivated by them now in our gardens）

（7）一种名叫斯普林格罗夫的新苹果（Account of a new apple called the Spring-Grove-codling）

（8）新芽上成熟起来的新无花果树（On ripening the second crop of figs that grow on the new shoots）

（9）英国首次出现苹果树昆虫（On the first appearance of the apple-tree insect in this country）

在著作方面，班克斯编辑过四本书，分别为：《胡斯顿遗迹》（*Houston's Relics*），由胡斯顿（William Houston）所收藏标本的注释编辑而成；《肯普弗画册》（*Icones Kampferiane*），根据德国旅行家肯普弗（Engelbert Kaempfer）① 从日本带回的植物图谱编选而成；《科罗曼德尔海岸的植物》（*Plants of the Coast of Coromandel*），原作者为罗克斯伯勒（William Roxburgh）；最后一本是《英国草地实察》（*Practical Observations on the British Grasses*），根据柯蒂斯（William Curtis）的第四版编辑而成（Smith，1975，Preface：xi）。这些著作多为编译而成，在

① 肯普弗（1651—1716），德国博物学家，医生，曾任职于荷兰东印度公司。1683—1693 年间游历于俄国、印度、波斯、日本以及东南亚等国，生前出版了 *Flora Japonica* 和 *Amoenitatum Exoticarum* 两本著作。

内容方面并无很大的创新之处。

　　班克斯所留下的书信、日志和会议记录，却为还原当时的历史情境提供了坚实的基础。在日志方面，班克斯遗留下来的成果令人惊叹，其中最重要和最吸引学者关注的当属奋进号航行期间的日志，它内容丰富，包含了大量的动植物观察记录以及对土著居民行为、语言、风俗等的记述。这些日志至少有五个不同的版本，足见它的重要意义和学界对它们的兴趣。胡克（Joseph Hooker）的《1768—1771库克船长第一次远航期间班克斯爵士在奋进号上的日志》（*Journal of the Right Hon. Sir Joseph Banks During Captain Cook's First Voyage in H. M. S. Endeavour in 1768—1971*）一书出版于1896年，是最早的版本。比格尔霍尔（John Beaglehole）的《班克斯的奋进号航海日志，1768—1771》（*The Endeavour Journal of Joseph Banks，1768—1771*），增加了编者对某些资料的注解，是最全面翔实的一个版本。

　　班克斯留下来的书信更是汗牛充栋，准确地说，班克斯帝国博物学网络的构建，主要得益于其书信交往。沃尔波尔（Horace Walpole）曾这样强调书信对研究历史的价值，"没有什么资料能像真实的信件那样，给出关于那个时代的恰当思想；而且，历史等待它们来盖棺定论"（Chambers，1999：27）。其实，书信一直是早期皇家学会收集自然情报的重要方式。政府资助皇家学会的制度是从1850年开始的，在此之前，学会一直保持着经济独立，日常运行主要依靠个人资助或缴纳会费。因此，受经费、机制等因素的制约，皇家学会自身的实验活动并不多，实验数据的获取主要依靠其他地方或其他国家科学工作者的书信报告。同时，皇家学会也收到来自国外博物学家的大量书信和动植物标本。从18世纪开始，随着新航路的开辟和帝国扩张活动的进一步开展，将远方新奇之物与自然趣闻带回英国的活动，逐渐演变为国内贵族阶层的时尚。

此时的博物学，已不只是自然哲学的原始资料积累阶段，而成为一门独立的学问。它在皇家学会活动中的地位越来越高，甚至一度占据主导地位。皇家学会利用海外探险者、海员、商人或者安排专门的猎人，跟随王室、海军部队或东印度公司的船队去往遥远的地方。这些人按照资助者要求寻找新奇物种、手工艺品等，然后通过博物学书信、绘画等形式，将这些"事实知识"（matters of fact）介绍给学会的专家。皇家学会从第一任秘书奥尔登伯格（Henry Oldenburg）开始，就将动植物收集、矿产勘探、海洋学、大气学等宽泛意义上的博物学，与分散在全球各地的探险家、海员以及殖民工作者相互联系起来，编织成学会的信息收集网络。博物学书信，对皇家学会会员了解异域自然风情和动植物资源起到了极为重要的作用。

虽然从第一任秘书开始，皇家学会就重视通过书信往来收集博物学方面的珍奇异物，但在学会成立后的近百年里，这种传统却时断时续。1677 年，奥尔登伯格逝世后，他建立起来的博物学通信网络以及在会员间宣读、讨论海外书信的模式基本上被废弃。直到 1690 年斯隆当选为学会秘书，这种方式才重新得到启用。斯隆本人也利用通信网络，收集到来自世界各地的动植物标本，这些标本之后构成了大英博物馆馆藏的基础。1713 年斯隆退位后，学会与外界书信交流的模式再次被遗忘，收到的书信被毫无秩序地堆积在一起。

缺乏体制保障是造成这种状况的根本原因。学会秘书或其他管理者的好恶，通常决定着书信能否进入会员例会或书信内容能否在杂志上刊登。直到 18 世纪中期，利用书信收集信息的方式才逐渐走向制度化。1752 年，皇家学会成立论文委员会（Committ of Paper），正式代替学会秘书或其他个人，专门审核来自各地的书信。

利用海外探险者等收集博物学资料的传统在 18 世纪下半叶得到加

强。"七年战争"结束后，英国取得了世界霸权，不断向北美和太平洋地区派出舰队进行科学勘探和殖民扩张。1778 年，班克斯当选为皇家学会主席后，借助王室和政府的力量，建立起一个庞大的通信网络，为皇家学会在全球搜集博物学资源奠定了基础。目前保留下来的班克斯书信有 2 万多封，联系人遍布北美、亚洲、南非、澳洲等地区，内容涉及博物见闻以及其他科学门类的进展，科学史上赫赫有名的普利斯特列、卡文迪什、戴维、伏打、富兰克林、布丰等人都与班克斯有着长期的通信往来。

钱伯斯曾任伦敦自然博物馆馆长，现任职于牛津大学沃德姆学院，是目前为止最富成效的班克斯书信编纂者。他分类出版了两部信件集。第一部是《班克斯爵士的科学书信集》（*The Scientific Correspondence of Sir Joseph Banks 1765—1820*）（6 卷），2007 年出版，主要描述了与班克斯有关的科学技术进展与交流，通信作者既包含我们今天所熟悉的大科学家和技术发明者，也包括大量博物学家、学会管理者以及政府高层。第二部为《班克斯爵士的印度与太平洋地区书信集》（*The Indian and Pacific Correspondence of Sir Joseph Banks*，1768—1820）（8 卷），已于2014 年 5 月完成全部工作，主要描述班克斯与英国海军部、东印度公司工作人员、皇家学会会员以及分散在太平洋诸国的博物学家、传教士等的通信往来，对研究博物学史、帝国扩张史、18 世纪英国探险史有重要价值。钱伯斯对遗留下来的约 20 000 封班克斯信件进行了分类、制图，并进一步归纳和分析。如图 0.1 和图 0.2，分别按照年份和书信的主要内容进行统计，同时比较了班克斯寄出去的信件与收到的信件。

目前已经出版的书信还有 1958 年道森（Warren Dawson）出版的《班克斯书信集》（*The Banks Letters*），书中囊括了当时收藏在英国的7000 多封信件。这是后人第一次大规模编辑出版班克斯的书信，在早

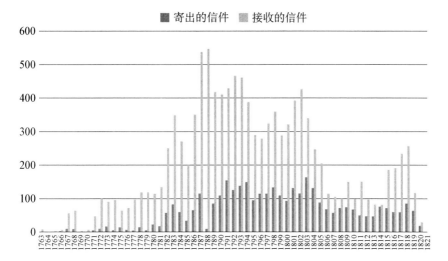

图 0.1　班克斯的书信（按年代划分）

（根据 Chambers，1999：39 翻译制作）

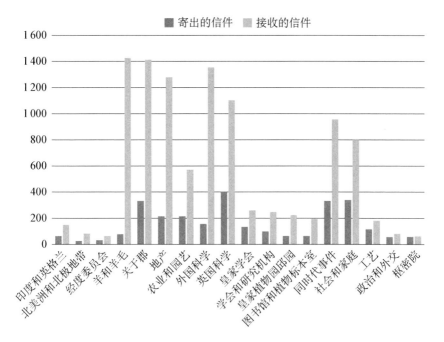

图 0.2　班克斯的书信（以主题划分）

（根据 Chambers，1999：43 翻译制作）

期研究中具有重要地位，之后出现的班克斯传记多从这本书信集中寻找材料。然而，该著作并未对信件的内容进行分类，只是简单按照通信者姓氏以及时间先后进行排列。更为不便的是，书中信件并不完整，多是道森归纳的成果。因此，信件只能呈现原始信件的主要内容，更多的细节被删除了。

与之相比，1979 年卡特出版的《1781—1820 年间与绵羊和羊毛有关的班克斯书信》（*The Sheep and Wool Correspondence of Sir Joseph Banks，1781—1820*）则不存在上述两个问题。1787 年，受国王乔治三世所托，班克斯负责秘密引进西班牙良种绵羊美利奴。该书收集了与绵羊引进相关的一些书信，以及后来班克斯在羊毛工业发展中所参与活动的信件。与他通信的人包括自耕农、地主、商人、海军、政府工作人员等，通信再现了班克斯为成功引进美利奴绵羊所做的各方面工作。

贝斯沃斯（Kalipada Biswas）的《班克斯关于建立加尔各答皇家植物园的原始书信》（*The Original Correspondence of Sir Joseph Banks Relating to the Foundation of the Royal Botanic Garden，Calcutta*）是本小册子，介绍了加尔各答植物园的建立与班克斯的关系。达·考斯塔（Emmanuel Da Costa）的《1772 年冰岛书信》（*Letters on Iceland in 1772*），记载了班克斯第三次也是最后一次远航的书信，内容涵盖班克斯及其助手对冰岛动植物、化石、文物及风土人情的观察和记载。

从学术层面看，皇家学会在弗朗西斯·培根思想指导下，搜集到大量的实验事实和众多的异域奇观。博物学书信为早期皇家学会会员了解世界其他地区的动植物、矿物资源做出了重要贡献，同时也将皇家学会乃至整个英国的科学秩序移植到新地方。在此意义上，自然秩序的建立与帝国秩序的形成也彼此关联起来。

1 帝国博物学"科学"地位的确立

博物学在西方学术界有着悠久的历史，与许多科学门类一样，可以追溯到古希腊的亚里士多德。他既是自然哲学传统的奠基者，也是早期希腊博物学的集大成者[①]。亚里士多德留存下来的著作中，"《动物志》是典型的博物学著作，其余的动物学著作如《动物的器官》《动物的运动》等则既有自然哲学（探寻原理）的成分，也有博物学（搜集现象）的成分。亚里士多德的学生塞奥弗拉斯特继承了博物学传统，在植物学领域颇有建树。自亚里士多德以来的西方博物学传统信奉'存在之链'（Chain of Being）的观念，即认为世界上万事万物均是一个巨大链条上的一环，此链条体现了等级原则和连续性原则，历来博物学家的使命就在于把新事物放置在存在之链合适的位置上"（吴国盛，2009.08.25）。因此，与更加重视数学、强调理念世界的柏拉图相比，亚里士多德似乎

[①] 许多科学史家，如萨顿，将亚里士多德视作博物学的早期奠基者。

更加重视对生活的感知和经验知识的积累。

老普林尼（Gaius Plinius Secundus）①的《博物志》（Naturalis Historia）是古罗马时期博物学的集大成之作，英文中 Natural History 这个词组就来自这本著作。普林尼为后人提供了百科全书的写作模式。之后，经过中世纪到文艺复兴，博物学传统一直没有中断过。博物学在各个阶段具有不同的发展特点，边界虽然模糊，但依旧可以按照时间和侧重点的不同，将其分为几个阶段："第一阶段是草创期，以亚里士多德和老普林尼为代表。第二阶段是中世纪和文艺复兴的准备期。第三阶段是林奈和布丰（Georges-Louis Leclerc de Buffon）的奠基期。第四阶段是直到 19 世纪末的全盛期。第五阶段是 20 世纪中叶以来的衰落期。"（刘华杰，2010：66-67）而班克斯大约处于三四阶段之间，他早期习得林奈分类体系，之后收集到大量标本，大大填充了林奈系统。更为重要的是，他所开创的博物学家随船探险传统②，直接惠及了伟大的进化论博物学家达尔文。

与西方近代数理实验科学③相比，博物学与人类的"生活世界"④

———————————

① 普林尼，为与养子小普林尼相区别，世称老普林尼，古罗马百科全书式的作家，著 37卷本《自然史》。内容上至天文，下至地理，包括农业、手工业、医药卫生、交通运输、语言文字、物理化学、绘画雕刻等诸多方面。

② 法拉对此处的描述有些不太精确，她认为班克斯的成功让海军部的探险队上配置博物学家成为惯例，并且正是这种惯例为达尔文登上贝格尔号（Beagle）提供了机会（Fara，2003：95）。实际上，达尔文并不是海军部邀请上船的博物学家，他与班克斯一样，是家境殷实的学者自费参加旅行的，在这一方面两者才具有相似性。

③ 吴国盛教授将近代西方科学概括为数理实验科学，认为它既讲数学，又讲实验，且两者有着内在关联。这种科学的背后起支配作用的存在论是世界的无限化、时间的线性化、自然的数学化以及人的主体化和意志化。控制的、支配的动机，要求数学化、还原论的纲领，这是近代的数理实验型科学的基本特征（吴国盛，2007：21）。代表人物有伽利略、牛顿等。

④ "生活世界"是胡塞尔晚年现象学著述中最重要的概念之一。在《欧洲科学危机与超验现象学》中，胡塞尔探讨了近代科学世界与生活世界的关系。学术界对生活世界有不同的理解，有学者认为，胡塞尔的生活世界是指第一位的、唯一的"万有的统一体"，是实际被直觉到的、被经验到和可被经验到的世界（刘华杰，2010a），也就是我们所生活于其中，能具体感知和经验到的世界；而近代自然科学所描述的客观主义的世界是理念化的、人造的、第二位的。

距离更近。因为博物学知识主要来自生活经验，来自与生活环境的直接交往，历经时间检验，成为当地最有效、最可靠的地方性知识。英国有发展博物学的肥沃土壤，也有着伟大的博物学传统。弗朗西斯·培根爵士在《新大西岛》中积极鼓吹他的帝国事业："我们这个机构（指所罗门宫）的目的是探讨事物的本原和它们运行的秘密，并扩大人类的知识领域，以使一切理想的实现成为可能。"（培根，1979：28）对他来说，博物学研究是征服自然界的有力工具。这位近代科学实用化的倡导者，深刻地影响了后来英国科学的发展方向和皇家学会的发展模式。

18世纪下半叶，英国经验主义、自然神学和启蒙运动的发展，为博物学繁荣奠定了思想基础。林奈体系的传入，使博物学作为一门"科学"逐渐兴盛起来，博物学在实用层面也逐渐得到政府的承认和资助，成为政府活动的一部分。尤其是在农业改革和航海探险事业上，帝国博物学有了发挥作用的更大舞台。

1.1　18、19世纪英国博物学的繁荣

英法两国是欧洲近代史上最强劲的对手，在政治制度、社会思想、哲学思潮等各个方面都展示出巨大的不同，沐浴其中的博物学也表现出了各自特色。总体来看，英国近代博物学更加重视经验，博物学家更多地致力于野外观察和收集工作，出版著作也多以描述不同个体的物种为主；而法国则更加注重理论创作，注重思考物种背后的关联。于是有学者认为，正如《百科全书》代表着法国启蒙运动一样，大英博物馆也是英国启蒙运动的典型成就（Sloan，2003：18）。当然，这里只是强调英法博物学各自的侧重点，不是要否认英国博物学家在理论层面的贡献，或者否认法国博物学家的观察和采集活动。帝国博物学在大英帝国的崛

起，有18世纪欧洲范围内博物学繁荣发展的共因，也有自身特殊性的缘故。

1.1.1　近代英国博物学的复兴

在中世纪，英国就有许多人开始非常仔细地观察自然界了。12世纪后期的杰拉尔德（Gerald of Wales）极为精确地记录了鸟类和鱼类的特征。15世纪伍斯特的收藏家威廉（William of Worcester）同样仔细地观察了鸟儿筑巢的习性。另外，教堂雕刻、人工刺绣以及图书都再现了大自然的完美。因此，1753年，当一部15世纪插图的弥撒书呈现在古文物学会会员面前时，他们都感到非常惊讶，认为"所绘制的昆虫与花朵仿佛出自专业博物学家之手"（托马斯，2008：43－44）。但从整体看，中世纪的这种系统观察和艺术再现自然模式并不多见，教会和《圣经》毕竟才是人们获得自然界知识的正统来源。

"博物学是在文艺复兴时期被发明出来的"，只是到了16世纪中叶，博物学家才真正意识到自己所从事的学问，这些博物学家了解15世纪90年代至16世纪30年代之间先辈们的工作——恢复希腊与拉丁著作中对动植物历史和药用价值的描述，并在现实生活中辨识古人描述过的物种（Ogilvie，2006：1）。这些博物学家的工作促进了欧洲博物学的蓬勃发展，英国开始连续出现较为活跃的田野博物学家。到17世纪晚期，博物学活动变得更加频繁和正式，数量增多，而且博物学开始进入主流学术圈。如特纳、雷，通过辛苦的观察，描述了大量的动植物，并时常与欧洲大陆的博物学团体相互交流，提高了博物学的地位（托马斯，2008：44）。1551年，特纳出版的《新草本志》是英国植物学史上的里程碑，开创了按照科学方法精确观察植物的新阶段。1597年杰拉德（John Gerard）出版《草本志》（*The Herbal*），详细描述了西红柿、"弗吉尼亚"马铃薯以及各种英国花园植物（狄博斯，2000：62）。

雷吹响了英国近代博物学复兴的号角。1690年，雷出版了《不列颠植物纲要》（*Synopsis Methodica Stirpium Britannicarum*），这位生性内敛的博物学家首次公开表明了他对实验哲学以及宗教、政治的态度。在序言中他惊喜地表示，"感谢上帝让我活到这个世纪"，得以亲眼看到社会安稳、人们恢复宗教自由，与此同时实验哲学取代了旧的经院传统。他指出，植物学研究进入了一个新的时期，"这是一个所有学科每天都有新发现的时代，尤其是在植物研究上：从平民百姓到王子和权贵，所有人都急于寻找新的花卉来补充他们的花园与庭园；植物采集者被派往遥远的印度，他们翻山越岭、跋山涉水，探寻地球上每一个角落，并为我们带回一切隐藏的物种"（熊姣，2015：16）。雷一生著作颇丰，出版了大量博物学著作，如《植物学新方法》（*Method Plantarum Nova*）、《剑桥郡植物名录》（*Catalogue Plantarum Circa Cantabrigiam Nascentium*）、《英格兰植物名录》（*Catalogus Plantarum Angliae et Insularum Adjacentium*）等，对后世博物学发展产生了深远影响。而"植物学之父""英国的林奈"等称呼，则体现出史学家对雷的植物学成就的认可与高度评价①。需要强调的是，雷在博物学领域的贡献，远不止在植物学方面，他对动物、矿物也有详细和深入的研究。

另外，现代植物学家将雷作为"英国植物学之父"，并非抹杀他之前的研究者如特纳等人的工作，而是为了突出他与前人的不同。植物学史家认为，在雷的著作里，有对系统分类和物种概念的清晰界定，而之前的植物学一直是本草学和园艺学等实用学科的附庸。正如托马斯所说，早期博物学的"动机既实用又功利：植物学肇始于力图认识植物的功

———————————

① 从时间上来看，把雷称为英国的林奈是不太恰当的。史学家这样表述是要表明雷在博物学方面的革命性贡献。

效，主要为了药用，不过也为了烹饪与生产。人们确信植物界的每一部分的设计都为了服务于人类利益，正因为此，科尔巴奇爵士才能发现槲寄生的药用功效……动物学的目的同样追求实用。皇家学会鼓励研究动物，其初衷是要断定它们是否对人类有利，或作为食物，或作为医药；这样或那样的用处是否能得到进一步改善。学会秘书奥尔登伯格认为，知道驯服哪种动物可供人类使用，如何进行动物之间的交配绝不是无足轻重的哲学问题"（托马斯，2008：16-17）。因此，"从17世纪后半期开始，植物学才真正成为一门独立的学科，尽管在约翰·雷看来，他只是复兴古代亚里士多德和特奥弗拉斯特的研究传统"（熊姣，2015：40）。

雷与牛顿生活在一个时代，都在各自的领域做出了革命性贡献，但雷的博物学成就很快就被牛顿的自然哲学光芒掩盖了。因此，科学史家在研究近代科学革命时，往往忽视雷的贡献①。数理实验科学家认为，对自然的好奇与热情只能让人们感到快乐，但不属于真正的精神探索活动，而浅薄的自然知识也无法改变人们关于宇宙的概念体系。斯蒂芬（Leslie Stephen）在他那本著名的《18世纪英国思想史》（*History of English Thought in the Eighteenth Century*）中，恰当地描述了该世纪早期博物学的地位："（博物学）被轻蔑为对臭虫、甲虫等知识的追求，而博物学爱好者的活动也成为艾迪生（Addison）②、薄柏（Pope）③、斯威

---

① 列文认为雷在近代科学革命中发挥了重要作用。比如雷的博物学强调和推进了观察、实验方法在科学中的应用。另外，雷在植物学、动物学、矿物学方面的成就直接推进了相关科学的发展（列文，2012：144-166）。

② 艾迪生（1672—1719），英国剧作家、散文家。他把散文艺术发展到了完美的境地，成为英语散文最有影响的大师之一。《卡托》是其评价最高的政治性剧作，是18世纪杰出的悲剧。

③ 薄柏（1688—1744），英国诗人，讽刺家。他翻译了荷马史诗《伊利亚特》和《奥德赛》，并因此取得巨大成功。薄柏多次卷入文学论战，出版了讽刺诗《群愚史诗》和《致阿巴思诺特医生书》。

夫特（Swift）[①] 和沙夫茨伯里（Shaftesbury）[②] 等人取笑和粗鲁讽刺的对象"（Stephen，1962：322）。实际上，牛顿本人并没有像他的追随者那样，如此激烈地抨击博物学。相反，牛顿也参与过一些博物学活动，而且不只是流于表面。比如，他对昆虫、卵石、植物或贝壳外形具有很强的辨识能力，而不仅仅是知道它们的名字。牛顿曾经多次复述过弗朗西斯·培根派的观点"博物学确实可以为自然哲学提供资料"（转引自Gascoigne，2009：557）。

除追求系统化的理论博物学外，猎奇、收集、存储、展览、商品化等较为朴素的博物学形态，在该时期也一直存在着，并得到了很好的发展。18 世纪上半叶的皇家学会会议上，一直保留着公开报告或展示新奇事物的习惯，这从侧面说明了学会成员对博物学收集传统和研究方式的默许。绝不像某些历史学家所说的那样，这些活动只是为了娱乐会员。相反，这种报告和展示活动在当时还发挥了许多其他功用，比如提高发现问题的能力和会员之间文明对话的能力，或者起到某种教育作用（Da Costa，2002：147）。

到 18 世纪中叶博物学开始繁荣起来，英国涌现出一批优秀的博物学家，他们通过著书立说、引介交流或博物实作的方式，延续、发展并促成了独具英国特色的博物学。

1.1.2　经验主义与启蒙运动的影响

经验主义是具有浓厚英国特色的哲学思潮，是英国最强烈、最持久

[①] 斯威夫特（1667—1745），爱尔兰作家，杰出的英语讽刺散文作家。著名讽刺小说《格利佛游记》表面上看是小说主角在远方遭遇到不同种族与社会的故事，实际上反映了斯威夫特揭示人性介于兽性与理性之间那种不确定地位的观点。

[②] 沙夫茨伯里（1671—1713），英国政治家、哲学家。洛克指导过他早期的教育。他的大量哲学论文受新柏拉图主义的影响，收集在 1711 年出版的《人的特征、风习、见解和时代》中，这些著作成为英国自然神论的主要源泉。

的哲学传统。1688 年"光荣革命"以后，英国进入了资本主义迅速发展时期，思想开明，科学昌盛，工业兴起，远远超过同时代其他各国。其中最能反映这一时代精神和民族精神的哲学是 17 世纪中叶至 18 世纪的英国经验论。哲学家反对笛卡尔式的唯理论，认为只有通过对自然现象的仔细观察和考究才能真正认识世界，而不是从先验的第一原理出发，通过演绎得出真知。实际上，英国中世纪的唯名论传统，使英国率先在经院哲学家内部发展出重视经验科学的思想。罗吉尔·培根（Roger Bacon）认为，"没有经验，就没有任何东西可被充分认识"，"一切事物都必须被经验证实"。他论证了实验科学三方面的优越性：实证性、工具性和实用性，尤为重要的是他对科学实用性的强调，认为实验科学不仅是其他科学的工具，而且是达到人之目的的工具，而且他还宣称，如果国王和教皇能支持科学研究，那么科学家就可以发明出许多打败敌人的军事武器。这些主张超越了那个时代，因此其思想并没有得到同时代人的认可，但他却启迪了后人的智慧（赵敦华，2001：170 - 172）。英国的经院哲学很快衰落，继之而起的新哲学抛弃了传统的守旧、思辨，从中吸收了重视经验的因素，便诞生了近代的经验论立场。

弗朗西斯·培根不仅大力鼓吹新的科学实验方法，还将博物学纳入了他的科学认知过程当中。他认为，过去的哲学总是建筑在一个较为狭窄的实验史和自然史之上，用过于微小的实例作为证据来做出断定；或者材料已经准备好，却没有相应的理解力或哲学思维去处理，只靠记忆去对付。博物学是通向新形式自然哲学的基石（培根，2006：69 - 70）。从弗朗西斯·培根的这种描述看，博物学是一种广义类型的历史，它与人的记忆力（faculty of memory）有关，必须与理解力相互配合才能产生出有用的知识。从这种意义上说，历史仅仅是某种形式的描述

(description)，是对植物、动物、矿物甚或人的行动、行为的系统观察与研究（Gascoigne，2009：540）。弗朗西斯·培根继续论证道，历来处理科学的人，不是实验家，就是教条者。实验家像蚂蚁，只是会采摄和使用；推论家像蜘蛛，只是凭自己的材料来织成丝网；而蜜蜂却是采取中道的，它在庭园里和田野里从花朵中采集材料，再用自己的能力加以变化和消化。哲学的真正任务应该是这样，它既不是完全或主要依赖心的能力，也不是只把从自然历史和机械实验收来的材料原封不动、囫囵吞枣地累置在记忆当中，而是把它们变化过和消化过而置于理解力之中（培根，1986：75）。

弗朗西斯·培根"相信如果他手里有比普林尼的《自然史》篇幅大六倍的《自然史》，他就完全能够给出一种新的正确的自然哲学，解释自然界所有的现象"（吴国盛，2009：235）。而 17 世纪英国主流观点通常把博物学看作自然哲学的近义词，因为它们都重视经验和观察，以此削弱经院学派的冥思之风。弗朗西斯·培根认为，两者的区别仅在于侧重点不同，博物学描述的是事物的多样性，而自然哲学（物理学）探究的是事件的原因。但科学史研究表明，正是这一区别，构成了新科学成功的先决条件和新旧科学相区别的重要标志。

之后的皇家学会遵循弗朗西斯·培根的思想，保持着博物学研究传统。早期皇家学会的主要代表大都持有与弗朗西斯·培根相似的观点，他们同样把博物学描述成收集活动，而把自然哲学看成理论化体系。著名化学家玻意耳（Robert Boyle）亲身实践并大力倡导实验方法，由此奠定了学会初期的发展基调。1666 年，玻意耳写信给奥尔登伯格，坚决反对把自然哲学视为博物学的基本原则，而坚持弗朗西斯·培根派的观点，即确认博物学可以增强和匡正自然哲学体系，同时暗示博物学需要更加理性、更加理论化。玻意耳主张，只有保持这样的关系，才有可能更加富有成效地进行实验：

> （博物学）是一门重视区分的知识体系，它可以提醒观察者更
> 加重视实验过程中丰富多样的现象，比如实验环境，而这些是常人
> 容易忽视的；由此可能让他的实验比别人更进一步……也将使得描
> 述更加精确和完整。（转引自 Gascoigne，2009：556）

1763 年，布鲁克斯（Richard Brookes）出版了《一个崭新又精确的
博物学体系》（*A New and Accurate System of Natural History*）①，该
书在开篇高度赞扬了博物学，"在所有有用或有趣的学科中，博物学是
最值得人们喜爱的。其他科学要么结果可疑，要么建立在纯粹的思辨之
上。只有博物学，每一步都是实在和确定的"（Brookes，1763，Preface：
ix）。布鲁克斯从亚里士多德开始，追溯了博物学的发展历程。他指出，
著作对每一个物体的描述都尽可能清晰明白。因为，写这本书并不是为
了愉人耳目，也不是为了满足人们的好奇心和想象力，而是要带给读者
关于自然最纯粹、最简明的形象（Brookes，1763：xv）。

此外，声势浩大的启蒙运动也构成了帝国博物学的思想基础。之前
史学家在考察启蒙运动时，主要关注法国。诚然，相比其他国家，法国
启蒙运动更为典型，规模更大，但英国在同一时期甚或比法国更早一
些，也经历了启蒙运动。英国启蒙运动主要有两方面特征：一是进步
观，这是启蒙运动最显著的特点；二是相信人类通过自己的自然本
能——理性（reason），已经完全能够了解自身及其周围世界。当然，这

---

① 布鲁克斯，英国博物学家、医师、地理学家，1763 年开始出版 6 卷本的《一个崭新又
　精确的博物学体系》：6 卷内容分别为：四足动物史；鸟类史；鱼类与海蛇史；昆虫史；
　水、土、化石与矿物史；植物史。

里的理性不同于唯理论哲学家笛卡尔、莱布尼兹所谈的理性,而是泛指人类的认识能力(Gascoigne,1994:31-32)。

班克斯热情洋溢地赞美了启蒙运动时期人类的种种变化,他说,"相比16世纪,我们生活的这个年代更舒适、更文明了"。对班克斯这类精英知识分子来说,真正的启蒙意味着,要通过观察和研究来认识自然,消除无知,并利用自然资源为人类,确切地说,为自己的国家谋取利益。在这种思想的指导下,航海探索和海外发现就成了典型的启蒙活动,因为它们能为本国民众提供切实可见的异域资源,如动植物标本,或者可栽培在英国植物园的域外植物;同时,这些活动也可能会给英国乃至新世界的民众带来切实利益,更为实际的是,这些活动可能进一步拓宽英国的商业利益之门。

班克斯对他的奋进号之行评价甚高,认为大英帝国,甚至是他自己,开创了科学探险的先河。班克斯的自我评价在一定程度上存在着夸张的成分,并带有强烈的英国中心主义色彩,他完全看不到或者故意忽视了荷兰、法国等欧洲国家在科学探险活动中所取得的重要成就。但有一点是肯定的,即从他开始,科学探险活动才引起了科学界和政府的关注,才与启迪民智、富国强兵的国家启蒙策略联系在一起。

博物学家福伊斯特(Johann Forster)[①]多次提及太平洋探险与启蒙运动的关系。他认为"大英帝国应当是这个世界上启蒙程度最高的国家",因为,这一时期英国的海外探险走在了欧洲各国前列。之后,他的儿子小福伊斯特进一步明确了海外探险和启蒙运动的关系,他认为库

---

① 福伊斯特(1729—1798),波兰出生的德国后裔,主要研究欧洲及北美的鸟类学。他曾作为博物学家参加了库克的第二次太平洋之行。

克等人的活动"让这个世纪得以沐浴在知识和启蒙的气氛之中"（Gascoigne，1994：32 - 33）。

探险活动不仅开阔了英国人的视野，增长了见识，也推动了实用科学的发展。其中，经济作物的采集和移植就是最具启蒙色彩的活动，而以邱园为核心的植物园则成了推动启蒙运动的实体机构。邱园园长艾顿（William Aiton）于1810—1813年间编辑出版了《邱园植物名录》（*Hortus Kewensis*），里面列出了邱园中栽培的所有植物，以及从世界各地收集到的标本。在书的序言中，艾顿感谢了乔治三世，感谢了这个充满着启蒙精神的开明国君。因为国王不仅资助了植物园的活动，而且使邱园变成了实用知识的原产地。比如，在班克斯爵士的筹策之下，英国绵羊品种得到了极大改进（Aiton，1789a，Dedication：iii - iv）。

班克斯通过自己的帝国博物学网络，将代表着启蒙运动精神的帝国博物学活动发挥到了极致，也难怪亚历山大·瓦特（Alexander Watt）在1786年给班克斯的书信中，开篇就将两个至高的荣誉献给班克斯——"慷慨大方的科学资助者"（the liberal patron of science）、"自然知识的开明培育者"（the enlightened cultivator of natural knowledge）（Banks & Chambers，2007c：132）。加斯科因（John Gascoigne）将其著作命名为《班克斯与启蒙运动：实用知识与上流社会文化》（*Joseph Banks and the English Enlightenment：Useful Knowledge and Polite Culture*），就是要恰如其分地说明班克斯的帝国博物学活动与启蒙运动的关系。托宾（Beth Tobin）也认为，班克斯的这种植物学思想与实践恰恰是启蒙运动的产物。作为一名人道主义者，班克斯决心尽其所能地消除一切物质、习俗的地方性与特殊性，同时赋予它们超越历史和文化的普适性。18世纪末的植物学家努力工作，目的之一就是想要建立起大英帝国对世界植物资源的统治。他们建立或采用某种统一的体系，将动植物从它们鲜活的生活环境和文化背景中隔离开来。从这一点看，班克斯主导的博物学也构成了帝国主义殖民化进程的一部分。这些植物学家向世界展示了：植物界只有一种秩序，那就是他们所掌握的林奈命名方法与分类体系，所有的地方性知识顿时失去了意义（Tobin，1999：189）。

1.1.3　自然神学与基督教人类中心主义的影响

自然神学根源于古代，在柏拉图、亚里士多德或者盖伦的著作中，我们都可以找到它的影子。中世纪以后，自然神学是指通过研究《圣经》以外上帝的第二部作品——大自然，而获得启示，从而证明上帝聪明睿智的学术领域，比如那些设计论的论证。随着新兴自然哲学的增长，从自然中所发现的设计论论据，逐步取代了先验的宗教证据。大法官弗朗西斯·培根、主教威尔金斯（John Wilkins）、实验科学先驱玻意耳等皇家学会的早期创立者认为，创造物与《启示录》一样，可以揭示上帝的存在。苏格兰的经验主义哲学家洛克（John Locke）热情地宣称"自然的作品处处都在充分证明一个神"。玻意耳甚至声称"狗腿结构中所表达的技能要比斯特拉斯堡钟所展现的技能更加美妙"（汉金斯，2000：3）。

于是，能够展现上帝存在及其属性的自然神学，便在科学文化及道德开化方面变得更加重要。人类可以从神的创造物的性质，比如丰富性、完美性、精妙性或者和谐性中去寻找上帝存在的证据和属性，这便促进了学者对自然的认真观察和详尽描述。从雷的《造物中展现的神的智慧》（*The Wisdom of God Manifested in the Works of the Creation*）（1704）到佩利（William Paley）的《自然神学》（*Natural Theology*）（1802），这种传统一直没有断过，而且这两部著作在当时都引起了广泛的关注，再版过多次①。雷援引自然作为上帝的中介，既保留了上帝的智慧与仁慈，又对世界中偶然出现的明显错误或失败进行了解释。佩利这部名著的副标题是"从自然表象中收集到的上帝存在及其属性的证据"，书中用到大量的博物学和解剖学证据来论证他的观点。

　　但是，用博物学来证明上帝的存在，并不是自然神学研究的唯一方式。在 17、18 世纪，运用理性在宇宙中寻找证据，证明上帝存在的最好方式并不是博物学。诚然，博物学家可以在自然界中发现数以万计的理由，比如可以通过鸟羽的艳丽及其精妙结构，动物摄食器官与食物的完美契合，或者鱼类眼睛对水下生活的适应，来彰显上帝仁慈的设计。但与之相比，来自天文学的论证似乎更加完满，更能令人信服，因为天体及其运行的完美，更能体现造物主的仁慈和智慧。博物学的优势在于，只要认真观察，一个未受过正规科学教育的神学家也能推动学科发展；但是若没有接受过严格的数理科学训练，就几乎不可能发现天文学规律。

　　如果说自然神学的再次兴起为博物学复兴提供了一种契机，那么，长期以来基督教所坚持的"人类中心主义"观点则为班克斯的帝国博物学奠定了坚实基础。至迟从都铎王朝和斯图亚特王朝开始，英格兰人就坚信，世界是为人类而创造的，其他物种要从属于人类的愿望和需要。这种假设成为绝大多数人的行为基础。他们本着这样的精神来解释《圣经》对创世的描述，主张伊甸园是为人类而准备的乐园。即使人类堕落，上帝也只是略加惩罚，然后就恢复了人类高于动物的优越性。托马斯还援引《圣经·创世纪》中的一段话，来说明人相对于动物的高贵地

① 《自然神学》取得了巨大的成功。1802 年，方德（Robert Faulder）在伦敦出版了此书，首印 1 000 册，定价 12 先令。第一版出来后几乎马上就被抢购一空，同一年陆续出版了第二版、第三版以及第四版，每版 1 000 册。1808 年和 1809 年分别印制了第五版和第六版，第十二版印刷 2 000 册。佩利死后的 1816 年到 1822 年间，该书至少出现过 12 个版本。

位,"凡地上的走禽和空中的飞鸟都必惊恐、惧怕你们,连地上一切的昆虫并海里一切的鱼,都交付你们的手。凡活着的动物,都可以做你们的食物"(托马斯,2008:6-7)。这种赤裸裸开发利用自然的态度不仅停留在理论界和思想界,而且深刻影响了英格兰人的生活。他们大肆捕杀动物,开采资源,不仅毫无愧疚之心,而且每成功向前迈进一步,都高唱凯歌,因为这表明人类高质量地完成了上帝交给的使命。就连当时最为著名的科学家玻意耳,也对敬畏自然提出了批评,认为这妨碍了人类帝国对低等生灵的统治(托马斯,2008:12)。

在这一时期的基督教文化中,人类的优越性成了神圣计划的核心。哲学家本特利(Richard Bentley)极力主张"万事万物主要为了人类福祉而被创造出来",也就是说自然界万物只是在对人有意义、有价值层面上才具有了自身存在的必要,这是造物主赋予它们的使命。弗朗西斯·培根附和了这一思想,他说,"如果我们注意终极因由,人类可以被看作世界中心,因为如果把人类从这个世界抽取出去,余下的就会乱套,漫无目的"(转引自托马斯,2008:8)。弗朗西斯·培根的陈述指明了人类在自然界中的核心位置,以及该时期万物因人而在的宗教精髓,这很好地解释了为什么弗朗西斯·培根极力宣称要用科学开发自然来为人类谋福利,也进一步解释了沃斯特教授为什么选择弗朗西斯·培根作为帝国博物学进路的代言人。

英国基督教从盎格鲁—撒克逊时代就公开反对膜拜水井、河流,把异教徒信奉树林、溪流、山川为神灵的信念排除出去,留下一个完全去魅的世界,供人统治与驱使。难怪美国史学家小林恩·怀特将基督教称为"历史上最人类中心主义的宗教"(托马斯,2008:12)。"世界是为人类而创造出来的"主张,在18世纪末19世纪初的思想界已经不像前两个世纪那么强烈了,但它依旧深刻影响着人们的行为方式。班克斯虽然不具有浓厚的宗教观念，但社会大背景以及世世代代传承的基督教教义不可能不对他产生影响，而这种影响就成为班克斯利用自然资源为大英帝国谋利的一个原因。

1.1.4　林奈体系在英国的传播及博物学成为科学

18 世纪上半叶雷的思想统治了博物学界，整整半个多世纪里，英国博物学家几乎没有任何重要的理论创新。他的《不列颠植物纲要》多次印刷，尤其是 1724 年由牛津大学德裔博物学家迪勒纽斯（Johann Dillenius）匿名修改的第三版，多年来一直是英国标准的植物学教材，直到 1762 年哈德孙（William Hudson）著作的出版。林奈在 1736 年访问过英国，给迪勒纽斯和切尔西药用植物园（Physic Garden at Chelsea①）的菲利普·米勒（Philip Miller）留下了深刻的印象，但他的学说并没有得到认可和接受（Stafleu，1971：199）。因为对于英国这样一个追求绅士文化的社会来说，林奈赤裸裸地把植物的繁殖器官与人类的生殖器官进行类比让人耻于接受。但到了下半世纪，在一些翻译家和解释者的努力下，林奈语言中那些容易引起争论和比较淫秽的词语逐渐减少（Fara，2003：38 - 42）。

1753 年，林奈出版了《植物种志》（*Species Plantarum*），著作很快就传到英国，得到了一些大博物学家的认可。据考察，大不列颠岛上第一位真正接受林奈体系的人是爱尔兰博物学家帕特里克·布朗（Patrick Browne）。帕特里克·布朗曾在巴黎和莱顿研习过医学与植物学，其间接触了林奈理论。1756 年，在牙买加岛从医九年后，他回到英国，并出版了令人印象深刻的著作——《牙买加的居民与博物学》（*The Civil and Natural History of Jamaica*）。这本书几乎是按照林奈体系来分类

---

① 药用植物园建立于 1673 年，在斯隆爵士的帮助下，植物园在 1721 年进行了扩建。

的，并大量引用了《植物种志》里的短语，只是作者没有采用林奈的双名法（Stafleu，1971：202）。之后，切尔西药用植物园园长菲利普·米勒、剑桥大学植物学教授马丁（Thomas Martyn）、博物学家哈德孙、医师李（James Lee）以及伊拉斯谟·达尔文都先后接受并传播了林奈思想。特别是 1768 年菲利普·米勒第八版《园丁词典》（*Gardeners Dictionary*）的出版，表明林奈体系在英国有了坚实的基础（Gascoigne，1994：88 - 90）。林奈体系为什么能在英国如此快速地被接受和传播呢？主要有以下两方面原因。

一方面，林奈体系是根据植物的雄蕊、雌蕊等性器官的形状与数量进行分类，更易于标准化操作。因此，之前博物学备受批评的模糊性和不精确性特征，在这种新体系中得到了某种程度的解决。1736 年，植物学画家埃雷特（Georg Ehret）根据林奈性分类体系绘制了 24 纲图，简明扼要，清晰易懂，极大地体现出了林奈体系的优越性（Stafleu，1971：203）。博物学在皇家学会中也开始获得越来越多的支持，一些博物学家自信地认为，博物学与自然哲学一样，可以用于探求自然之规律了（Gascoigne，2009：561）。

另一方面，与其他分类法相比，林奈分类体系更加简单明确，便于交流和传播。这既迎合了大航海时代新物种呈几何式增长对简明分类学的需求①，也迎合了未受过专门植物学教育的公众追求高雅知识的诉求，现在他们也可以像某些贵族和王室成员那样从事博物学活动了。于是，林奈植物学很快成为一种时尚，一种中产阶级乃至普通民众的休闲活动。

截至 19 世纪初期，出现了各式各样的著作，不仅博学多识的绅士，

---

① 随着航海运动的开展，欧洲博物学家从世界各地采集到大量标本。这时候，一种简单有效的分类方法就变得非常重要了。

就连受教育程度较低的公众，如妇女、工人也都可以接触到林奈分类体系。"纯化过"① 的林奈分类体系意味着，植物学成为适宜女孩学习的少有科学科目之一，并且它也鼓励母亲带领女儿进行户外的植物采集和观察活动。女性作家开始写作一些简单的入门书，所有年轻的孩子，不论男女，都熟悉分类系统的基本原则。在曼彻斯特周边，纺织工人建立了非正式的植物学学会，他们在当地的酒吧碰面。这些技工兼植物学家先把收集到的植物堆放到桌子上，然后对照林奈的教科书来确认他们的标本，通过这种机械式重复，即使未受过教育的劳动者也能习得植物的名字。一个织工如此用心地学习林奈的 24 个纲：他将其写在一页纸上，并将纸固定在织机上，这样，只要坐下来工作，就总有机会查看一番（Fara，2003：45 - 46）。

林奈体系不仅大大提高了博物学活动的普及程度，也推动了出版事业的发展，博物学著作的出版数量从 18 世纪后半叶开始持续增长。介绍植物学、园艺学等相关主题的著作，特别是关于英国本土植物学的著作如雨后春笋般涌现出来。这些著作以林奈分类与命名体系为理论根基，进行编排和汇总，如 1762 年哈德孙出版的《英格兰植物志》（*Flora Anglica*），对当时英国博物学发展和林奈体系的传播起到了非常重要的作用，半个多世纪后，班克斯依旧清晰地记得这本书，以及当时对该书的狂热程度。林奈学会的创始人史密斯和他的植物绘画助手索尔比（James Sowerby），用 13 年时间（1790—1803）出版了 16 卷的《英格兰植物学》（*English Botany*）。在著作的序言里，史密斯强调，本书

---

① 林奈理论中含有很多性隐喻，这对当时英国保守的绅士文化来说是难以接受的。尤其是伊拉斯谟·达尔文，在将林奈体系引入英国时，采用了更加赤裸的词汇，因此林奈体系一开始遭到很多批评和抵制。后来的博物学家，如李，在宣传林奈理论时，用一些中性词汇替换掉了大量"淫秽"语词。

是为了激励更多人去从事植物学事业，鼓舞这个国家中想推进博物学事业的每一个人。提及此书的出版，班克斯也感慨博物学在 18 世纪尤其是后半叶的飞速发展（Gascoigne，1994：107 - 108）。定量化的统计结果更清晰地显示出 18 世纪后 50 年博物类著作出版数量的增长速度。图 1.1 是爱丁堡学会收藏的一个表格，它记录了 1700—1800 年间关于植物、园艺及相关主题出版份额的变化。从图中我们可以看到，在 18 世纪上半叶，博物类书籍的数量时升时降，总体维持在较低水平。但从 60 年代起，博物类文章的出版速率呈现稳定上升趋势，最后 10 年的出版量甚至超过前 50 年的总和。

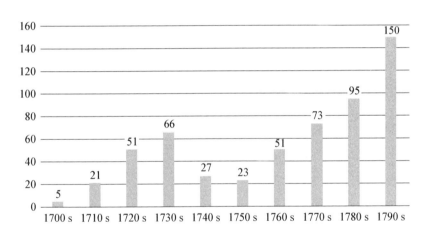

图 1.1　1700—1800 年间关于植物、园艺及相关主题出版份额的变化

（根据 Gascoigne，1994：109 整理制作）

1.2　启蒙运动时期皇家学会两种文化的冲突与交融[①]

　　启蒙运动所追求的理性以牛顿力学体系为理论旗帜。在伽利略、笛

① 该部分曾以文章形式发表于《自然辩证法研究》，29（02）：103 - 108，此处略有修改。

卡尔、牛顿的数理世界中，处处充满井然有序的理性定律，万物遵循相同的运转法则。因此，作为理性灵魂的几何学、力学、光学、天文学便成为此次运动最受推崇的自然科学分支。牛顿实现了自然科学史上的第一次大综合，于1703年当选为英国皇家学会主席，直至去世。在学会内部，牛顿曾做出过卓越贡献的科学领域也受到更多的重视。

18世纪上半叶，与数理实验科学的日益壮大相反，博物学虽然也在积累材料，整体上看却表现平平。在1703—1727年牛顿担任学会主席期间，相比于数理科学的突飞猛进，博物科学没有太多可以夸耀的，甚至被冷落了。以至于博物学家莫伊尔（Walter Moyle）无奈地抱怨道，"我发现在格林山姆学院（Gresham College，即皇家学会）没有博物学的任何生存空间，数学吞噬了一切"（Raven，2009：477）。

莫伊尔的抱怨不无道理。就在17世纪晚期，雷及其学术团体刚刚在植物学，以及更大范围的博物学领域做出突出的贡献，极大地提高了英国在欧洲博物学界的国际声誉。短短几十年，他们的成就便被牛顿的科学光芒所掩盖，以至于后来的许多科学史家在其著作中遗忘了雷的博物学工作。但莫伊尔的抱怨又是不准确的，包含着某些夸张成分。"即使在18世纪上半叶十分艰难的土壤中，博物学也有增长的迹象。雷的影响依旧存在着……"（Gascoigne，2009：74）。由此可见，数理实验科学和博物学之间并非简单的战胜与取代关系。代表科学最高机构的英国皇家学会内部两派之间的关系，可以更加真实地还原两种文化的对抗与交融。

1.2.1　启蒙运动时期皇家学会内部的学科派别

由于研究背景、研究方向迥异，史学家对"启蒙运动"的理解也不尽相同。不同时期的不同学者为启蒙运动提出了不同的定义，也划定了不同的界限。但史学家通常都会把英国启蒙运动时期称之为"漫长的18

世纪"（the long eighteenth century），这里面包含着几个重要的政治、历史、社会和艺术运动。学者所给出的最长时间跨度为 1660—1832 年，也就是从斯图亚特王朝复辟开始，直到"改革法"（Great Reform Act of 1832）的颁布（Sloan，2003：13）。这里无法也无意清晰地给出英国启蒙运动的时间界定，而只是选取两位皇家学会主席——从牛顿到班克斯之间的 100 多年——考察学会内部主要学科分支地位的演变。

要研究这一时期学科分支的地位演变，必须先要了解当时的分科体制。启蒙运动时期的科学不像现代学科划分一样细致，拥有清晰的研究领域与研究方法。那时的科学还远没有进入专门化和职业化阶段。更重要的是，那一时期所使用的学科名称与今天相比，意义已经发生了很大的改变，所包含或归属门类与今天相比也相差甚远。因此，有必要简单厘清当时的学科门类。

在近代科学的兴起和发展过程中，数理科学成为一切科学的典范。一门科学只有充分地实现了数学化，才算成熟为真正的科学。数学学科可以分为两个门类：纯粹的理论数学（pure mathematics）和应用数学（mixed mathematics），后者包括天文学、几何学、地理学、机械学、光学、机械制造计算、流体静力学、流体动力学、测量学以及气体力学等。重视实验是近代科学的另一个重要特征。在弗朗西斯·培根、洛克等人的影响下，经验主义传统在英国知识界盛行起来。实际上，从皇家学会建立伊始，观察和实验的方法就受到了会员的承认和推广。

学会内部的另一主要分支博物学，按照重视理论建设程度的不同，可以被简单地分为朴素博物学和精致博物学。前者主要指当时英国社会中贵族阶级所从事的"品鉴赏玩"（virtuoso）活动，他们有时间也有财富去收集新奇的动植物和古物；而精致博物学则更加重视理论规律，从大量的动植物活体、标本出发，追求一般性理论，或者致力于动植物的分类与命名。两种类型的博物学都不需要太高深的数学基础，特别是第一种类型，对普通公众的开放程度更高。当然，两类博物学之间也并非截然不同，而是形成了一个连续谱。在当时的皇家学会，对植物、动物、矿物、水、大气、制作工艺、土壤、国家与民族的研究都属于博物学的范畴。

按照皇家学会建立的章程，一切能增进自然知识和国家财富的学科领域都得到学会的鼓励和认可。虽然各学科之间并无固定、清晰的界限，但一般认为，博物学的研究范围超出了数理实验科学，而后者才是启蒙运动的代表。特别是以牛顿力学体系为典范的数理科学，被其研究者贴上了高贵的标签，他们对博物学的研究方法横加指责，即使是博物学家所引以为荣的经验主义研究传统，也成了他们批判的对象，因为在数学家看来，博物学的活动在研究自然时充满了主观色彩（Spary，1999：273）。甚至有时候，这种学科之间的批判会伴有人身攻击和讽刺。

1.2.2　数理实验科学的胜利与博物学的暗自崛起

牛顿在近代科学史上具有无与伦比的重要性。这不仅是因为他在科学上做出了后人难以企及的贡献，还在于他塑造了后世所遵循的科学传统，其工作标志着第一次科学革命达到了顶峰。从此，他在皇家学会留下了不可磨灭的形象。牛顿做出了突出贡献的领域，比如天文学、光学、力学等数学分支，受到了一批数理实验科学家的推崇和传承。在他们看来，只有牛顿式的科学才是真正的科学，只有数学家才是真正的科学家。

在皇家学会内部，与数理科学研究方式具有明显区别的博物学受到了牛顿主义者的批评和嘲讽。他们认为，对自然的好奇与热情只能让人们感到快乐，但不属于真正的精神探索活动，而浅薄的自然知识也无法改变人们关于宇宙的概念体系。其实，在 18 世纪上半叶的皇家学会会议上，一直保留着公开报告或展示新奇事物的习惯，这从侧面说明了学会成员对博物学收集传统和研究方式的默许。这绝不像某些历史学家所说的那样，仅仅是为了娱乐会员。相反，这种报告和展示活动在当时还发挥了另外许多功用，比如提高发现问题的能力和会员之间文明对话的能力，或者起到了某种教育作用（Da Costa，2002：147）。

从牛顿去世到普林格尔（John Pringle，1772—1778 在位）当选，只有两位主席是数理科学家，他们分别是麦克莱斯菲尔德伯爵（The Earl of Macclesfield，1752—1764 在位）和莫顿伯爵，主要研究领域都是天文学，这一定会让那些狂热的牛顿主义者感到耻辱和不满。特别是牛顿的直接继任者斯隆爵士。他是一名内科医师、著名博物学家，收藏了大量的动植物标本、书籍、手稿、钱币和有关习俗的工艺品，逝世后捐赠的物品成为大英博物馆馆藏的重要组成部分，但在数理科学方面却没有什么突出的成就。另外，还有两位主席是出身贵族的古物收藏家福克斯（Martin Folkes，1741—1752 在位）和韦斯特（James West，1768—1772 在位）。普林格尔也是医师，1772 年，他参加学会主席的竞选活动时，同行的布朗（William Browne）都起来反对他，布朗认为"数学世纪应当是对 18 世纪最恰当的称呼。任何一位学者，只要不是数学家，就不应该认为自己能够担当自然知识学会（指皇家学会）的主席，别人也不应该去选他"（Goscoigne，1994：73）。此时，牛顿逝世已经近半个世纪了，但那些牛顿主义者心中依旧保留着强烈的数学高贵论调，只是他们在人员构成和权威性方面并不具有绝对的统治地位，普林格尔还是顺利地当上了学会的主席。

普林格尔对班克斯的远洋航行和博物学考察表达了赞赏，并于 1774 年 1 月的某个星期五致信班克斯，感谢后者送给他的鸟类，并认为应该是 Tarmakins。如果这种认定是正确的，那么这将是自己首次见到这个种类。但疑问是，英格兰本身没有这种鸟儿，它们如何能被保存得那么鲜活呢？于是普林格尔冒昧地将这些鸟儿呈现给了王后（Banks & Chambers, 2007a: 56）。两人在博物学上的共同兴趣使得彼此更加亲近，也正是这位普林格尔将班克斯引荐给王室，并使其最终登上了皇家学会主席的职位。

通过分析 18 世纪发表于《哲学汇刊》上的文章数量，我们会发现数学学科并不占有优势。有学者统计，1720—1779 年间，博物类文章占 34%，应用数学占 21%，理论数学占 2%，后两者相加，总和依旧远远低于博物类文章的数量。有趣的是，两位天文学家担任学会主席的 60 年代，应用数学类文章具有相当明显的增幅，几乎是之前数据的两倍，而到了 70 年代，数据又恢复了平稳（Sorrenson，1996: 37）。

从上面的分析我们可以看出，数理实验科学的成功使得一些追随者把数学奉为真正的科学，并不断贬低博物学。特别是一些贵族阶级所从事的简单收集活动和"橱窗"展示活动，受到了数学家的激烈批判。两种文化之间的矛盾始终贯穿在启蒙运动时期的皇家学会里，特别是遇到主席竞选或职务安排等活动时，两个学派常常争论得不可开交。但数理实验科学的胜利并没有将博物学赶出皇家学会，相反，博物学家借助自身的优势，在打压下暗自崛起。

在理论方面，前面已经提到过，雷的影响还远未消失。1724 年，迪勒纽斯适时出版了第三版《不列颠植物纲要》的简装本，使雷的思想得到进一步传播（Gascoigne，1994: 74）。之后林奈分类体系和双名法传入英国，使博物学的系统研究具有了新的理论平台。在实践层面，随着英国海外航行和对外扩张的发展，新的动植物物种越来越多，特别是一些经济物种的传入，受到了学者的高度重视。由此，博物学知识不断增长，其发挥作用的舞台逐渐坚实，学会内部的知识团体也越来越倾向于认为，博物学是一种科学。

博物学之所以能在数理实验科学的压迫下重新积聚力量并逐步崛起，主要有以下几方面原因：首先，数学家虽然坚持声称，只有牛顿式的学问才是真正的科学，才是人类真正的智慧，但牛顿之后的近一个世纪里，英国皇家学会却未能出现如此卓越的科学巨擘，甚至没出现过达朗贝尔、拉格朗日、欧拉这种级别的数学家。借用库恩的说法，这个世纪里，数理科学大都处于"常规科学"阶段。而且受经验主义哲学和弗朗西斯·培根的影响，启蒙运动时期英国科学研究的优势在实验领域。其次，博物学活动具有某种程度的实用性，与英国海外贸易和扩张紧密相连，形成了一种相互促进的关系，而这一时期的数理科学成就却很少能够进入日常生活。再次，在皇家学会的人员构成中，贵族、绅士、医师等占据了相当大的比重，而研究博物学在当时已经成为一种体面的爱好，他们为学会中博物学的发展提供了支持和保护。

1.2.3 班克斯对林奈体系的传承、传播与推进

在避雷针顶端是尖的好还是钝的好这个问题上，普林格尔坚持了自己的原则，从而与国王乔治三世交恶。1778 年，他拒绝继续担任学会主席。当时皇家学会的委员会一共有 21 人，只有 8 人是科学研究者（men of science），因此他们很难在选举中胜出。两位有竞争力的候选人分别是奥伯特（Alexander Aubert）和班克斯。前者是一位富有的商人，业余天文学家，像赫歇尔一样热衷于天文观测，并在不同地方建立了三个天文台。而此时的班克斯则通过三次海外探险，奠定了自己在博物学界的地位，并与国王、海军部关系密切。经过多次商议，委员会决定推荐班克斯继任学会主席（Lyons，1944：197 - 198）。

1778 年 12 月 14 日，与班克斯私交甚笃的英国大博物学家本南德

(Thomas Pennant)①致信于他，祝贺他当选学会主席。本南德在信中感叹道，博物学终于得到了学会的认可，同时殷切地提出了自己对班克斯的期望，希望在班克斯的带领下，皇家学会每年都能产出高质量的博物学成果（Banks & Chambers，2007a：186）。班克斯没有辜负这位在自己早期博物学生涯中发挥过重要作用的朋友兼导师，在接下来的 41 年生涯中，这位出身于大地主阶层的博物学家大大推进了博物学的发展，提高了博物学在皇家学会中的地位。

首先，班克斯竭力使博物学成为一种科学。数理实验科学家大都选择最朴素的博物学形态为批判对象，笼统地把博物学看作是一种简单的收集活动或是有产阶层的猎奇活动，而不是一种寻求自然规律或者有益于寻求深层理论的学术活动。不可否认，这种形态的博物学在皇家学会中广泛存在，并占有重要地位。这是英国学术的社会大背景决定的，博物活动是贵族阶级地位和文化品位的象征，因此，在一个贵族、政府要员等人数占重要比例的学会中，朴素形态的博物学大量存在着就不足为奇了。雷之后，与之相对应的精致形态博物学虽然一直存在着，但整个 18 世纪上半叶，博物学理论都被雷的学说所统治，毫无创新，博物学在皇家学会中的地位也不断衰落。

但即使这样，林奈的性分类体系在英国被接受下来也并非一帆风顺，这中间经历了几十年的传播、批判和改造过程。从生命周期和成名时间看，林奈要早班克斯三四十年，大约与法国的布丰同时期。正是在这一时间差里，林奈的性分类体系和双名法才逐渐被英国博物学家消

---

① 本南德于 1766 年在伦敦开始出版《大英动物志》（*British Zoology*）的"四足动物"和"鸟类"两部分；1769 年增补了第三卷，关于爬行动物和鱼类；1770 年出版第四卷。班克斯和本南德有大量的书信往来，记载了班克斯为本南德提供的大量博物学材料。

化、吸收，年轻的班克斯才能有一个温和的环境去接触和接受林奈思想。这个过程不长，但却充满困难，险象环生。18世纪末，整个欧洲约有50种著名的植物分类系统（Fara，2003：20），因此林奈的著作面临着巨大的竞争，在英国阻碍尤其严重。一方面，雷的影响一直还在，他主张自然分类法，于是，林奈的人为分类法便与某些持传统思想的老博物学家格格不入。另一方面，林奈赤裸裸的性分类体系和性隐喻与英国的保守风气难以调和，以至于有些道德卫士认为，这种知识有伤风化，损害女性的端庄与朴实（Fara，2003：39）。后来，经过威瑟灵（William Withering）、李、科林森（Peter Collision）、哈德孙等多位博物学家的翻译和引介工作，到1764年班克斯离开牛津时，林奈体系已被许多著名博物学家讨论、传播和接受（Gascoigne，1994：74－77）。特别是威瑟灵的介绍，清洗了林奈体系中许多性隐喻以及晦涩的拉丁语，博物学在大众层面也很快流行起来。

班克斯早期的博物学启蒙老师李、哈德孙都是林奈思想在英国的先驱和大力鼓吹者，为他接受新体系做好了充足的思想准备，加上班克斯勇敢和热情奔放的性格，使他几乎从一开始就接受了林奈体系，并视林奈为自己心中最敬重的学术偶像。他曾告诉一位朋友，自己无论如何都要去瑞典拜访林奈大师，倾听他的教诲（Fara，2003：33）。

班克斯在博物学理论方面取得了一定的成果，这些成果可以用两种完全不同的观点来评价。一方面，班克斯一生致力于发展博物学，亲自参加了三次海外探险航行，收集到大量的博物学信息、标本甚至活的动植物，但生前并未留下任何有价值的著作或系统化学说。从这点来看，他依旧接近于朴素博物学传统；但从另一方面看，他却用大量的博物学实践活动，极大地推动了博物理论的发展。班克斯自60时代初就成了林奈信徒，他认为自己收集、整理博物学资料的活动不属于外行的猎奇性收藏传统，而是一种真正的科学活动，因为自己能够有意识地、系统地理解和应用林奈系统。1768 年，班克斯踏上著名的奋进号时，便随身携带着林奈最新版的《自然系统》（*Systema Naturae*）一书，而且林奈最得意的门生索兰德（Daniel Solander）[①] 也作为班克斯博物学小队的重要一员随船出航。航行过程中收集到了大量的新植物或标本，他们都按照林奈的性分类体系去归类，并用双名法来命名。

班克斯作为博物学家的名气越来越大，他也越来越注意区分两种不同的博物学，并坚定地认为自己从事的是精致博物学。他反对毫无秩序地收集博物学资源，而是明确表示将博物学收集活动作为科学研究的一部分，为了收集而收集，只求种类多样和新奇，完全不懂林奈分类体系并以此组织起来的收藏品，不能反映任何科学内容（Miller，1996：108）。

起初，林奈与班克斯曾经相互敬重，班克斯以林奈为榜样，而林奈也看好班克斯在博物学方面的远大前途。但奋进号归来后，班克斯与索兰德没有将博物学收藏品交予林奈，这让林奈有一种受骗感，两位博物学家的关系渐行渐远。林奈一生给植物命名无数，甚至连园丁的名字都写进了植物名字中，但始终没用班克斯的名字。林奈死后，小林奈用班克斯的名讳命名了一种澳大利亚独有植物——欧石楠班克木（*Banksia ericifolia*），以纪念他在澳大利亚博物学方面所做的贡献（Fara，2003：156）。林奈死后，收藏品的出售活动还与班克斯有一段小故事。

1783 年 12 月 23 日，还有一天就是圣诞前夜了，班克斯正在伦敦西部斯普林格罗夫的家中赋闲，但他却高兴不起来。赫顿（Charles

---

[①] 班克斯在 1784 年 11 月 16 日致实业家、自然哲学家和博物学家 John Alströmer 的书信中，全面回顾和赞扬了索兰德的一生，包括他为什么来到英国，在英国的主要学术活动及主要成就（Banks & Chambers，2007b：329 - 332）。

Hutton) 事件后, 数学家霍斯利联合了学会中的一些成员公开反对班克斯, 这让他在皇家学会中的工作难以继续进行, 于是他主动离职, 准备回击敌对者。正在此时, 班克斯收到了林奈遗产变卖信, 这次, 他却犹豫了。

其实就在一年前, 也就是林奈刚去世不久, 班克斯就动过心思, 他热切渴望小林奈能将父亲遗留下来的动植物标本、笔记、图书等重要物品卖给自己, 并报价 1 000 畿尼, 但被严词拒绝了。一年之后, 事情突变, 小林奈突然逝世 (1783 年 11 月 1 日)。乌普萨拉大学急着为继任者清理房间, 加上林奈逝世时没留下多少财富, 遗孀需要变卖这些 "无用之物" 给四个女儿置办嫁妆, 就委托大学的一位医学教授变卖收藏品。这位教授一下就想到了班克斯, 于是通过私人关系将出售收藏品的意愿书寄送给他, 价钱还是 1 000 畿尼。面对这突如其来的好处, 班克斯却不想接手, 或许他的心情太糟糕了, 即使如此幸事也提不起精神; 也或许他担心自己地位太高了, 会引起瑞典人的一致抗议而导致买卖失败, 毕竟就在不久前, 瑞典日益崛起的民族情绪燃烧到这儿, 声言要保护本国财产; 现实经济状况自然也是重要的因素, 美国独立战争的胜利让班克斯的土地收益受损, 准备出版的植物图集 (*Banks' Florilegium*) 虽然已经暂停, 但已花费了大量的金钱, 他已经开始压缩开支了 (Carter, 1988: 191 - 192)。

冬季的寒冷加上人情的冷漠, 让班克斯家中的客人顿时少了许多。但有一位叫史密斯的青年却很热情, 时常到班克斯家中做客。出售林奈收藏品的信件到达的那一天, 史密斯正好在班克斯家中吃早餐。班克斯看他如此热爱博物学事业, 而且其父又因羊毛生意积累了大量财富, 遂建议史密斯出资购买林奈的收藏品。因为担心史密斯的父亲看不到这笔生意的重要意义, 班克斯还特意写了一封推荐信: "时间紧迫, 现在许

多公司都在讨论这件事，大批的人都希望自己能够成为购买者。据说俄罗斯的女王就想购买。"(Carter，1988：192)

最终24岁的史密斯以1 000畿尼买到了林奈的收藏。1784年9月17日，"显现号"驶离斯德哥尔摩，几周后到达英格兰。史密斯打开26个大箱子，喜出望外，他竟然购得了19 000份植物标本，3 200份昆虫标本，1 500份贝壳标本，2 500份矿物标本，3 000部图书，林奈的全部通信约3 000封，以及大量手稿（刘兵，2011：212 - 232）。对于瑞典人来说，林奈的收藏是无价之宝。在相当长的时间里这一事件令瑞典人耿耿于怀。1788年林奈学会在英国成立，史密斯担任第一任学会会长。

1778年，林奈的《植物种志》被伊拉斯谟·达尔文翻译出版，实际工作是在班克斯和其他一些博物学家的共同努力下完成的（Lysaght，1971：294）。班克斯对林奈体系的自信在1785年2月4日致法布罗尼（Giovanni Fabbroni）① 的信中展露无遗：

> 马森（Francis Masson）② 最近从北非归来了，为国王的皇家植物园邱园带回了一些新的植物。国王的植物园植物繁茂、品种繁多，堪比过去林奈的标本集。当然，这些标本集现在被一位英国人购买，并已经安全抵达，所以我们才是定义或解释《植物种志》的专家。（Banks & Chambers，2007c：20）

---

① 法布罗尼（1752—1822），化学家，博物学家。他的研究兴趣十分广泛，涉及自然科学、政治经济学、化学、农学等。

② 马森（1741—1805），植物学家，植物采集者。他是邱园派出的第一位职业的植物采集者，因其采集范围广、成果多而闻名。从其活动足迹看，1772—1774年，在非洲好望角；1776—1782年，在大西洋的加纳利群岛（Canaries）和亚述尔群岛（Azores）；1783—1785年，在西班牙和葡萄牙；1786—1795年，在好望角及非洲内陆；1798年在纽约和蒙特利尔。

另外，晚年班克斯对林奈分类体系的信任程度发生了某些改变。随着观察、收藏物种的不断增多，以及与其他博物学家的交往，班克斯越来越有了自己的思考。1817 年 12 月 25 日，班克斯致信史密斯，信中谈到，他尊重斯密斯先生对林奈分类体系的辩护，该体系确实精巧易用并饶有兴趣，但自己现在更喜欢法国博物学家裕苏（Antoine Laurent de Jussieu）的分类体系，两者相比，裕苏所用标准更加自然，只是它不够稳定（Banks & Chambers，2007f：260）。

其次，在实作层面，班克斯将林奈博物学研究进路与帝国扩张活动联系起来。博物学为帝国富强和殖民探险提供智力支持，反过来，帝国活动为博物学的田野工作和海外收集活动提供便利条件。皇家学会一直以来秉承着精神之父弗朗西斯·培根的伟大理想，把知识变为伟大的力量，以解决人类的日常困难，并为国家服务。但在 18 世纪，数理实验科学与政府合作以形成生产力的情形相当少见。倒是博物学，从斯隆时代起就已经逐步与大英帝国在美洲、非洲和亚洲的殖民活动联系在了一起。

班克斯将博物学与帝国扩张的合作向前大大推进，并形成模式固定了下来。例如，大型海外探险船上必须配备一名科学家（博物学家），以扩展知识领域，巩固帝国利益。班克斯成名于三次伟大的海外探险活动，所以总能为海上扩张和全球博物研究提供建议和帮助。他自身拥有丰厚的土地收入，同时又是一个非常精于交际的人，总能很轻松地拉拢富人来资助博物学。另外，他还利用自己与国王、海军部的私人关系，不断将博物学"推销"给皇室与政府。在担任皇家学会主席的 40 多年里，班克斯利用自己建立起来的全球博物学网络，极大地增强了科学、贸易和国家之间的联系。

但正是在博物学具有实用性这一方面，数理实验研究者找到了批评的理由。他们认为，博物学特别是植物学的发展渗透了太多的商业动机，其活动和成就都是由外部目的推动的，违背了学问的纯粹性原则（Heringman，2003：3）。这种批评在很大程度上是合理的，特别是班克斯时代的博物学，在博物学的实用性的道路上已经走得很远了。

2 班克斯的帝国博物学之路

作为博物学帝国的组织者，要想在博物学实践层面取得伟大成就，筹集资金与资助博物学活动是必不可少的。对班克斯来说，从政府、王室筹集资金并合理分配个人财富，构成了他管理活动的坚实基础。班克斯出生于新兴地主家庭，经济实力雄厚，而且他总能将家庭收入恰当地投入到自己所热爱的博物学事业当中。因此，对于班克斯而言，家庭财富构成了他成长、成功的重要物质基础。作为博物学家，班克斯成名于三次伟大的海上航行，他慷慨解囊，为航海活动准备了大量科学仪器，同时还要支付其博物学团队的生活费用和薪金。作为皇家学会主席，他宣传并推广自己发展博物学的方式，努力劝说政府投资科学，由此改变了英国科学的发展方式，促进了科学的进步，增强了大英帝国的财富。本章从追溯班克斯的家庭财富开始，考察了班克斯家族的成长史；并分析班克斯的宗教观及其对科学、对博物学的影响；最后一部分展现班克斯是如何利用个人财富学习博物学知识，借助关系踏上海外探险之旅，并最终成为享誉欧洲的博物学家。

2.1 贵族与上流社会高雅之风

2.1.1 英国农业革命与班克斯作为科学管理者

工业革命因为极大地改变了英国乃至世界的经济发展方式和人类的生活方式而受到众多史学家关注。但在此之前，近代英国经济发展的迹象首先在农业中表现出来。根据英国史专家钱乘旦教授的观点，从 18 世纪上半叶开始，英国农业发生了巨大变革，史学家将其称为"农业革命"（钱乘旦，2002：213）。这一时期的英国已经基本完成圈地运动，大土地所有者因此而获得了大量土地，有条件实行集约式经营。而且随着海外扩张，农产品逐渐进入市场成为商品，不断刺激地主改进农业生产。

农业改革的方式有很多，如改良土壤、采用新式耕作工具、建设良好的水利工程、使用化肥等，这些方式都可以产生巨大的效益。但这些革新基本上是经验的，通过试错法取得（沃尔夫，1997：586），与博物学没有太多直接联系。因为当时博物学的主要工作是收集动植物标本，描述、命名和分类，以寻求上帝所赋予自然的秩序。如"托马斯·科克，后来成为莱斯特伯爵，就是个成功的农业改革家，他在贫瘠的土地上播撒泥灰增加地力，并引进新品种，结果在 15 年中使庄园的收入翻了四番，40 年里收入从 2 000 多英镑变成 20 000 多英镑。另一位乡绅罗伯特·贝克韦尔则主要从事畜牧业的改良，他的牛、羊、马牲畜吸引了全欧洲的人去参观"（钱承旦，2002：214）。斯莫尔木犁的发明与改进，也与我们所说的近代博物学知识关系不大，但它确实极大提高了耕作效率。

但有一些农业增产手段却是农业改革家和博物学家共同关心的，准确地说是博物学家可以为本国农业所效劳的——在大英帝国范围内交换和栽培有价值的植物，或引进新的动物。班克斯作为林肯郡地产广袤的大地主，必然具有增加地产收入的动力和意愿，同时他又是一位注重实践的博物学家，有足够的知识和能力引进新物种、改良旧品种。在这些活动中，班克斯作为地主、农业改革家、博物学家的身份从来就没有分开过，这也是乔治三世欣赏他的主要原因之一。

班克斯始终将土地放在国家经济生活的核心，就像土地在他自己生活中的重要地位一样。在德雷顿看来，班克斯对土地的重视，显然不仅受到基督教思想以及辉格党传统的左右，更有明显证据表明他受到了重农主义者的影响。他将国家经济形象地比作一棵树，树的根基是农民，略往上点的树干是商人，再高一些的树枝是工业者，果实和花朵则是贵族和绅士。根基不好，则大树将枯萎（Drayton，2000：98）。班克斯与他同时代的许多人一样，认为土地不仅能实现国家的自足与稳定，还能为国民提供一种道德教育和公民教育，这是工商业所不具备的（Drayton，2000：101）。于是，为了更好地发展农业，班克斯充分发挥了自己在博物学方面的优势和作为皇家学会主席的优势，积极参与英国农业改革试验，最大限度地开发国内自然资源，提高农副产品的质量和数量。班克斯1793年4月23日致辛克莱（John Sinclair）① 的信中，展现了他对农业的兴趣，也展现了他的无私：

> 谢谢你提出的建立农业委员会的计划，我今天才收到你的来

---

① 辛克莱（1754—1835），农业改革家、政治家，农业委员会的创立者和首任主席，皇家学会会员。

信。我已经用心研读了。你知道我一直有兴趣建立这种类型的委员会，如果它有能力制定出指导农业化工业的规章。我看你的信中并未表达出这样的意思，你认为农业委员会只是测算进步，并鼓舞农业提高，在我看来，这些只是适合于建立一个私人委员会而非公共委员会。

这件事与皇家学会有关，因此，如果你和你的读者一样，认为国王赠予的土地可以被当作这个委员会现有基金的一部分，那么我希望看到你有正确的认识。国王曾赠予早期阶段的切尔西学院一些东西，但是很快就收回了 1500 英镑以及同时赐予他们的权杖。

皇家学会主席应当成为你所建议的农业委员会的官方成员这件事，我非常怀疑。事实上，我已经义不容辞地在关注农业经济学了，可能不会再占据一席之位。(Banks & Chambers，2007d：213 - 214)

班克斯不同意辛克莱把农业委员会单纯建设成收集数据资料的机构，认为这样做对公共利益无所裨益。但是班克斯还是支持农业委员会的建立，认为需要这样的机构来推进英国农业发展，而且班克斯也确实持续影响着委员会。他在 1803 年 5 月 27 日写给杨（Arthur Young）[1]的信中，提到了农业化学实验：

皇家研究院（Royal Institution）[2] 委员会并非希望农业分析的

---

① 杨，1741—1820 年，农业改革家，作家，农业委员会秘书，皇家学会会员。曾游历英国、法国，考察农业方法，并在自己的土地上进行实验。
② 皇家研究院于 1799 年成立，是在当时的许多著名科学家如卡文迪什领导下成立的，第一任主席是乔治·芬奇。学会的目的是要"传播知识，方便大众使用机械发明和进步；并通过哲学家演讲和实验，教授科学如何在公共生活中得到应用"。

精度一定要像哲学①实验所展示出的那样。对他们来说，如果物质的构成成分及其各自比例能够精确，就足以展现对植物的可能后果了。

皇家研究院委员会意识到，目前的农业化学研究正处于初始阶段。随着这门科学的日渐成熟，每一种分析都会在这个时间历程中占有重要的地位。他们相信过不了多久，戴维②先生本人或者在戴维指导下的其他人就会为国家或者农民分析出土壤和肥料的成分，每一种物质都有相对可接受的固定价格。

皇家研究院希望戴维能够再次重复他的讲座，并希望我征求一下意见，即农业委员会是否对此有任何反对意见。　　（Banks & Chambers，2007e：303-304）

这封信记载着皇家研究院和班克斯对农业改革科学研究的迫切要求，他们希望能够通过戴维的化学实验推进英国的农业事业。同时，班克斯还将这种"进步观"向外延伸，利用博物学与早期帝国扩张的紧密联系，在世界各地建立殖民地植物园，种植有价值的经济作物，发展有利于英国的整体经济，有利于贵族投资者获得收益的农业。在1815年写给詹金森（Robert Jenkinson）的信中，班克斯建议加强对农业的保护，因为英国的"敌人"法国在谷物价格方面已经做出了调整，拿破仑政府的策略使得法国农业变得更强、更繁荣了。如果本国农业发展策略不能随形势而变化，且想通过进口粮食来满足国内需求，就会受制于外

---

① 此处指自然哲学，即科学。
② 戴维自1802年起就在皇家研究院下属的农业委员会作报告，后来还集结成册，即《农业化学的元素》（*Elements of Agriculture*）。在英国，戴维首次将化学原则系统用于农业研究，对农业土壤研究和施肥做出了重要贡献。

国；外国会进一步利用在农业中获得的利润，在工商业中占据优势
（Banks & Dawson，1958：473-474）。

班克斯的这封信带有明显的重农主义倾向。在他看来，提高关税，
保护本国农业，而非一味依靠进口国外作物，是一个国家独立自强的重
要基础。当然，重农主义政策也迎合了迫切要求回收土地利润和集中国
家权力的地主阶级意识形态，班克斯作为大地产所有者，于公于私都会
支持这个"利国利民"的政策。他们一方面将土地视为国家经济的基
础，积极寻求国家干预和保护；另一方面努力改革农业生产，继续圈占
土地，开发或引进新的动植物品种。在这个背景下，博物学家就可以大
显身手，利用博物学知识去引进或改良品种。在圈占公共土地，变沼泽
为牧场或可耕地的过程中，班克斯与当时的农业改革家和政治家步调一
致。他利用先进的排水机械，得到了林肯郡的大量荒地。

班克斯在切尔西期间，就跟药用植物园园长菲利普·米勒学会了异
域植物移植和栽培方法。更重要的是，作为当时最伟大的园艺学家之
一，菲利普·米勒也极力主张促进有价值的植物在帝国范围内的栽培
（Gascoigne，1994：76），这种意识对班克斯的影响可能是受用终身的，
在班克斯与其他博物学家的书信中，也经常会提及菲利普·米勒的一些
经济作物种植常识（Banks & Chambers，2007b：297）。另外，班克斯的
精神导师林奈，除了在分类、命名工作方面做出巨大贡献外，也利用自
己的博物学知识，在瑞典开展引进物种的农业革新运动。林奈试图在乌
普萨拉植物园探明并建立自然的经济结构（Nature's economy），以此实
现国家的经济自足。班克斯在林肯郡的大片土地和重视农业的国王乔治
三世为他提供的邱园，成为他帝国博物学与农业改革的试验田。随着地
位的提升和影响力的增大，班克斯在大英帝国范围内不断进行农业增产
试验和物种引进工作。

班克斯对异域经济植物特别感兴趣，在早期移植到邱园的植物中，来自新西兰的菠菜和亚麻是最具有潜在价值的两种植物。班克斯将植物运往气候条件类似的地方，以增加成功的可能性。比如，他根据南北半球气候条件的对称性，将地中海农作物运往新南威尔士，将猪运往新西兰。班克斯还利用他对政府、王室和商贸公司的影响，在世界各殖民地建立植物园，进一步寻求对英国有用的地方性植物，并学习当地的种植技术和加工知识（Fara，2003：136 - 142）。

在班克斯的书信集中，有大量的篇幅是来自世界各地博物学采集者向班克斯汇报有用植物移植问题的。这些博物学家与东印度公司和殖民政府一起，探求作物在大英帝国及其殖民地范围内的流动。如 1785 年春，沃伦（Matthew Wallen）从牙买加致班克斯的书信中提道：

> 当您碰到您的植物猎人时，请不要错过激励他们从塔希提岛获取面包树和其他一些水果、根茎及稀有植物，就像新西兰亚麻一样。还有东印度的 Mangoustan、Nutmeg、Clove、Teak、Walking Cane 等。西藏的大尾巴牛，长着制作披肩用的羊毛的绵羊。这种宽尾绵羊完全不同于北非伊斯兰地区的绵羊，安哥拉山羊产在伊兹密尔，可以制作最好的仿驼毛呢。它们可以让我们干旱的石头山变成岛上最有价值的地方……（Banks & Chambers，2007c：2）

沃伦希望借助班克斯的博物学学识以及与殖民政府和东印度公司的关系，将有价值作物移植到爪哇岛，将对人类有用的羊和牛也引进到大英帝国的这块殖民地上。

英国农业革命在一定程度上为班克斯这种实践性博物学家提供了范例——尽可能地开发利用自然资源，甚至是全球性自然资源；而林肯郡的大量地产，又为班克斯在全球范围内引进动植物提供了动力源泉。

2.1.2　贵族品鉴赏玩之雅俗

如果我们用今天的观点去看待 17、18 世纪人们对待科学研究的态度，就会陷入严重的"辉格史观"。因为在那个时代，通过观察和实验等自然科学手段去研究自然是一件很不入主流的事情，人们更多借助《圣经》或古代经典著作来寻求知识。直至科学革命和启蒙运动，"激进的"思想家们才试图说服人们，要靠近代的科学和理性来扩大人类知识的界限。但是两个阶段的转化并不是"突变"，而是"渐变"。在这个过程中，贵族的"品鉴赏玩"之风起到了很好的过渡作用。

具体来说，贵族的"品鉴赏玩"活动一般始于收藏和展示。因为收集异域植物需要花费大量资金去购买和大量时间去保存，所以每一次成功的博物学采集活动的背后，往往都有殷实的家庭财富做后盾，或者拥有政府支持或商业投资，普通家庭难以维持这个庞大的收集和管理体系。英国皇家学会始于玻意耳时代，这种"品鉴赏玩"之风的动机从一开始的炫耀财富或打发时间，转变为收集材料、推动实验和促进知识。

而班克斯时期的博物学依旧延续了这一传统。因此可以说，当时的博物学主要是一种上流社会之文雅风俗（politeness 或者 polite culture）。在 18、19 世纪的英国社会，politeness 指代着绅士般优雅的行为、高雅的品位、良好的文学素养和丰富的知识储备，当然，这种贵族的社交文化的前提，是雄厚的家产和高贵的地位。尤其是对于皇室和贵族女性而言，探险旅行可能不太适宜，但她们依然可以从事愉悦身心的博物学活动，比如在私人花园或亲友家中观察花鸟虫鱼，探讨博物绘画或博物艺术，收藏大自然的珍品等。比如，国王乔治三世及夫人夏洛特王后对植物学的热情就感染了大量贵族参与到博物学活动中，他们就像典范，塑造和引领着博物学潮流。从这个意义上说，与上流社会之文雅风俗联系在一起的贵族博物学，充满着鲜明的阶级特征，与贵族阶级的权力和财富紧密相连。

另外，林奈的双名法也使得上流社会的这种文雅风俗得以强化。像近代欧洲天文学家用某个贵族或王室的姓氏来命名新观测到的星座一样，林奈双名法"随心所欲"地用人名来命名某些植物（如班克斯被命名为山龙眼科的筒花属 *Banksia*，而班克斯则用夏洛特王后命名了鹤望兰 *Strelitzia*）的方式也同样激起了上层社会的博物学兴趣，吸引他们投入博物学以更多的精力和财富。也正因为如此，班克斯担任主席期间皇家学会会员的构成中，依旧存留着大量的社会名流，包括显要的政治官员或者富商巨贾。而班克斯在选择会员时，也十分看重地位和财富。比如曾经被他拒绝入会的沃恩，就因为继承巨额财产成为爵士后，被准许加入皇家学会（Weld，1848：153－154）。

需要明确强调的是，在班克斯生活的时代，与贵族阶级之高雅文化联系在一起的这部分博物学，尤其是与殖民扩张和商业冒险相关的帝国博物学，才真正对这个时期的社会文化潮流乃至国家发展产生了引领性影响；平民博物学，如同时期的怀特则处于"相对边缘"的位置。但是，经济形势的巨变还导致新的社会阶层的出现。他们服务于企业机构、工厂或者新产生的产品销售领域。在这些新兴行业里，他们获得了大量财富，有实力去追求自己的兴趣和爱好，尤其是上层社会所争相竞逐的博物学收藏与收集活动，逐渐成为新兴中产阶层的时尚追求。这些植物爱好者包括富有商人、银行家、政治家、船舶代理人及其他新贵。1780 年之后，仅在短短的几十年间，英国人对园林和园艺的喜爱已达到狂热程度，家境富裕的人真正开始一门心思地建立花园来种植植物（基尔帕特里克，2011：163－165）。

从总体上看，到 18 世纪下半叶，英国贵族的"品鉴赏玩"之风在寻找自然秩序与和谐方面赢得了尊严。如果说牛顿的伟大之处在于用数理科学为自然建立了统一的秩序，那么博物学的"品鉴赏玩"逐步开始用系统的观察和实验，致力于为自然立法。

帝国博物学正是在这样的知识背景下，具有了繁荣发展的智识之源。而当时如火如荼的殖民扩张和对外贸易，则提供了配套保障。英国在印度、中国、东南亚等太平洋许多地区的生意，都是由东印度公司操纵和实施的。他们借助博物学家的知识，在世界许多地区建立植物园，栽培有价值的经济作物，以获取丰厚报酬。如印度的加尔各答植物园（the Culcutta Garden），是由东印度公司驻当地的工作人员基德（Robert Kyd）① 建立起来的，筹划期间得到过班克斯的鼎力相助。最终，这个植物园不仅能生产当地的一些重要经济作物，还能栽种一些从邱园、新南威尔士、新西兰等地移植来的新物种。植物园既满足了博物学研究的需要，又能给英国及其殖民地带来巨大收益，而后者，也正是基德和班克斯说服王室与东印度公司同意建立植物园的重要砝码。基德在 1786年 6 月 1 日向东印度公司管理委员会提交的第二份建立加尔各答植物园的申请报告中，多次强调了植物园的用处，而班克斯将信中这些重要的条目摘抄下来，以报告给东印度公司高层管理者：

> 我知道，东印度公司一直嫉妒荷兰，他们因为占领了锡兰岛（Island of Ceylon）而不断积累财富。这种利益主要是肉桂树带来的。我们在五年前从这个岛上得到过树种，去年才想起种植它们。（如果能在花园里成功种植）东印度公司委员会就可以告诉荷兰人，

---

① 基德（1746—1793），博物学家、海军官员、加尔各答植物园的呼吁者和筹划者，与班克斯私交甚密，基德利用班克斯在政治上的影响力为植物园的成立与发展扫清了障碍，另外两人还经常就植物园的发展与植物栽培进行学术交流。

肉桂树现在在孟加拉（Bengal）① 繁荣生长。我无法奉上图画了，只能随信附一素描图，它是比照自然中的植株描绘的，果子还不太成熟……

利用这次机会，我再次陈述建立植物园的好处：它不仅是为了收集珍稀植物、珍奇藏品或满足奢侈欲望的装饰品，也是为了建立一个供应站，向土著居民或大英子民分发和传递有价值的物品，并最终扩展国家的商业范围，提高国家财富。（Banks & Chambers，2009：119 - 120）

同时，植物园的建立还能给英国移民者提供一个学习当地知识的机会。例如，班克斯曾建议用斯里兰卡的植物园来研究当地医生开过的草药，以此改进英国医药，提高治病效力。另外，在东印度公司的主持和帮助下，香港、南非等地也都陆续建立起了大英帝国的植物园②。作为殖民者，基德想借此履行宗主国对殖民地照看和保护的义务，认为植物园的建立会极大帮助当地居民。（Banks & Chambers，2009：113 - 116）。

分散在世界各地的东印度公司工作人员，由于自身对博物学的兴趣，也成了帝国博物学链条中不可或缺的一部分。范发迪先生的《清代在华的英国博物学家》是对该类型博物学家的一个经典案例研究。著作以远离帝国中心的机构和人员为对象，考察了他们与中国人，特别是下层民众之间的跨文化接触。深处异国他乡的欧洲人，与当地人做生意，交换商品，并建立起业务网络和长久的社会交往关系，他们借机采集标本，偷学中国博物学知识。范发迪专注于这些商人的博物学实作，就是

---

① 孟加拉（Bengal）位于南亚地区，包括孟加拉国和西孟加拉的印度州。
② 范发迪在他的书中提到香港植物园时，将其称为邱园的"卫星植物园"，这个词更好地体现了殖民地植物园与邱园的关系。

为了说明，远离帝国中心但受中心控制的帝国商业网络、宗教团体等势力，在科学知识建构上也能担任关键角色。

大英帝国殖民扩张为帝国博物学的发展提供了历史契机。与精神、文化层次的扩张相对应，这一时期的殖民扩张活动达到一个新的高潮。海外探险和发现新大陆成为欧洲各强国主要的对外活动，它们为帝国博物学活动提供了必要的契机和可供利用的舞台。英法"七年战争"的结束，标志着英国第一帝国的形成。从此，英国的海上力量得到了进一步增强，英国在欧洲乃至世界范围内确立起了霸权地位。为了保持英国的优势地位，获得更多原材料产地和商品销售市场，大英帝国借助自己庞大的海上力量，不断派出舰队去寻找新殖民地。

此时，希望探索新世界动植物的博物学家便有机会随船同往。作为回报，博物学家可以选择某些有价值的物种带回本国栽培，来增强国家的整体竞争力，还可以帮助新殖民地的移民者尽快适应新大陆。这种模式正好印证了弗朗西斯·培根的预言：对自然的理性研究可以直接带来神奇的政治回报。另外，弗朗西斯·培根还坚信，在自然规律与政府政策的规则之间，存在着某种相似性（Drayton，2000：30）。澳大利亚新南威尔士大学历史系教授、班克斯研究专家加斯科因，更是直接写过一篇论文，题目便是《自然秩序的确立与帝国秩序的确立》（The Ordering of Nature and the Ordering of Empire），文章论证了对自然秩序的追求如何赋予大英帝国扩张以道德意义和意识形态的合法性，同时在技术层面上帮助了帝国殖民活动（Gascoigne，1996：107 - 113）。

大土地贵族和新兴工商业阶级在许多根本性问题上仍然存在着分歧，因此，冲突是不可避免的。工商业阶级在这一时期变得越来越重要，但土地依旧是财产和权力的基础。在 18 世纪，土地利益依旧主宰国家，土地所有者从上到下控制着国家的政权。班克斯和他的重商主义同事一起，在科学（主要是博物学）与帝国行动之间，建立起了复杂的联系网络。

2.1.3 新兴地主阶级的博物学启蒙

1743 年 2 月 15 日，班克斯出生于伦敦一个富有的家庭。据考察，班克斯是一个新的姓氏，它很好地反映了当时英国社会阶层的流动。班克斯的曾祖父（1665—1727）是一名出色的律师。当时该职业地位很低，被认为是无用的职业。但该行业利润丰厚，班克斯的曾祖父勤奋刻苦，是行业之中收入颇多的，在 40 岁之前就拥有并经营了几处重要的地产，并且是"班克斯家族的真正奠基者"（Banks & Hill, 1952: v）。

1709 年班克斯的曾祖父首次购买了一大片土地，这片土地位于林肯郡南部，韦兰河的入海口，一共花费了 9900 英镑，但这并没有花光他的财产。他的女儿到了结婚年龄，嫁妆是惊人的 10000 英镑，这足见其家底之殷实。之后不久，1695 年出生的小儿子即班克斯的祖父也到了结婚的年龄，他的夫人是霍奇金森（William Hodgkinson）的继承人，父亲是德比郡奥弗顿煤矿的拥有者，是一位大名鼎鼎的富有商人。为此，班克斯的曾祖父不仅把从林肯郡南部刚购买的土地给了这对新婚夫妇，而且 1714 年又把他们安置在了雷维斯比这块新购买的地方。由于政治因素的影响，这次购买极其划算，仅花费 14000 英镑就购买了 2000 亩土地以及土地上的庄园、房屋。

1727 年，班克斯的祖父继承了财产。之后，他又购买了大片的土地，并有效改造沼泽，获得了丰厚的收入。他是当地议会一个分支中的成员，但似乎从未在政治上获益。1730 年他被选入了英国皇家学会，当时这个机构还名微势轻。班克斯的祖父有八个合法的孩子，最大的是班克斯三世，本来应该由他继承雷维斯比的地产，但他却比父亲逝世还早，于是由次子即班克斯的父亲来继承。他不仅继承了父亲这边的财富，而且也享有了母亲那边继承过来的财产。因此，班克斯的父亲非常富有，并在议会买了一个席位。

1743 年班克斯出生时，这个家族已经在林肯郡生活了将近 30 年。到这时候，班克斯家族对教育还没有什么概念。在班克斯还步履不稳的时候父亲就过世了。他和妹妹萨拉只要等到 21 岁，就可以继承乡下的地产了，同时还有每年大约 6000 英镑的其他收入，这是一笔相当可观的财富（Fara，2003：48）。几十年后，到 1791 年，随着战争导致的通货膨胀，班克斯的收入达到了 7000 英镑，1807 年达到 12300 英镑，而受 1815 年《谷物法》的鼓励，1820 年，班克斯的地产收入高达 16000 英镑（Dragon，2000：95）。也有统计认为，1820 年班克斯的实际收入超过 22000 英镑（Carter，1988：580）。当然，货币的购买力是因时因地不断变化的，要精确分析一个较长时间段内班克斯家庭财富的相对水平是很难的，但我们可以通过当时的一些经济活动来反映英镑的购买力。

首先，从横向个人收入来看，切尔西药用植物园管理者菲利普·米勒每年的收入是 50 英镑；大英博物馆的首席主管年薪 200 英镑；奋进号船长库克承担了重要的任务，也同时享有惊人的高工资——大约每年 90 英镑（Fara，2003：48）。另外，"班克斯后来的朋友和助手索兰德在大英博物馆的薪金每年不到 60 英镑"（Fara，2003：37）。当时的英国皇家学会每年预算也不过 1500 英镑（Fara，2003：194）。由此看来，即使是高薪阶层，与班克斯的收入也相差甚远。

其次，我们可以从普通农场工人的收入来考察英镑在当时的实际价值。麦克法兰（Alan Macfarlane）曾经转述过一个青年男子农场求职的故事："……苦等了大半晌，眼看同伴及女佣大多有了东家，此时一个壮硕的约曼对他发话了，问他要不要一个'地儿'，亦即一个职位、一份工作。小家伙答曰要，还说他肯干任何活计，又希望这半年能挣得 4 英镑工钱。长到十六七岁，他已经身强力壮，能够以男子汉身份受雇了，故而他的工资亦可翻倍。他开了价，得允一年 12 英镑，倘若立契从夏季开始干半年，甚至可得 14 英镑……"（麦克法兰，2008：102 - 103）

当然，班克斯的家庭财富与当时卡文迪什的百万家产相比，还相差甚远。甚至在地主阶级行列也算不上多少名气。据明格（Gordon Mingay）估计，18 世纪末英国大约有 400 家大地主，年收入为 5000 英镑至 50000 英镑，平均为 10000 英镑左右。如果这 10000 英镑全部来自地租，那么他们的地产一般在 10000 英亩至 20000 英亩。这些大地主的地产最少不能低于 5000 英亩，而事实上往往超过 50000 英亩（Mingay，1963：26 - 29）。按照这个分类标准，班克斯家族应该位于大地主中的中下层。

从总体来看，经过几代人的努力，班克斯的家庭已步入富有之列，且财富的主要来源是土地。除此之外，他还从母亲那里继承了部分矿产收入。按当时的消费水平，年收入 6000 英镑左右已属于高收入家庭。随着英国的农业改革运动，班克斯的家庭财产不断增加。班克斯非常善于利用自己的财富。

18 世纪上半叶的欧洲，虽然博物学并没有在数理实验科学的打压之下销声匿迹，但作为一门学问，博物学既不被理解，也不受重视。在欧洲范围内，布丰和林奈是仅有的两位受到高度赞扬和尊重的博物学家①。林奈博物学以雄蕊和雌蕊的数量、位置等特征为依据，来鉴定物

① 18 世纪上半叶的博物学，确实受到了数理科学的抵制，但汤姆林森这句话却有失偏颇。雷、斯隆等博物学家在当时的学术团体中也有很好的声誉，只是他们的名气不如布丰、林奈那么大。

种和分类命名，在某种程度上实现了植物学的定量化。这种方法简单、易学，便于传播，同时具有了某些自然哲学的特征。但很快博物学家就意识到，基础框架构建好后，需要成千上万的国外物种填充进来。这就需要大量的博物学采集者和观察员，他们要有知识、有闲暇、有丰富的方式方法，但在当时的英国乃至整个欧洲，这些条件都很难在一个人身上全部展现。因为，通常情况下，真正具有科学精神和研究气质的博物学家都不富有，而富有的人大都不是采集型博物学家（Tomlinson，1984：63）。

班克斯是个例外，他小时候就喜欢在田野间游玩，喜欢钓鱼、打猎等活动。在伊顿公学读书时，一次偶然的机会，他疯狂地喜欢上了博物学，从此，博物学成为他一生的追求。后来，他曾向朋友霍姆（Everard Home）① 追忆起这次离奇的"皈依"过程：一天，他与伊顿公学的同学一起洗澡，从河中出来后，发现同伴都已经离开了。穿好衣服后，班克斯慢悠悠地走在返程的林荫大道上。这是一个晴朗的夏日傍晚，花儿铺满了道路两旁。看到周围美丽的风景，班克斯感到异常兴奋。"这是多么漂亮的景色啊，"班克斯惊呼道，"与让我囿于其中的希腊、拉丁经典相比，了解这些植物的本性不是更合乎道理吗？"（Smith，1975：5-6）。出于对博物学的热爱，他花钱雇佣当地妇女为其采集标本。在牛津大学读书期间，他积极参与学生联合会活动，组织聘请数学天才、植物学家里昂（Israel Lyons）② 去讲学。利用财富获取知识成为班克斯后期职业生涯的一个显著特征。

———————————

① 霍姆（1756—1832），英国医生，皇家学会会员。
② 里昂（1739—1775），当时著名的数学天才，19岁就发表了关于流数的论文；同时他也是植物学家，出版过《剑桥植物研究》。由于他低微的犹太血统，没能成为剑桥大学的正式员工。后来，在班克斯的帮助下被选为皇家天文学家。

2.2　班克斯的博物学之旅及其科学地位的确立

在班克斯生活的时代，英国有一个传统，贵族子女为了获取国外知识以增长见闻，往往会进行一次泛欧教育旅行（Grand Tour）。多数年轻人会选择去意大利或西班牙，因为那里有美丽的风景，或者浓厚的人文气息。归来后，从大陆那边学些风俗，以显示自己的异域经历和与众不同。但班克斯从年轻时起就讨厌这种华而不实的旅行，他的目标是环球航行，或者像他崇拜的导师林奈那样，去进行植物探险。

当然班克斯并非只是热忱所致。事实上在远洋航行之前，班克斯就一直与许多疯狂的博物学爱好者通信往来，以进行博物学交流，而且颇受尊重。在 1766 年 2 月 27 日莱特富特（John Lightfoot）① 给班克斯的书信中，莱特富特毕恭毕敬的语气和发自内心的称赞之词，足以反映出班克斯在当时的博物学家群体中已被广泛认可：

　　"当毕达哥斯拉发现了他的黄金命题后，据说像疯子一样跑到了大街上，忘乎所以；当我收到你的书信并看到底部您的名字后，我也兴奋地做了同样的事。在过去的两个月里，除了星期天，我都在伦敦，但没有人能像您一样有智慧。我还曾担心您已经在斯堤克斯河沿岸和艾莉希荒野进行过植物考察，现在得知您能继续与我去这些地方，我发自内心的高兴，并且诚挚致谢您好心赠送给我的物

---

① 莱特富特（1735—1788），牧师，植物学家，皇家学会会员。1767 年成为著名的波特兰公爵夫人（Margaret Cavendish Bentinck, The Duchess of Portland，1715—1785）的专职神父，并帮助她组织起足以媲美大英博物馆的动植物和贝类收藏。1772 年随博物学家本南德去苏格兰进行博物学考察，描述了 1 250 个物种，1773 年随班克斯赴威尔士。（Banks & Chambers，2007f：468）

种。"（Banks & Chambers，2007a：2）

　　莱特富特等博物学家与班克斯的书信中对班克斯的推崇，加上牛津大学毕业后在切尔西药用植物园和大英博物馆的经历，足以让我们做出这样的判断，即此时的班克斯已经正式进入了博物学研究圈。而随后的三次远航发现之旅，尤其是第二次，直接把班克斯推向了最伟大的博物学家之列。

2.2.1　初露锋芒：纽芬兰-拉布拉多发现之旅

　　班克斯一生亲历了三次航海活动，之后，除一次短暂的荷兰之行外，他再也没有亲自参与任何的远航团队。他利用自己的政治影响力、雄厚的经济实力，以及丰富的专业知识，将注意力转向资助与筹划海外探险活动。正是通过三次海外航行期间的博物学实作，班克斯取得了巨大的学术成就，特别是第二次奋进号远航，使班克斯一举奠定了自己在科学界的尊贵地位。这三次探险航行的时间、目的地、参与者均不同，但都含有一个重要目的，那就是为帝国扩张和掠夺服务。亚当斯（Thomas Adams）船长领导了 1766 年 4—11 月的第一次航行，主要任务是到加拿大的拉布拉多半岛和纽芬兰，保护和管理那里的渔业生产，防止法国军队的侵袭（Carter，1988：33）。这艘海军部派出的船只在执行任务时由海军上尉菲普斯（Constantine Phipps）① 掌管，班克斯正是利用与菲普斯的私人关系踏上了人生的第一次远途航行。旅行途中，班克斯利用自己筹备的工具，积极投入到他所热爱的动植物收集和矿物勘探活动之中（Hermannson，1928：3），并在这些领域取得了大量成果（Lysaght，1971：295 - 307）。

———————————

① 菲普斯（1755—1831），子爵，政治家。曾担任多个职务，与小皮特关系非常密切。

就连当时精于动物研究的著名博物学家本南德都对班克斯此次航行寄予厚望，并希望从中获得一些资料。1767 年 1 月 30 日，本南德致信班克斯：

我很荣幸地得知您已安全返航，并在经历危险和艰难困苦后扔无损于健康。我迫不及待地想要查看您带回来的珍藏了，并且感到由衷的高兴，因为鸟类学必将因为您的劳动而获得巨大发展。我深感痛心并为之惋惜那些您所丢失的挚爱的收藏品。自从您离开英格兰后，我就一直空虚无聊，但在美洲植物志方面取得了一些进展，这些我将在会面时详聊。我要感谢您从城堡湾（Chateau Bay）和里斯本施惠给我的两封信，阅读您的描述后，我对您在葡萄牙首都见到的鸟儿已经非常熟悉了，它们分别是 *tinga* / hima of Marg / *itue* / rave 和林奈在《自然系统》一书最后所列出的 *Palamedea cornuta*，后者是非常奇特的一种鸟儿，我希望您已经绘制过它的画像了。如若我能生活在巴西式鸟类生活区，该有多么令人兴奋呀！我们对许多南大陆的鸟类的了解都是片面的和支离破碎的，但是它们如此奇异，使我忍不住想要发狂地熟悉它们全部。

我为您收集了一些贝壳，并中断了邮寄给您的几种关于植物学的奇特著作中的一些想法，这些书我也曾经寄送过怀特先生。我希望能有幸在一个月内见到您，同时，对先生您保持最诚挚的问候。（Banks & Chambers，2007a：6）

从本南德书信的语气我们可以猜测，班克斯的爵士地位和渊博学识还是得到了认可，而且两人之间的博物学交流已经非常频繁和细致，在接下来的几个月里本南德与班克斯又多次相互致信。班克斯绝不是自私自利的博物收藏家，而是乐于将自己的珍品分享给同行，他与一些著名的博物学家如怀特、法尔克纳（Thomas Falconer）、沃克（John Walker）等人都有交流。

在 1767 年 5 月 5 日的信中，班克斯还提到，怀特先生以本南德的名义去拜访自己，并留下了一些鸟类的标本，其中有一些是自己从未见过的，有一些则是常见的；并且说自己准备第二天回访怀特，以便进行一些鸟类学的交流（Banks & Chambers，2007a：12）。14 日本南德的回信中再一次提到怀特，说自己特别希望班克斯能和怀特更加熟知，也提到自己与怀特的通信中，怀特提到过班克斯的名字并准备送给班克斯各种各样的收藏，尤其是一只鹰（Banks & Chambers，2007a：14）。

怀特在今天的声誉无疑超越了班克斯，但在当时英国的博物圈里，班克斯明显更胜一筹。这一点从 1768 年 4 月 21 日怀特给班克斯的书信就可以看出来，"至少您应该猜到是我忘记了承诺，我冒昧地去结识您，还有上个月那次不太正常的叨扰。可能是一些莫名的原因耽搁了石芥花（*Lathraea squammaria*）的开放……"怀特认真地向班克斯介绍了自己在塞耳彭的所见所得，记述方式与《塞耳彭自然史》中笔风相似。书信的末尾，怀特还谦虚地写道："我成为博物学家属于无师自通，并且几乎没有借助什么书；但是在您这样的专家面前，我很快知道自己的无知。如果我们考察这个地区的所有植物，那就要更加注意水生植物，因为我们没有大的河流或水域。"（Banks & Chambers，2007a：36 - 37）

现在，大英自然博物馆中依旧保存着一份皮边、8 开本大小的小册子，里面记载着班克斯在纽芬兰和拉布拉多的采集记录。小册子一共包含三个目录：第一个是班克斯的手写本，罗列了大约 250 个植物种类，按照林奈分类体系分 24 个纲进行编排，有些植物班克斯还简单标注了标本的采集地。值得注意的是，这并不是班克斯所采集的全部植物。

1949 年，植物学教授鲁洛（Ernest Rouleau）在大英博物馆花费了三个多月，仔细研究了班克斯第一次航行期间留下的所有材料，列出了 302个物种。第二个目录是第一个的翻版，只是字体出自不同人之手，班克斯用铅笔做了一些简单的标注。在第三个目录中，班克斯给出了 24 种植物的名字（Lysaght，1971：293）。另外，班克斯组织这些植物的方式完全是借助了林奈体系（Lysaght，1971：294 - 304）。正是在这次活动之中，班克斯加入皇家学会的申请被正式批准。接受报告中指出，班克斯精于博物学尤其是植物学研究，在文学研究的其他分支也卓有成效。从此他成为皇家学会的一员，有更多机会接触科学，特别是有关博物学进展的报告了，当然也有更多机会接触当时有名的博物学家了。

2.2.2　功成名就：南海发现之旅

如果说班克斯在此之前给科学界留下的印象是谦虚好学与对博物学的热情，那么第二次，也就是奋进号远航，则是班克斯率领队伍直接开展远洋探险和独立研究。他们不怕困难，勇于探索自然奥秘的精神迎合了启蒙运动、工业革命和帝国扩张的精神。在出发之前很久，班克斯就与博物学的同事法尔克纳、本南德兴奋地谈论过出海航行之事，博物学同行对此怀有巨大的兴趣和期待（Banks & Chambers，2008：4 - 15）。法拉中肯地评论道，这次远航"不仅改变了班克斯的一生，也改变了英国科学的发展方式"（Fara，2003：2）。1768 年 8 月至 1771 年 7 月的奋进号远航活动主要是由海军部和皇家学会资助的，船长是年轻有为且经验丰富的库克。当时皇家学会向政府和王室申请这次远航，是为了到塔希提岛观察金星凌日。在申请书中，皇家学会充分利用了政府和王室的民族情绪，强调国家荣誉正处于危机之中，强调为整个人类而推动科学发展：

1769 年 6 月 3 日，金星将穿越太阳表盘，如果能在恰当的地方准确观察这一现象，将极大地推进天文学研究，而这依赖于遥远的海上航行。

欧洲的几大势力，尤其是法国、西班牙、丹麦和瑞典，都为观测做好了准备。俄罗斯女王也作出指示，在他们殖民地所及之处选择不同地域进行观察。

这种天文现象在 1769 年 6 月 3 日之后 100 多年才会再次出现。

从天文学史来看，霍罗克斯（Jeremiah Horrox，英国人）似乎是创世以来第一位计算金星穿越太阳表盘过程的人，他于 1639 年（儒略历）在利物浦北面 15 英里的霍尔村（Village of Hool）观察到了这一现象。

英国因天文学上的贡献在知识界获得了大量赞美。古往今来，他们没有输给过这个星球上的任何一个国家。如果英国忽视了对这一重要现象的正确观测，将会败坏自己的荣誉。

因为没有在恰当的时间采取必要措施，1761 年那次金星凌日在一些地方没有被观察到，否则天文学将会大大推进一步。

请愿书起草者认为以下地方将是观测接下来的金星凌日的合适地点：斯匹兹卑尔根岛（Spitzbergen）或挪威北部纬度更高点的地方；哈得孙湾的丘吉尔堡（Fort Churchill）；南纬不超过 30°，经度在格林尼治天文台以西 140°~180° 之间的任何地方。每个地方都应该派遣两个观察者。

南半球上一套正确的观测结果比北半球的重要。但观察者需要越过赤道，若从英国出发，早春就该起航，因为他们需要一些时间在有限的条件下寻找合适的观测地点。

观测所需的费用主要包括工作人员薪金和观测仪器，总共需要

4000 英镑，这还不包括运送观察者到上述几个地方的船只费用。

皇家学会没有条件来承担这些费用，他们每年的收入很难维持学会的必要活动。

请愿者时刻记着皇家先祖建立学会的目的：增长自然知识。请愿者履行责任向国王提起这件事，不仅是为了整个人类，也是为王室。(Banks & Chambers，2008：2 - 3)

最终，国王批准了这次南海探险活动，资助 4000 英镑，并安排皇家学会、海军部等多家机构配合执行。皇家海军负责提供船只和海员，皇家学会则推荐天文学家格林（Charles Green）随往[1]。但每个机构的目的都是不同的。皇家学会的主要目的是观测金星凌日，以便在天文学领域超越欧洲各国，并进一步为航海行动作指导，这是本次航海最正当的理由。皇家学会还委托库克船长做一些科学实验，如坏死病实验，该病给当时的海员带来很大的精神负担，甚至许多海员因此而葬身大海，有效治疗方法的发现无疑会给帝国航海事业带来极大便利。而国王和海军部的任务则是寻找"南大陆"。因为在当时的欧洲，有许多科学家相信，与北半球大陆对称的地方，应该有一块南大陆与之对称[2]，率先找到并占领新土地，就意味着在殖民地争夺中占得先机。因此，为了扩大帝国版图，发现并占领新的大陆就成了海军部的重要任务，它的成功无

---

[1] 在筹备期间，沃利斯（Samue Wallis）率领的海豚号返回英国。在报告中，他建议新航行要以他命名的"乔治三世岛"（即塔希提岛）为观测据点。另外还有三只船队，分别是韦尔斯（William Wales）开往加拿大 Hudson Bay，贝利（William Bayly）开往 Nordkapp，以及迪克森（Jeremiah Dixon）开往 Hammerfest Island。

[2] 墨卡托（Gerard Mercator，1512—1594）是 16 世纪的制图学家，精于天文、数学和地理。他是首位给出形象的比喻来说明南大陆存在具有必要性（指平衡北半球）的制图者。理查森的文章追述了从 15、16 世纪起，学者对是否存在南大陆问题的争论（Richardson，2004：11 - 42）。

疑会给英国带来巨大的商业利益和军事利益。奋进号要起航时，库克船长接到了海军部的秘密指令，他被明确告知，这是一次政府组织的、寻求新大陆的探险活动（Fara，2003：77）。

完成金星凌日观测后，库克立即开始执行海军部信件上的任务："国王所需要的和所指向的……向南行进，去发现新大陆。"（Fara，2003：77）国王和海军部要求库克收集情报，用英国国王的名字宣称占有新的陆地，将所有的航海日志密封，旅途结束后呈送海军部，这些必定都是保密的。海军陆战队和大炮都入船后，库克在日记中记载道："一共94人，包括官员、绅士海员和他们的仆人，近18个月的食物，10个炮架，12个旋转轴，大量的弹药及其种种。"（Fara，2003：78）这足以说明本次航行的性质：它主要是一次"帝国探险"，不管他们如何"以科学的名义"来宣传。

班克斯加入奋进号的官方许可是在最后一刻才到达的，但他显然已经为旅行筹划好几个月了。他准备了30个大箱子，大量盛装液体的桶和200多个不同类型的瓶子作为存储仪器，还装备了望远镜、显微镜等先进的光学观测工具，以及20多把枪，约300磅火药（Fara，2003：3）。在埃利斯给林奈的书信中提到了班克斯的行李，并声称其价值约10000英镑。他惊叹道："之前出海探险的人中，从来没有哪位能为了博物学活动而比班克斯装备得更好。他们有一个很好的图书馆，还有各种各样的设施，用来捕捉和保存昆虫；他们有在珊瑚间捕鱼用的各式各样织网、拖网、罗网和钩子；他们甚至有一个很奇怪的望远镜装置，放进水中后你可以看到很深的底部。"（O'Brian，1988：65）

这是库克三次环球航行中的第一次，也是最早由政府资助的科学探险活动。然而，班克斯却需要为自己及其他7位佣人和助手出资，因为收集国外植物这种类型的项目难以吸引政府的资金支持。专项资金都有明确的用途，如观察金星凌日，寻找新的南大陆。因此，在当时的情形下，只有班克斯这样家境富裕，又热爱博物学探险和收集工作的人才可能做到这一点，才可能在收集层面取得震惊整个欧洲的成就。年轻的班克斯对林奈所引入的动植物分类体系充满热情，他要借助这个体系，为世界动植物添加新秩序。班克斯团队的科学探险虽然也曾遇到过各种困难，但还是取得了丰硕的成果，在一些物种丰富的区域，他们的收获往往出乎意料。在1770年5月3日的日记中班克斯记载道：

> （在植物湾）我们的植物收集量急剧增多，有必要多加注意，否则书中夹的植物可能变糟。因此今天我就干这事了，将它们全部搬到岸上，分开成排晾晒，总共约 200 刀[①]的书，大部分夹满了植物。还要时不时地翻翻，让里面的植物透透光。　　（Banks & Beaglehole，1962b：58）

班克斯对自己的这次远航甚为得意，他说："说句恭维自己的话，我是受过科学教育的人当中，首次踏上科学探险之旅的；并且这次科学探险也是启蒙运动时代首次成就令人如此令人满意的。在某种程度上，我是第一个因为自身工作而让航海探险声名赫赫的人。"（Cameron，1952：75）班克斯或许不是科学探险中第一位受过科学教育的人，之前法国的探险队中曾有过受过高等科学教育的科学家。但他确实开创了一个传统，即贵族子弟自费搭乘海军或东印度公司船队进行世界探险，达尔文也是通过相似的方式登上了贝格尔号。

奋进号返航后，在普林格尔等人的引荐下，班克斯受到了乔治三世

---

① "刀"（quire），纸张的单位，一刀为 25 张，旧时为 24 张。

的热情接待。乔治三世不懂航海，却着迷于农业改革，因此，比起与库克船长交谈来，他更感兴趣于班克斯在植物领域的新发现，以及由此带来的农业发展潜力。从此，班克斯与这位年长自己 5 岁的国王成了终生挚友。1797 年，班克斯还成为国王枢密院（Privy Council）中的一员，正式建立起自己与王室的联系，为国王提供政策和建议，也同时为自己的帝国博物学寻求资助。

另外，通过这个环球航行，班克斯在欧洲博物学家中的学术地位树立起来了，就连林奈也对班克斯的工作刮目相看。1774 年 6 月 23 日，林奈致信尊贵又慷慨的班克斯：

我写这封信，是想感谢你寄送的那本描写南海之行的波澜壮阔的书，这让我永远记住了你。书中的描述非常美，我带着极大的乐趣去阅读，即使你已经在关于自然哲学的事情上非常节省笔墨了。在这几卷里，我已经看到了 *Arbor panisera*、*Arbor rubra*、*Padanus Rumph* 以及产自爪哇岛结着可食用果实的树。

我已经通过信使了解到，你在南半球收集到大量植物。但是除了从朋友那里获得柯马森（P. Commerson）收集的一两种植物外，我还没见到哪怕一片叶子，也没有收到这些植物的绘画。

如果你收集的植物在我去世后才能面世，那么我将很痛心，因为这样我就再也不能看到它们了，也就没什么能与你通信或交流的东西了。

你在第三卷 560 页描述的跳鼠（Jerboa）最能让我兴奋了，但是你还没有精确地解释它们到底有几颗门牙，以及它们长得像什么。

从特罗尔先生那里我听说，你还没收到我的去信，但是我已经从你那里收到过两封了，而且也回复了两次。我曾想，你在伦敦名气如此之大，以至于可能每个人都会知道您的府邸。是特罗尔先生告诉了我你的地址。

你从南极取回的独根草（Rupifraga）现在在我的花园里繁茂地盛开着，这必定是一个新的种类，它有三重芽，非常特别。

给我的朋友埃利斯最诚挚的问候，他留在了伦敦。

我从亲爱的索兰德那里，也同样没听到任何东西。

毫无疑问，格斯纳在杜尔拉赫（Durlach）的卓越工作耗力颇多，这个你必定知道。

再见。（Banks & Chambers，2007a：61）

从这封信中我们看到，林奈对班克斯和索兰德南海之行的成果颇为认可，他认真地阅读了班克斯团队寄送给他的游记，单单这样已经让林奈欣喜若狂。但是，书信立马表示了遗憾，林奈还是希望真正看到班克斯团队从南海采集回来的动植物及其标本。尤其是对自己曾经的高徒，委婉地表达着不满，因为自己从他那里没有获得任何博物学珍藏。年老的林奈的书信言语中处处透露着渴望和无奈，因为班克斯的博物学收集着实丰富，即使对林奈这样"使徒"遍及全球的博物学元老来说，也是实实在在的诱惑。

2.2.3　事倍功半：冰岛失意之旅

班克斯的第三次远航颇有戏剧性。他本来是要与库克船长一起再进行一次南太平洋考察的，但因种种矛盾，航行临近时，班克斯决定带领整支团队退出这次航行。于是，才有了后来的冰岛之行。1767年11月，班克斯曾经与博物学家法尔克纳有过一次交谈，后者告诉班克斯，冰岛作为一个国家，很少甚至从来没有一名优秀的博物学家到那里做过研究。因此，该岛对植物学家和动物学家来说，几乎是神秘未知的（Cater，1988：104）。

班克斯以每月 100 英镑的价格租借了劳伦斯号（Lawrence），以亨特（James Hunter）为船长，进行了为期 5 个月（1772 年 7—12 月）的冰岛之行。班克斯的筹备工作本来是为环球航行而做的，因此人员与物资储备相当丰富。随行队伍中有大博物学家索兰德；有爱丁堡人林德（James Lind），在当时，他是一位有着远大前途的医师兼生理学家，在这艘船上，他同时还扮演了天文学家的角色；有詹姆斯·米勒（James Miller）、约翰·米勒（John Miller）等三位著名画家，以及作家、仆人、海员等 40 余人，他们浩浩荡荡地开始了欧洲历史上首次大规模的冰岛博物学考察（Banks & Troil，1780：19；Hermannsson，1928：6 - 7）。这些工作人员都是由班克斯私人雇用，所收集、绘制和描写的材料都是为班克斯服务。到达冰岛后，班克斯一如既往地搜集那里的动植物新种，考察当地的矿产资源和风土人情。

事实证明，班克斯团队从库克的第二次太平洋之行中退出，并选择冰岛来替代是不成功的。甫一抵达，成员们就发现了冰岛的凄凉景象，在给皇家图书管理员的一封信中，他们的失望之情展露无遗：

> 我完全来到了另一个世界，映入眼帘的绝不是什么良辰美景，而是灾难肆虐后留下的恐怖废墟。想象一下自己在一个国家，从头到尾都是贫瘠的山脉，山顶覆盖着永久积雪；群山之间的荒野则被玻璃状的峭壁分割，它们竞相争高斗尖，完全掩盖了峭壁之间稀疏的草芽。（Banks & Troil，1780：24 - 25）

虽然这个地方对寄予厚望的博物学考察者来说无疑是令人失落的，

但这里毕竟是个陌生的世界，作者对该地区的风土人情充满了好奇，在不同的书信中分别记述了冰岛概况、土著性格、饮食、建筑、贸易、贫穷等一系列状况：

> 尽管这个国家不受自然眷顾而极度荒凉，展现于眼前的都是可怕的景象，但是冰岛大约有 60000 人，表情也难说不悦，也可能是他们根本就不清楚在其他地方幸福是由什么构成。我在这里高兴地待了 6 周多，部分时间用于研究一种奇妙的自然现象，部分时间用于收集土著居民信息，包括他们的语言、行为方式等。（Banks & Troil，1780：25 - 26）

班克斯的航海日志中也反映出了失望之情，最后一条日志简短精练，但也刻画了他的无精打采，"又倦又累，不管好坏，决定返航了"。这是班克斯最后一次大规模的海外探险活动。班克斯团队的这次冰岛之行完全依靠自己的财富，没有享受政府资助，因此也不需要承担直接的帝国任务。但是班克斯对冰岛植物、动物的热爱，除学术方面的追求外，也带有开发和实用的目的。之后，班克斯组织或筹备过多次航海活动，但自己都没有随船前行。

2.3 在科学与宗教之间

宗教观在班克斯的思想和实践体系中或许并不具有至关重要的地位，至少班克斯留下的文字记录中很少提及。班克斯的祖父、父亲等一些家庭成员，倒是经常在一些庄严的活动比如遗愿中，以上帝的名义起誓（Banks & Hill，1952：297 - 299）。班克斯参与宗教活动的频率也不像参加皇家学会的会议那样，能几十年如一日的坚持不懈。班克斯对宗教一直保持着警惕和谨慎的回避，他没有像当时许多启蒙思想家一样，主动去贬低宗教思想或教会活动；相反，在日常生活和学术活动中班克斯遵从了宗教的思想和仪式，以减少与教会的冲突与对立，甚至在解释新世界发现的特殊物种，或者特殊现象时，班克斯也会采用《圣经》语言，或者求助上帝。只有当宗教思想和宗教活动影响了他所维护的利益时，班克斯才会毫不犹豫地站出来发起攻击。从总体来看，作为皇家学会的主席，班克斯在科学与宗教相互调适的时期，选择了一种温和的实用态度，从而避免科学与宗教因对抗而产生内耗，由此推动皇家学会乃至整个大英帝国的发展。

2.3.1　班克斯的宗教观

班克斯与同时代的多数科学家一样，相信宇宙是由唯一的上帝有目的地创造的，并且宇宙中一切事物的创造都是为人服务的。班克斯欣然接受了这个假定，把它作为常识，并且很淡然地认为，根本不需要刻意地去维护甚至夸大它的重要性。1769 年，奋进号航行至南美火地岛，他习惯性地用这种假定对当地植物的特性进行解释，认为每一个单独的物种都是上帝专门为该地区设计的。创造者的伟大能力使班克斯感到惊讶：神恩的无限关照生产出了这么多的物种，并且与他创造的多种多样的气候完全吻合（Gascoigne，1994：47）。另外，在 1818 年极地之旅的评论中，班克斯认为，如果我们勤于思考，就会发现上帝把陆地放在极地冰雪之下，目的并不仅仅是为了支撑日渐增长的冰雪，直到其高触云端。他认为，我们对上帝的行为只能猜测，人类有限的理性无法真正认识到神的恩典（Gascoigne，1994：48）。由此可以看到，班克斯毫不怀疑上帝的存在，并且认为正是上帝这个创造者按照自己的目的产生了世界。上帝所创造的这个世界是自足的，每个个体从被创造出的那一刻起就按照神赋本性去自由运转，不再受上帝的干预。

在班克斯接受的早期教育里，进化的思想还几乎没有出现。物种不变、上帝创世的观念是当时学者和普通大众的生活常识，很少有人对此提出质疑。后来班克斯接受了林奈的博物学思想，而林奈的分类和命名体系也同样是以上帝创造物种的不变性和合理性假设为基础的。在《自然系统》第一版中，林奈说："由于不存在新种，由于一种生物总是产生于其同类的生物，由于每种物种中的每个个体总是其后代的开始，因此可以把这些祖先的不变性归为某个全能全知的神，这个神就叫作上帝，他的工作就是创造世界万事万物。"（转引自吴国盛，2002：307）随着植物标本数量的增长，以及对物种间某些相似性的重新思考，班克斯也如林奈一样，原先坚持的物种不变想法开始动摇。他始终不明白，既然一切物种都是上帝有目的、有意识的创造活动的产物，为什么似乎有些物种在历史的变迁中消失了呢？为什么又会出现一些新种、亚种或者变种呢？

即使这些疑问和谜题难以回答，班克斯也从来没有放弃过他关于设计论的基本假设。但是有一件事还是引起了他对这一问题的慎重思考。当时北爱尔兰德罗莫尔地区的主教珀西（Thomas Percy）① 在化石中发现了一种古代巨鹿的遗迹，这对班克斯的触动极大。在 1783 年 11 月给珀西的书信中班克斯表达了自己的困惑：这个物种如今是否依然存在呢（班克斯依据当时的博物学记录推测该物种已经灭绝）？如果消失了的话，就清楚无疑地说明，上帝创造过的物种可以灭绝，这是一个令人惊奇的现象，因为该现象对上帝创造完美物种并且物种永恒不变的理论来

---

① 珀西（1729—1811），英格兰人，曾担任国王乔治三世的专职教士，最重要的贡献在于 1765 年发表的《古代英国诗歌拾遗》（*Reliques of Ancient English Poetry*），对英国诗歌的保存、研究有重要意义，对英国浪漫主义运动发挥了重要作用。

说，确实是一个毁灭性打击。一个月后，班克斯依然不想承认这个事实，他又给珀西写了第二封信，对该现象作出了自己的解释：上帝可能还是会维持物种的不变性，但是有些个体或者个别物种自身走向了衰败。1784 年 2 月，班克斯又能够平静地去安慰珀西了，他认为，这种巨鹿化石很像产于北欧、亚洲北部和北美洲的驼鹿（elk），只是迄今为止博物学家还没发现而已。或许这个答案连班克斯自己都难以信服，在以后多个场合和信件往来中，他都提及了此事，他还与德国当时著名的古生物学家默克（Johann Merck）、人类学之父布卢门巴赫（John Blumenbach）① 多次讨论了这一问题（Gascoigne，1994：48 - 49）。

尽管班克斯获得了一些反对设计论和物种不变的证据，甚至这些数据也让他对自己的理论产生过质疑，但他最终还是选择了维护自己理论的内核，依旧相信上帝有目的地创造了这个"伟大的存在之链"，只是人类对它的认识还需要进一步改进。

在宗教仪式方面，班克斯有些倾向于欧洲宗教改革者的做法，对教会精心编制的繁文缛节表示极度的厌恶和蔑视，主张简化宗教的日常活动和固定仪式。对他本人来说，参加教会的礼拜活动并非是受到什么神意的内心驱使，而只是社会习俗使然。在冰岛之行的航海日志中，班克斯曾经坦率地记录了自己参加当地礼拜活动的初衷：只是不希望自己被当地人看作异类，而给他们留下亲和的印象（Rauschenberg，1973：215）。另外，为了实现他在全球建立动植物收集网络的目标，班克斯不得不与分布到世界各地的传教士交流合作。在这些交往活动中，他又一

① 18 世纪，随着航海大发现，越来越多新世界的人种被欧洲人发现，人类群体之间的区别也随之成为科学研究的重点。早期的学者注重于总结及描述"人类的自然类别"，即关注不同人种之间的体制差别，德国生理学家布卢门巴赫于 1775 年出版著作，提出了五种人类的划分法：蒙古人种，即黄色人种；埃塞俄比亚人种，即黑色人种；美洲人种，即红色人种；马来人种，即棕色人种；高加索人种，即白色人种。

次表现了自己的实用态度。班克斯一方面公开表示体谅传教士们的辛苦，赞扬他们把上帝的恩泽传到世界的各个角落，从而给人类带来福音；另一方面暗地里又对传教士的工作表示不屑一顾，认为他们应该把精力更多地放在为动植物收集和帝国扩张服务上，这样才能更好地实现他们自己的价值。

2.3.2　科学与宗教之争抑或世俗利益之争

在欧洲 18 世纪这个理性至上的时代里，崇尚科学而贬低宗教和教会是学者最津津乐道的事业。当时的启蒙先驱认为，新时代需要用知识荡涤自中世纪以来的迷信和蒙昧，用理性来扫除无知，这样社会才能进步。牛顿力学体系的成功带给人们强大的自信，此时的科学不仅因其成果而显著，而且作为一种思维方式、一种探究方法受到尊敬。

"尊敬科学与不敬宗教之间的进一步联系是在认识论层次上发展出来的。既然科学知识来源于对最终由感觉经验而产生的观念的反思，这就会引诱人们得出结论说，任何别的认识模式都是不可能的。那些以启示、神性的光照，或者对神恩王国的任何一种直觉为基础的知识主张，可能被当作站不住脚的东西而加以抛弃。"（布鲁克，2000：159）另外，自然律的概念也增强了人类的自信，使得科学成就与某些宗教解释相比毫不逊色。

因此，有学者先验地认为，当时对宗教或教会的批判完全是出于科学的原因，是科学进步的成果彻底摧毁了宗教坚固的城堡，使得宗教在人们心中地位尽失，至少不再处于绝对的优势地位。可真实的情况是"痛斥教权时把科学转变成一种世俗化力量的，往往不是自然哲学家本人，而是那些在社会政治方面有不满情绪的思想家"。（布鲁克，2000：161）班克斯是皇家学会的管理者和科学利益的代言人，是帝国博物学网络的掌舵者，但他反对宗教和教会的理由中，很少是因为博物学发现或者数理科学成就与宗教神学的理念相冲突，而更多的是因为社会、政治或经济因素。

班克斯曾经与卫斯理（John Wesley）所领导的福音主义运动有过冲突，事情的导火索是福音派所主张的废奴运动。18 世纪下半叶，英国对外贸易激增，特别是贩卖黑奴的"三角贸易"让英国人获利颇丰，但对奴隶来说无异于一场劫难，黑奴在恶劣的条件下劳动，艰苦的环境造成了大量死亡，如巴巴多斯地区，1712—1768 年输入黑奴 20 万，但人口仅增长 2.6 万，死亡率极高。18 世纪下半叶，一批福音主义的人道主义者开始关注奴隶境遇，并从 80 年代起组织反奴运动。他们形成了庞大的力量，迫使议会于 1807 年通过法律来禁止奴隶贸易（钱乘旦，2007：206 - 207）。班克斯对福音派倡导的废奴运动表示强烈不满。他认为，废奴运动在神学层面是不合理的，神学教派不应该过多地干预政治生活，从而背离了自己的本来角色。在 1792 年写给科尔特曼（Thomas Coltman）的信中，班克斯恶意地批评和讽刺了福音派：福音派打着神学的幌子来宣称，奴隶贸易在上帝眼中是罪恶不堪的，可如果真是这样的话，上帝为什么能这么长时间容忍这件事呢？（Gascoigne，1994：42）

对福音派的批评成了班克斯反教权主义的一个典型事件。首先，班克斯害怕英国教会像法国天主教那样影响人们生活的方方面面，使得政治受制于教会而缺乏自由，所以从一开始，他就反对教会对国家决策的干预。其次，班克斯本人就是奴隶贸易的推动者，并且直接参与了此事，他的目的是为了更好地增加本阶级的收入，增进国家财富，实现帝国扩张。最后，奴隶制消失所带来的农业劳动成本上升，也同样导致作为地主的班克斯对废奴运动的不满。

争夺土地所有权也是班克斯反对教会的一个因素。他在林肯郡有大量的地产，是该郡富有的地主阶级。随着农产品价格的上升和农业利润的提高，开发荒地成了有利可图的事。但是在土地扩张过程中经常会发生与当地教会的冲突，班克斯痛斥教会对土地的占有，并宣布要与教会对簿公堂。

总之，班克斯对待宗教的态度是明确的，在1805年4月19日致莱斯利（John Leslie）① 的信中，他一方面认为，"人当然应该履行对创造者的义务，也应该回报神对他慈悲的救赎"；但另一方面"人不应该无条件地同意所有不成熟的教条，这些教条只是那些一知半解的前辈们留给比他们更开明的继承者的遗产"（Banks & Chambers，2000：264）。因此，信条和教会不应该有任何的强制性权力。班克斯尤其反对教会以一种霸道的严厉态度来对人们的思想施加影响，他说："教会不可以通过有害身心健康的惩罚，来扩大其对人类思想的影响。温和的态度把宗教带入了人们的心灵……；但是相反的极端态度却使得宗教的导师们（Teachers）在所有人类的眼中成为丑恶的，而且把宗教本身置于被遗弃的危险之中。"（Banks & Chambers，2000：264）

班克斯的宗教观在他对帝国博物学网络的建立和管理过程中发挥了重要作用，为避免教会干预，甚至在方便的情况下谋得宗教团体的帮助，班克斯没有加入反对宗教的阵营。但班克斯刻意保持着教会与科学组织、科学运营的距离，在宗教团体与政府之间，他选择了博物学与政府的结盟，从而影响了博物学乃至整个英国科学的发展模式。

2.3.3　为科学自由而防范宗教

班克斯作为英国皇家学会的主席，领导着英国乃至世界最为优秀的"科学帝国"，面对当时庞大的宗教势力，他选择了温和的对抗方式，从而为科学发展减少了阻力，使皇家学会乃至整个英国科学事业避免受到

---

① 莱斯利（1766—1832），数学家，自然哲学家。莱斯利本来是在爱丁堡大学接受神学教育，但他更喜欢科学。1805年当选爱丁堡大学数学讲席时遭到反对，原因是他赞成休谟关于因果关系的理论。

教会的攻击和压迫。

　　班克斯生活在英国启蒙运动的高潮时期，这决定了他的宗教观念必定会对英国科学发展起到重要作用。法兰西国王和天主教对学术研究和思想进步的强力干预令班克斯极其震惊，因此，对于政治和宗教可能给科学带来的损害，班克斯保持了高度的警惕。拉瓦锡在 1790 年 7 月 24 日致班克斯的一封信中，描述了对法国专制政府的不满，对大革命的期待以及两者与科学研究的关系，估计会对班克斯产生一定影响：

　　　　……我非常热忱地希望，也能在英国进行一次（艺术、技艺、农业等的）学习之旅，并且反过来向您寻求建议和帮助。正在进行的法国大革命将会提供一些人，他们因与先前政府相关而变得毫无用处；我与科学的关联使我想成为那些被放逐的人中的一员，然后我就可以从这个旅行中多年受益了，并且可以继续完成之前开始的多项研究。相反，如之前所陷混乱的旋涡，我将不可能完成这些事务。

　　　　革命已经将公共事务都卷入进来了，其中大部分是那些从事科学事业的人，因此减缓了法国科学进步的步伐。但是这些人将会享受这种自由政治制度之下的革新运动，并且他们的进步将会更快。

　　　　我们真诚地希望这种野心不会扰乱本该统治着英法两个启蒙国家的平静，今天在自由和哲学两面大旗引领下，两国关系比以往任何时候都团结。（Banks & Chambers，2007d：3 - 4）

　　法国大革命刚刚开启，自由和科学等启蒙思潮充斥着整个欧洲。新兴资产阶级对封建专制政府的反抗让法国乃至整个欧洲的民众欢欣鼓舞，在拉瓦锡书信的言语之间，反映出了这种期待。但是总体而言，拉瓦锡也表示出某种担忧，因为革命使得一部分与前朝有关的科学家变得一无是处，因为革命可能会打破英法两国之间的平静从而影响科学交流。在革命初期，英国人确实也对法国大革命抱有很高的期待，但是随着革命的深入，暴力、血腥和新的专制惊醒了英国的保守派，他们开始反思政治制度巨变可能会给社会带来的影响。

另外，班克斯对宗教内部不同派别的思想之争没有兴趣，对教会内部的神学讨论更是不予理会。即使有些神学观点，比如自然神学的某些论证，因为援引了对自然的科学观察而颇受班克斯认同，也很少能直接引起班克斯的赞赏和宣传，甚至有时他会刻意避之。只有在天文学领域，他曾经暗示，天文学的进步既可以扩大人类的认识领域，又可以让我们感受到创造者的智慧。

班克斯对待宗教的态度与虔信造物主的怀特和林奈颇为不同。怀特的生态观深受宗教信仰的影响，"他对设计了这个美好的活生生的统一体的上帝神明怀有同等深切的尊敬。科学和信仰对于怀特来说，在这个合二为一的观点上有一个共同的结果"（沃斯特，2007：25）。在怀特对塞尔波恩的描述中，处处渗透着造物主的智慧、仁爱和慷慨。林奈也是一位笃信宗教的博物学家。"上帝在林奈的计划中处于核心位置。他是一位严格意义上的路德宗信徒，认真研习过《圣经》。按照他的理解，人类有双重神圣使命：照看这个世界，并开发利用自然资源以满足自身利益。林奈教导说，通过揭秘上帝制定的自然规律，博物学家就可以充分利用世界的财富了……对林奈和其他一些人来说，帝国统治是上帝赋予他们的责任"（Fara，2003：29）。与林奈同时代的博物学家从事分类工作，很大一部分原因就是要解答出上帝创造宇宙的原始蓝图。

然而，班克斯对科学与宗教关系的刻意回避并不能掩盖两者之间千丝万缕的联系。班克斯同时代的牧师佩利声称，通过寻找宇宙中观察到的计划的一致性，就可以证明上帝的统一性。佩利重申了牛顿派关于科学具有宗教功用的主张，并对自然界物体中辨识出来的精巧机制印象深刻，认为它们中的每一部分都是上帝精心设计的（布鲁克，2000：200）。班克斯似乎不承认博物学的宗教功用这种陈述，他小心谨慎地维护着博物学、自然哲学本身的自由，任何与宗教的关联都让他过度敏感。

与当时的法国相比，英国具有更悠久的自由传统，思想自由成为英国国民特别是上层人士特别关注的方面；另外，英国教会的势力也远没有法兰西天主教那么强大。同时，作为思想进步源泉的英国皇家学会，保留了成立之前的"民间团体"属性，在法律允许范围内自主决策、独立发展。学会基本不受国家和教会势力的干涉，这种与国家之间松散的权利、义务关系保证了社团活动和科学研究活动的自由进行。班克斯小心翼翼地维护着学会的自由和独立之传统。然而，班克斯并不是极端的自由主义者，他所追求的自由屈从于他的实际目的。

在国内方面，班克斯经常向政府提供相关建议，以打动不情愿的政府官员，使他们能够为科学提供资金。当时，科学与政府相结合的模式在英格兰的敌国法兰西取得了巨大的成功，路易十四拥有绝对的权力，他既可以轻易地支配和使用国家的财政税收，又能够便利地控制和改造政府机构。于是，政府能资助科学院的运行和会员的薪水，为科学进步提供了充足的物质保障；又能够做出统一规划为科学发展明确目标。班克斯同样借用了这一发展方式，在给英国政府的申请信中，他充分地借助了政府官员的民族自豪感，重点强调了其他国家对科学活动的慷慨资助："作为我们科学上对手的那些国家科学院都受到了各自国家的珍视……巴黎皇家学院有豪华优雅的公寓，柏林、彼得堡的研究院也都有很多的经费来维持。"（Gascoigne，1998：32）最终，班克斯成功地建立起皇家学会的几个稳定的资助方。

在国际方面，为了建立与其他国家的关系网，班克斯设计了多种方案，与法国、美国、中国等国家进行交流合作，以便提高英国科学发展水平，促进农业和工业生产，增进国家利益。不仅海军部和政府，就连私人组织如东印度公司、塞拉利昂公司（Sierra Leone Company）也都向班克斯寻求咨询（Fara，2003：144）。通过有策略地用知识技能换取经济资助，班克斯保证了科学、贸易和商业扩张不可分割地联系在一起。

总之，班克斯担任英国皇家学会主席期间，学会与政府和宗教精英之间的联络得到了某种程度的加强。但这似乎更像是班克斯的政治手腕，而不是政治目的。班克斯试图通过这种交往来防止激进政治派别的诬陷和干预。法国大革命式的运动给偏保守的班克斯留下了深刻的印象，而要保护学会，保护科学事业的自由发展，他必须小心谨慎且寻得保护。

3 班克斯帝国博物学的空间逻辑与认知特性

帝国博物学有两个重要目标：一是认知层面，借助异域物种，发现"自然的"系统，这个系统根据物种的"本质"划分等级秩序（汉金斯，2000：150）；二是实作层面（见第 5 章）。就第一层面的"帝国性"来说，这可能与欧洲特有的海洋传统有关，海洋构成了英国、荷兰、西班牙、葡萄牙等国文化中特有的"自然"，构成了这些民族国家公共的和开放的自由探索空间。因此，在帝国科学的门类中，博物学、地质学、海洋学等学科就成为近代直至 18、19 世纪科学研究的重要组成部分。

具体到帝国博物学，它在认知层面的基本任务就是发现、采集、描述以及用"科学"的命名法和分类法，把名词赋予物，用普遍性、客观性实现物种的去地方性，后殖民主义史学将其称为西方话语霸权。沃斯特在讲述 18 世纪博物学发展的帝国进路时，重点关注了空间范式的转换。这类博物学在早期以弗朗西斯·培根和林奈为代表，致力于通过理性认识寻找自然的经济体系，通过艰苦的劳作建立人对自然的统治，核心理念是利用世界范围内的自然资源为人服务（沃斯特，2007：19-20）。具体来说，在传统博物学的研究视阈下，每个物种都有其"被指派的位置"，这个位置既是它们的空间所在，也是它在整个有机整体中发挥作用的地方。物种存在及其本质都是地方性的，即物种存在的全部特性都生成于它所在的自然环境甚或社会文化环境。从这个意义上说，传统博物学的研究对象一般不是单纯的物种，而是整体性或者系统性区域空间的有机体，其中的动物、植物、矿物与人的物质生存和文化传统存在着复杂联系，是一个综合了地理、人文等多重因素的世界；而近代帝国探险所导致的地理空间的扩张，打破了原有博物学所认定的物种的空间性，在本质上是脱域的。

另外，博物学家建立的这种"纯粹性""无私利性"的知识帝国，往往是为进一步殖民掠夺服务。班克斯曾多次强调，通过博物学活动构建起庞大的帝国网络，一方面增加大英帝国的财富，另一方面改善当地人的生活状态和文明程度。而这些几乎完全是帝国主义知识分子的一厢情愿，当地人的立场和意愿从来得不到真正的考虑。本章将要展示：帝国博物学在这两个方面，都表现出了明显的意识形态特征，并且从深层次看，两者的目标具有一致性和对称性。崇高的科学研究在本质上是一种暴力的文化征服，是赤裸裸殖民掠夺的帮凶。

与西方国家利用坚船利炮疯狂殖民异域社会相比，认识论层面的帝国博物学没有血腥的暴力，也没有武力的征服。这些帝国博物学家通过知识的扩张，骄傲地为未知自然域送去秩序，并由此宣称着对遥远国家的主权。可以说，这种帝国意识形态为实践层次的帝国活动提供了智力支持和道德合法性论证。

3.1　自然秩序的建立与地方性的消逝

亚里士多德被认为是西方理性科学的代表人物，但也是西方志类研究的早期代表，以至于近代博物学都被看作是在亚里士多德主义范式内部进行修正和补充，而不是反亚里士多德（皮克斯通，2008：58-59）。这类博物学研究深深植根于区域的经济运作方式、社会习俗和器物文化之中，是文化有机体的重要组成部分，经老普林尼、文艺复兴直到后来的启蒙运动初期，博物学家的编目、描述工作依旧带有着浓厚的目的论和地方文化色彩。总之，该时期博物学家倾向于将文化、社会等带有典型空间特点的因素作为博物学研究工作的重要方面，倾向于使描述屈从于意义。

但随着大航海时代的到来和帝国殖民事业的发展，博物学开始生成新的研究范式。新形态博物学尤其是帝国博物学家面对愈来愈多的异域博物学材料时，开始将更多精力用于观察、描述、分类和利用，而较少去关注或论述深层的目的性。因为从新大陆运回到欧洲的标本已经被略去了神话或符号意义，传统博物学所蕴含的象征性解释系统开始崩塌（Ashworth，1996：17-37），所以欧洲"第一批包括新大陆植物的植物学著作也是第一批丢弃人的、符号的方面，创造无任何想象的东西的博物学著作"（皮克斯通，2008：61）。概括地说，这种新博物学多是自然主义模式的，而非早期解释学的。福柯发现并论述了博物学前后两种范式的变化，他认为在17世纪以前，符号是物的一部分，历史就是有关一切看得见的物以及在物中被发现或置放的符号的错综复杂和完全统一的结构。而到了17世纪，符号的地位开始发生变化，它不再是物的附属，而成为表象的样式，即根据事物相同的表象要素为之命名而成之为

物的符号，如林奈向自然史提供的描述性秩序（福柯，2012：170 -
172）。它表明，自然物体可以通过移除其符号意义、神学、词源等而被
揭示和认识。

因此在理论层面上，帝国博物学家的视野是全球性的，面向异域
的，热衷于寻求和宣扬普遍性知识，这是帝国博物学的理论生产层次。
随着帝国扩张和航海运动的逐步深入，来自新大陆的物种资源大量涌入
欧洲，旧大陆的博物学家面对着堆积如山的动植物资源，急切需要从理
论层面消化这些被造物主安置在异域的自然物——即用科学的分类方法
重新整合这些改变了空间位置的物体，这几乎是中世纪动植物学家不曾
梦想过的（狄博斯，2000：62 - 63）。

18 世纪 30 年代，对编排有强烈兴趣的林奈设计了一套简单易行的
分类方法，表征着帝国博物学理论层面的集大成，即只要知道植物雄蕊
与雌蕊的数量、相对位置关系等特点，就可以对植物进行分类，就可以
为每个物种找到其"被指派的位置"，而这个位置既是它的空间所在，
也是它在整个经济体系中发挥其功能或作用的地方（沃斯特，2007：
56）。因此，以往博物学家所关注和讨论的植物的本质特征，如气候、
土壤、宗教、文化的关系等一系列因素都变得不再重要。"林奈将它们
变成了掌握不同植物形态名称的辅助因素，或者说次等重要因素。"
（Tobin，1999：184）

班克斯帝国博物学进路的最明显特征，就是重视全球采集和植物命
名。与怀特所代表的阿卡狄亚博物学家相比，班克斯帝国博物学家在认
知层面上更偏好和执着于遥远的新世界，他们的视野是全球性的。帝国
博物学家像天主教徒一样，致力于将"客观""尊贵"的知识带到蛮荒
之地。当然，博物学家最重要的工作是为新发现的物种立"法"。班克
斯博物学的核心认知活动——采集、制图、分类、命名等，不仅是探求

事实的科学研究，更是认知领域的侵略性扩张。博物学家"发现"某种新的动物或植物，用林奈体系或者自以为"正确""客观""普遍"的体系对之加以分类，用严格的科学语言拉丁文为之命名，并加以描述。他们用西方"标准"的制图法加以再现和传播，将活生生、具有地方特色，甚或蕴含当地文化的实物标本，转变成具有"统一"特征的科学观念和专业术语，最终目的是要全面、精确地描述全球博物史。这种信念源自与欧洲扩张相伴而生的地理与自然观，也源自欧洲科学家傲慢的信念，即认为自己有权"客观地"游历并观察世界其他大陆（范发迪，2011：114）。

班克斯或许不像林奈那样，在植物分类和命名等理论创建方面留下自己的印记，但是在接受、使用和传播林奈体系方面，班克斯无愧于精神层面的林奈门徒身份。以班克斯成名的奋进号航行为例。为了这次远航，班克斯准备了一个很大的图书馆，馆中收藏着许多博物学家的出版物，尤其是林奈的著作。由此可以窥现班克斯对林奈理论的钦佩之情。另外，班克斯团队中还有林奈的高徒索兰德，林奈尤其喜欢索兰德在植物学方面的天分，曾想把女儿嫁给他，并让他继承自己在乌普萨拉的职位，但最终索兰德加入了班克斯团队，背叛了恩师。

采集到新植物时，班克斯与索兰德总是先比对林奈的文本，严格按照林奈体系去命名和分类，由画家帕金森负责绘制，并由专门的人负责制作成标本。在订制标本的纸张上，标记着班克斯或索兰德赋予植物的新名称，一般还会表明采集时间和采集地点。而对于该植物与当地气候、风俗、土著的关系等一系列地方性特征，则提及较少或根本不会涉及。班克斯的航海日志中多次提起过他发现新物种时的情形：

1768 年 8 月 26 日（起航第二天），微风习习，风和日丽。海员看到了一群鼠海豚（porpoise），应该是林奈著作中的 *Delphinus phocaena*，因为它们的鼻子很钝。

1768 年 9 月 5 日，昨天的日志中忘了提及，我们用绳索套住了两只鸟，它们也许是从西班牙飞来的，一直随船前行距离没超过 5 或 6 里格①。今天早上又网住一只，交给我的时候已经奄奄一息了。它们三只是同一个种，林奈没有提及过，我们将其命名为 *Motacilla velifacans*，它们像是海员，冒险登船以环游世界。（Banks & Beaglehole，1962a：153；156）

图 3.1 是班克斯奋进号之行过程中收集到的标本，现藏于自然博物馆。在图的右下方，有三个标签，位于中间且呈土黄色的那个标签最为古老，应当是班克斯或索兰德所写，上面记载了以班克斯名字命名的植物名称 "*Banksia integfolia*"（全缘叶筒花）②。最后一个单词表示该植物是按照林奈的理论进行分类和命名的。第二行是标本的采集地点 "Botany Bay"（植物湾），表明它是澳洲地区的特有属。此时，该植物具有了统一、合法且在欧洲范围内有效的名称，它将被合理地放入秩序等级中自己该处的位置。此后，这个名字又被植物学家考证和校对过两次。

之后，班克斯还组织过多次海外探险活动以收集新的物种。植物标本运到英国后，一般先由班克斯和索兰德为之命名和分类，然后决定将标本储藏或展览到什么地方，或者将植物移植到哪个植物园。据统计，仅在 1787—1806 年的 20 年间，班克斯借助远洋航海，亲自安排和组织

---

① 里格，旧时长度单位，约 3 英里或 4.8 公里。
② 中文对山龙眼科 *Banksia* 属有多种翻译，"拔克西木""班克木"等，不妥。根据形状，刘华杰教授建议将其译为"筒花属"。

图 3.1　班克斯奋进号之行中采集的标本

（2012 年 9 月 22 日拍摄于大英自然博物馆标本室）

过 11 次大型的活株植物移植活动（Carter，1988：558）。

1782 年索兰德逝世后，德吕安德尔（Jonas Dryander）① 成为班克斯图书馆及博物馆的管理员。德吕安德尔以林奈分类法为标准，对馆藏物品进行整理，编辑出版了 5 卷本的《班克斯博物收藏名录》（*Catalogus Bibliothecae Historico-Naturalis Josephi Banks*）。班克斯博物馆具有良好的声誉，总有许多博物学家慕名拜访。因此，这些按照林奈理论进行命名与分类的植物标本无形之中影响了许多博物学家。另外，班克斯的巨大成就，加上航海中的传奇故事，使他一时之间成为启蒙运动思想的典型代表和知识界的民族英雄，他所采取的林奈体系也因此得到了进一步传播。

从表面看，班克斯和索兰德所进行的命名、分类、展览活动只是简单的科学认知活动，与利益无涉；但从后现代殖民主义视角来看，即使去掉这些科学活动背后所隐藏的利益目标，也去掉科学活动为殖民事业和扩张活动所带来的直接效力，仅仅是他们的认知方法，就已经表现出了明显的帝国特征或者殖民倾向，只是这种倾向更多地体现在思想领域。普拉特（Mary Pratt）在其《帝国主义视角》（*Imperial Eyes*）的第一部分创造性地提出一个新的词汇，来概括性地指称帝国博物学的这种认知特点，他恰当地将其称为"反征服性叙述"（anti-conquest narrative），意在展现它与暴力征服不同的帝国过程。普拉特论证道，这种模式与帝国征服、强制转变、殖民地占有以及奴隶制维持等赤裸裸的传统帝国活动方式不同，它强调一种乌托邦式的、单纯无害的愿景，但核心依旧是强调欧洲对全球的权威。普拉特认为，使用"反征服性叙述"这

---

① 德吕安德尔（1748—1810），瑞典博物学家，在乌普萨拉大学期间师从林奈。1777 年旅行至伦敦，1782 年索兰德逝世后，成为班克斯博物馆和皇家学会图书馆的管理员，他还曾担任林奈学会副会长。

个词汇，主要是想突出博物学的"理性"价值，特别是与早期的帝国活动、欧洲扩张以及王室掠夺相区别（Pratt，2008：38）。

班克斯与索兰德的博物学认知活动主要是采集新物种，然后按照林奈体系，将在全球收集到的植物冠以一个新的、由两个拉丁词组成的名称，并按照繁殖器官特征，将所有植物整齐划一地分为 24 个纲，正如图 3.1 所示。这种博物学认知活动不涉及血腥的武力入侵，也不对新世界施加物理暴力，只是追求在认识论层面上，尽可能多地描述世界新事物，建立起新的统一的自然秩序。这样，博物学的支持者们可以高尚地宣称博物学的无害、友好甚至慈善。正如著名诗人派伊（James Pye）对班克斯的颂扬，在他看来，班克斯的植物采集活动采取了一种与人为善的方式，延伸了国王乔治三世的帝国权势（转引自 Tobin，1999：175）：

> 乔治王父母般的权威和大英帝国的律法，
> 超越了亚扪①帝国的范围……
> 突然间，一艘乐天的船只抵达了世界的尽头，
> 不是为了财富，也不是为了声名，
> 对科学的执着导演了这次勇敢的探险。

尽管派伊热情洋溢地赞扬着班克斯博物学认知活动的客观无私利性，但敏锐的后殖民主义科学史家依旧坚持认为，班克斯团队的博物学命名与分类活动本身就是一种帝国活动。"18 世纪的（植物）分类系统要求在全世界范围内，搜寻每一个物种，并将它从其所处的特殊环境中

---

① 亚扪，指古代埃及的太阳神（Ammon）。

分离出来，填充到分类系统中的某个位置，并赋予它一个新的欧洲化的学名。林奈生前将 8 000 种植物添加到了他的体系之中，并因此受到了赞扬。"（Pratt，2008：31）林奈博物学骄傲地隔离了植物的时空网络，将某种植物看作与周围气候、环境、动物、其他植物以及人类无关的独立体，正像布尔斯廷（Danie Boorstin）对林奈的描述："自然物体构成了自然界这个巨大的集合，林奈作为管理者徜徉其中，贴着标签。他的这项辛苦工作师承先祖——天堂里的亚当。"（Pratt，2008：32）

班克斯和索兰德作为林奈的门生，继承了林奈的事业，继续将见到的动植物新种纳入林奈的统一体系中，填充着为这些植物"预留"的位置。单单是奋进号航行的三年间，班克斯就带回了大量的植物标本，涉及 110 个新的属，1 300 多个新种（Adams，1986：126），欧洲人之前基本上不认识这些来自南太平洋地区的植物。班克斯掌管邱园的几十年间，邱园大约引进了 7 000 种新的植物，大部分都经过了班克斯团队的命名、分类与安排。

另外，班克斯是享誉英国的博物学家和林奈门徒，一直有林奈高徒在身边协助，所以有许多博物学家主动向他咨询植物命名和分类等问题，而班克斯也时常不吝赐教，他们之间的交流中时常会提到林奈体系的重要性。许多受过正规教育的博物学家接受了林奈体系，在与班克斯的通信中经常提及植物的分类与命名问题。1783 年 8 月 12 日，凯尼格（Johann Koenig）从马德拉斯写信给班克斯，介绍了菊花、柚木等一些植物，并提及后者属于林奈分类体系中的 Heptandria Monoginia（Banks & Chambers，2009：25）。而 1791 年 11 月 26 日，亚历山大·邓肯（Alexander Duncan）从广州致信班克斯，提到了林奈体系的重要性，

> 因为我没有拿到您的著作中图画的拷贝，所以我承认，这是一个巨大的失误。我必须再次请求，您能重新寄送一份。这不仅是为了扩大收藏，而且是为了带给我那些聪明又教条的朋友一些理性……跟您说声抱歉，我没能更好地了解林奈体系，并且您的记述，也因为我们的船只在这个季节伊始就出发了而没能携带，博物画那本书可能会随最后一班船到达。（Banks & Chambers，2010：306‐307）

亚历山大·邓肯在这封信中明确表达了自己没能更好地了解林奈体系以及班克斯博物画著作的遗憾，因为这样就不能更好地收集植物了；另外，他要用这些知识去改造那些教条的朋友。而 1794 年夏天，班克斯在给亚历山大·安德森（Alexander Anderson）的回信中，讨论了安德森从 1788 年到 1792 年间在圣文森特（Saint Vincent）植物园的博物学手稿，以及 1792 年 9 月之后从其他地方引进的 33 种植物。班克斯极其尊崇林奈体系，严格按照林奈体系的要求来命名和分类新发现的植物：

> 我回忆不起来在上次的书信中，我是否提及一种称之为中国柠檬（Lemon China）的植物，它的绘画已随附信件之中，你也已经在春天的时候收到了。它的名字叫 *Limonia Triphilla Linn*……
>
> 林奈给出了一种特别具体的体系，你要认真模仿。但是我建议你不要尝试改进它。当你发现一种新植物的时候，如果你愿意，给出一个拉丁名字，然后用英语给出详细描述，这样对欧洲博物学家来说就已经足以确认它的不同了。实际上，只有创造这个体系的人

才能真正确定是否是个新种以及它的特别之处。因为除非是创造这个体系的人，使它包含了每一个物种和很好的描述，否则几乎无法设计出一个正确的来。(Banks & Chambers，2011：212-213)

英国的普通民众或者博物学家，在花园里或者班克斯的博物馆里，观察着这些来自世界遥远地方的植物或者标本。这些植物或标本的注释中通常包含植物采集的大体时间、地点以及新的名称；基本不会详细提到植物原先的生存环境，与周围物种以及人类的生态联系；更不会提到这些植物在生长地的名称，及其名称暗含的意义，或者与该植物相关的神话故事、名人逸事等。似乎只有林奈体系所关注的特征，如雄蕊、雌蕊的数量、位置、比例关系，才能真正反映或者代表这些植物的本质。因为这些特征又是客观的和定量的，不因时间、地点或者观察者而发生任何变化。简单地说，林奈、班克斯等博物学家通过命名、分类等认知活动实现了植物特征的"客观化"描述，也因此成功地实现了植物的"去语境化"（decontextualization）。他们选取自己认为最重要的植物性征来为植物分类和命名，并将这些新物种制成标本带回国内，切断了物种与大自然、历史、社会和符号世界的复杂关系。于是，本来具有浓厚地方性特色的植物，变成了具有一致标签的世界性物种，它们被纳入统一的秩序之中，既有利于博物学家构建知识体系，也为他们进一步交流和移植实用植物提供了便利。

从这个意义上说，帝国博物学的每一步进展，往往意味着对某些物种及其信息的空间限制的突破，即物种或信息位置的变换，并且最终形成统一的秩序。旧大陆的博物学家和政治家认为，新世界的人类往往是非理性的和非科学的，他们无法管理好自己的自然物品和自己生活于其中的自然世界。欧洲的人有义务帮助新大陆的人建立起自然的统一秩序,当然在这个过程中,欧洲人也会为各民族及其文化建立统一的秩序(Mackay,1996:52-53)。可以说从一开始,帝国博物学家就满怀启蒙运动时期的乐观心态,他们致力于构建一组组相互交叉的物种空间运动图,从而创造一种人类交往地理学。

帝国博物学家在理论层面对客观性和普遍性知识的寻求与近代自然哲学家毫无二致。启蒙运动时期的帝国博物学家甚至倾向于认为,自然物体只有通过移除其语言、神学、伦理等因素才能被揭示。这种方式存在严重问题:它暗示着被移除的东西只是附加物,是与事物本质无关的外在因素。事实上,这些因素往往是构成宇宙中某个物种的意义不可分割的一部分。从这个意义上说,帝国博物学活动与其说是剥夺了自然物体的"外在意义",毋宁说是创造了一个不同于文艺复兴及更早的"自然物体"的概念。林奈的动植物收集、分类、命名等认知活动去语境化和去地方性特征,使得异域植物变成了具有一致标签的世界性物种,地方性知识被纳入到了统一的知识谱系之中。以便在相同的个体面前,每个人都能够做出相同的描述,反之,从同样的描述出发,每个人都能识别出与之相符合的个体。

帝国博物学这种新的研究范式和新的研究对象批判了传统博物学对地方性、多样性的宽容以及对附魅传统的纵容,用"唯一""科学"的标准重新定义生物体的"本质"特征,更易于实现认知领域的扩张。就学科比较来看,帝国博物学在打破物种地方性空间而追逐普遍性和客观性层面似乎更接近于欧洲近代数理实验科学传统。在此基础上,帝国博物学家可以顺理成章地开展作物移植,因为在他们看来,只要气候和土壤等因素相近,生长在中国的茶树与生长在大英帝国的茶树没有任何差别。这种视阈完全忽视了文化传统和民族习俗等社会因素,或者仅仅把这些社会因素作为外在因素,破坏了地方性和完整性。

　　当然，在这个知识建构的过程中，影响是相互的。每个地方都产生了或正在产生关于自然的知识，这些地方性知识可能相互异质，但在与欧洲文化相遇时，便会发生某种碰撞与融合，在被改造的同时也改造着欧洲传来的知识，双方在这个意义上重构自身和他者，从而变成更具整体性的全球科学的一部分。

3.2　博物馆藏：自然秩序与帝国秩序

　　近几十年来，西方史学家开始关注近代史上一个有趣的二元故事，即西方博物馆的建立和博物馆文化的兴起，与航海探险、帝国扩张具有复杂、互利甚至共生的关系。它们在时间上非常吻合，都起源或萌芽于14、15世纪，并在18、19世纪达到高潮；地域上也相当一致，主要发生在欧洲早期实力强大的扩张性国家。在这个复杂关系网中，有一个层面是清楚明白的，即帝国殖民活动为大规模收集异域自然物品和人工物品提供了便利条件。远洋航海将勇敢的探险者送到世界各地，早期移民者已经在全球许多地方建立起新的殖民地和聚居地，此时他们拥有足够的时间和精力去为自己的祖国输送新世界的珍奇异宝。到18世纪，大英帝国的民众在英国范围内，甚至是一个博物馆或一个植物园内，就可以浏览和感触到遥远世界的物品。康韦（Moncure Conway）的《徜徉南肯辛顿》（*Travels in South Kensington*）①，栩栩如生地刻画出作者对博物收藏和展览的赞美之情。

　　博物馆尤其是自然类博物馆的收集和展览活动，承载和流露着很强

---

① 这本书出版于1882年，作者通过记述与朋友游览南肯辛顿博物馆，即后来的维多利亚与艾尔伯特博物馆，生动描述了馆内来自世界各地的丰富收藏，并处处透露着参观博物馆即游览世界的满足感。

的"帝国"特征。它们一方面表征着人类对自然界认识和控制能力的增强，人的力量、人的理性渗透在人类与自然打交道的每一个环节；另一方面，博物馆象征着帝国势力的延伸，采集、制作标签、展览等活动无不表征着欧洲列强对远方落后地区的优越性。被带回国内的展览品更像是帝国战士征服新世界后的战利品，正像林奈手里捧的北极花（*Linnaea borealis*），它被这位博物学大师归化，拥有了新的统一的名字和分类学上的位置。北极花以及林奈腰间的配饰（也来自那次旅行）暗示了瑞典人对北极拉普兰地区的征服（Fara，2003：26 - 27）。而班克斯恰恰也同样是一位热衷于收藏，并专于收藏的博物学家。他的博物学收藏工作和对博物收藏的爱好、对博物馆事业的支持，饱含着他浓厚的帝国情怀。

　　或许从表面看来，班克斯的采集活动仅是博物学研究的一个阶段，仅是博物学爱好者扩大自己橱窗收藏的手段，基本与帝国殖民活动无涉。但实际上，采集活动更像是另一种形式的征服，一种"文明"或者说非暴力的征服，收集到的动植物标本、艺术品更是从当地人手里成功夺取的胜利品。因此，欧洲早期的航海活动像是一种赤裸裸的抢夺，那些被奉为民族英雄的战士、航海家从土著手中抢夺了大量珠宝奇物，也运回大量的动物、植物和矿物资源。他们挥舞着手中的战利品，迎接着国民的赞誉。因此，以这些采集成果为基础建立起来的博物馆，是典型的殖民展现形式（Classen & Howes，2006：209）。班克斯与自然博物馆的关系很好地例证了近代欧洲国家自然博物馆与帝国博物学追求自然秩序的关联。

　　班克斯从牛津大学回到伦敦后，经常去大英博物馆参观学习，对其藏品十分感兴趣，也对博物馆的收集、保存和展览有着自己独到的看法。最重要的是，在大英博物馆班克斯结识了此后 20 年的最佳学术助手索兰德。1778 年班克斯当选皇家学会主席之后，顺理成章地成为大英博物馆的管理人之一。他希望能将大英博物馆建设成收藏品最丰富的地方，而且此时他已经开始考虑，将来会把自己的收藏品也捐赠到这里（Chambers，2007：8）。

班克斯认为，大英博物馆不仅要收集自然界中的物品，更要寻找书籍、文章和古物。对所有资源的兴趣增强了他的名声，使其能够掌管各种各样的物品。正是这些早期经验，奠定了他成为伟大收集者的基础。之后，班克斯的地位愈加尊贵，且处在博物学帝国的核心位置，因此，他有能力也有兴趣为博物馆收集更多的海外物品，并为收藏品的存储和排序提供建议。

探险船只带回博物学资源之后，班克斯会将人工艺术品、动植物标本送到大英博物馆，而将植物活株、种子送到邱园去培育。班克斯在自己的博物馆里，也会将这两部分区分开来。起初，许多物品是按照地理位置来摆放的，这种简单、自然的秩序能立体、全面地展现出不同国家和地区的风俗习惯，展现出他们的宗教、政府、商业、工业或者贸易（Chambers，2007：8），与欧洲相比是如此的不同，另外，这种新大陆的优先发现权与占有物品的证明，也象征着大英帝国对该区域的征服。

但是，大英博物馆与当时许多大博物学家的收藏品一样，面临着一项巨大的任务，即它们的管理者野心勃勃地想要呈现知识和提供秩序的理想受到了博物馆空间和保存技术等多重限制。而据班克斯 1784 年回忆索兰德的书信，索兰德从 1763 年 2 月 26 日起，在大英博物馆的工作主要就是用林奈体系分类、排序、整理和描述博物学收藏品，使之转化为真正的学术研究。除此之外，索兰德还向当时许多著名博物学收藏爱好者教授和传播林奈体系，并帮助他们整理个人收藏（Banks & Chambers，2007b：329 - 330）。

对班克斯来说，博物学资源从世界各地涌入伦敦，正好暗示着伦敦成为帝国的核心。班克斯清楚地认识到了博物学收藏对国家形象的影响，因此，从 18 世纪末开始，他主动放弃自己的博物学收藏事业，专心为邱园收集异域博物学资源，保证英国博物馆的藏品和动植物种类不被欧洲对手超过。在他看来，这是国家力量的体现。另外，班克斯认为，博物馆只有突破私人占有而变为公共资源，才更加有利于发展。在 1794 年班克斯写给伟大的美国博物馆创立者皮尔（Charles Peale）的信中，班克斯明确指出私人收藏不利于科学研究的进展，也不利于藏品的扩大、管理和传播（Banks & Chambers，2007d：336 - 337）。

从这时候起，大英博物馆进入了一个蓬勃发展时期。但是物品被运到博物馆后，如何排序以便存放和展览又是一个紧要问题。从文艺复兴时期博物馆的萌芽开始，寻求和展现物品之间的秩序就一直备受重视，因为博物馆尤其是大型博物馆从来都不是杂乱无章的代名词，它们是作为有序的世界的再现，准确地说是有序世界的缩影而存在的（Bennett，1995：95）。帝国的统治者迫不及待地要为那些被“征服”的物品找到新的定位，或者说找到它们在欧洲文化和自然体系中的等级，这样就合理合法地将那些脱离了“地方性”的收藏品，进行新的分类、命名并确定为“臣服者”。甚至有时候，傲慢的帝国英雄声称自己拯救了这些物品，因为它们在原先的环境里是被忽略和没有清晰地位的，博物馆还原或者赋予了它们以更高的价值（Classen & Howes，2006：209）。

1777 年 10 月 28 日布莱顿写给班克斯的书信中，也强调了秩序的重要性。有人向布莱顿推荐购买雷沃尔丰富的收藏品，布莱顿提出了质疑，并指明了班克斯博物学收藏的科学旨趣：

> 我尽我所能，充分思索了这件事，试图想出对每个人来说都是

最好的答案。我认为你可能会想要这些收藏品，这样的话您和巴林顿[1]先生共同分有就会是最好的方法了。雷沃尔想要收藏自己所没有的任何东西，完全不顾这样物品是否有利于例证科学；相反，对于您来说，如果一件物品不能增进作为自然哲学分支的博物学，那么它就没有任何意义。您清楚，缺乏了林奈自然体系的帮助，我就无法确定这些动物是否是新的物种，或者是否值得您去鉴定和考察；但是，因为我希望其中会有三两个新物种，所以我觉得不经过合适的科学语言的精确描述就抛弃它们有些可惜。 （Banks & Chambers，2007a：116）

对班克斯来说，如果博物学收藏仅仅为了把玩趣味，或者不按照科学分类法和自然秩序来安排，则无助于推进科学，因而就构不成科学研究的原始资料。在班克斯、斯隆等人的一致努力下，1805 年 7 月 13 日大英博物馆召开会议的时候，博物学的各个部门都已经做完了筹备工作，包括物种的清洗、分类、排序，每个房间也被明确划分。博物馆的整体结构得到修改，以便更好地反映出博物学收藏品规模急剧扩大所引起的学科划分（Chambers，2007：33 - 34）。班克斯不仅是位组织者和管理者，许多工作也是事必躬亲，反映出了他的学术水准。1809 年，柯尼格（Charles Konig）在完成了对大英博物馆地质学收藏品的分类后，交由班克斯做最后的定稿，因为班克斯十分尊重矿物分类规律（Chambers，2007：66）。

---

[1] 巴林顿（Daines Barrington，1727/8—1800），博物学家，收藏家，1767 年当选为皇家学会会员，并开始创办《博物学家杂志》（*Naturalist's Journal*），以此来记录自然现象，比如天气或植物生长。巴林顿对北极探险感兴趣，并通过皇家学会提议了菲普斯的北极之行和库克的太平洋之行。（Banks & Chambers，2007f：396）

因此，对掌管博物馆中物品的官员来说，统一、标准、科学的秩序的确立，一定程度上体现和反映着收藏的科学性和帝国的优越性。特别是自然类博物馆，秩序尤其重要。而自然的秩序、等级和结构的寻求，则只有欧洲人智力能及。博物馆管理者可以按照自己的知识，去为动植物标本排序，为艺术品归类，而参观者可以随便地观看甚至触摸它们，自信地评价着这些来自落后地区的奇怪物品。对浏览者来说，摆在自己面前的博物馆、植物园收藏品，是感受大英帝国力量和势力范围的最好方式。大英帝国既然能从中国、巴西、印度、澳大利亚等地区拿回他们的动植物，就必定已经控制了那个地方，并可以轻易运回本国需要的东西（Snyder，1994：100）。

班克斯画像（图 3.2）提供了另外一个绝佳的例子，展示了这位国家英雄如何看待异域的采集活动。奋进号返航不久，班克斯就名声大起，他热情地接受了这份荣耀，并开始致力于宣传自己。他的叔叔委托本杰明·韦斯特（Benjamin West）绘制了这幅华丽的肖像图。这幅大旅行纪念图实际上是在画室中完成的，但图像还是展现了一位国际旅行家的形象。图景的主要摆设由班克斯设计完成，深红色的幕帘环绕在人工背景上，班克斯身着征服所得的美洲土著服装，周围堆放着他从太平洋地区收集来的艺术品。这展现了一个典型的帝国殖民形象。这些跨文化服饰的着装者一定是想吹嘘他们在国外的辉煌历史：生存了下来并且没有被土著力量压倒。班克斯偷来的稀有之物，如罕见的塔希提锛子就在右面的底线处，是他遭遇并战胜异域种族的证据。这些战利品就被放入博物馆，以供英国人瞻仰。

正如皮克斯通所说：博物馆的最大投资者是 19 世纪的民族国家，博物馆被建在首都，是作为国家和皇帝权力的象征。另外，通过展示藏品中所暗含的自然之秩序和完美艺术，国王向世人展示着自己国家的科学

图 3.2 本杰明·韦斯特制作的班克斯画像

与文明（皮克斯通，2008：70－72）。虽然，这种文明展现方式是以罪恶的殖民活动为前提的。

3.3 博物画：帝国博物学的认知媒介

书籍史学家已经很好地提出和论证了印刷术对近代科学的诞生和传播所起的作用。作为一种媒介，印刷术对近代科学精神乃至欧洲文明的影响是不容忽视的。那么，印刷术对近代博物学复兴有没有影响呢？在什么意义上有或者没有呢？胡翌霖曾在探讨印刷术、自然史和现代科学的诞生之间的关系时，谨慎地描述了印刷术与近代博物学复兴之间潜在的联动关系。确实，在两个大事件之间，我们只能推断出若隐若现的关系，不能夸大或臆想印刷术对博物学的影响。

但如果进一步细分，印刷术与博物学的关系可能会变得更加清晰。博物学类印刷品的内容可以简单地划分为文字和图画。可以预想，在一套行之有效的植物术语被确立起来之前，书籍最基本的传播作用都会受到影响，因为不同地区、不同年代、不同理论体系下的博物学著作中的文字可能是不可通约的，词与物的分离让读者很难从他人著作中扩展自己的信息量，而博物学工作很重要的一项任务便是收集、鉴定、命名大量他人未提及过的动植物，并为之分类。博物画似乎在某种程度上缩短了词语与物体之间的空间距离———一幅制作精美、准确的博物画能更好地再现自然。"直到植物插图和说明得到了改进，医生和植物学家才有可能从这种研究中获益……在插图更加准确的同时，已知植物的数量也大幅度增加。"（狄博斯，2000：64）但要注意，植物插图的技术历史也是一个复杂的变化过程，里面涉及彩色技术、印刷成本、理论内核等诸多因素。

3.3.1　博物画的"写实"

文字与图画是人类表现自然的两种最基本方式。近代博物学家往往受困于时空界限，无法亲自观察或者研究异域植物，而只能通过别人传回的图画或者文字描述来认识遥远世界的新物种。或者说，某位博物学家发现了一个新物种，但受制于运输条件、运输成本、气候条件等因素，没法将它完整运回本国时，自然的人工呈现将起到某种替代作用。只有这样，学术共同体才能在此基础上确认该博物学家工作的有效性。

就这两种方式来看，博物画有自己独特的优越性。首先，图画再现自然的方式给人更加直观的形象。其他博物学家在接触到标准博物画的一瞬间，就能较为准确地作出判断，而无须文字赘述，这是图画优于文字最显著的特征。因此，某些持该观点的人在出版博物学书籍时，只配备很少的文字，甚至可能会完全排斥文字的渗入。

其次，与专业性很强的专业术语相比，用绘图的方式再现某种动植物似乎更易于掌握和实施。因为学生学习专业性术语需要较为系统的课程，而在人类多数民族中，找到图画工作者无疑要简单得多。这种方式尤其适用于分散在世界各地的植物采集者，他们可以用这种便利的方式，去为欧洲博物学家输送新世界的信息。采集者发现新的物种后，往往用较为便宜的价格就可以雇用到当地画师来为之作画。此时，博物学家只要将植物学图画的某些主要特点叮嘱给画师，后者就基本上可以完成一幅精美实用的植物学数据"编码"了。相比植物活株和标本，图画与文字具有一样的优势——方便运输和保存。

虽然图画具有如此显著的优越性，但它作为博物学中再现自然的方式时间并不长。据布莱克马考察，只是在 1450—1700 年间，图像在"描述性科学"（descriptive science），如植物学、动物学、解剖学中才开始变得越来越重要。当时就有学者宣称，图像在艺术、医学、博物学等领域的作用要优于文字。达·芬奇便是持有该主张最早、也最有名气的人。15 世纪末，他向一位作家说，"如果你想使用语言来展现人体的各个组成部分，那就算了吧，因为你描述得越精确，读者的脑袋就会越糊涂，他的理解离你的描述就越远……哦，作家，你对人体的描述怎么可能像图画所展现的那样完美呢?"（Bleichmar，2004：98）尤其是在解剖学方面，达·芬奇坚持认为，相比活体解剖，自己的图画是更好的教学工具。就连近代生理学领域的革命性人物维萨留斯也同样认为，对学生来说，图像比尸体更有用（Bleichmar，2004：98 - 99）。由此证明，图画作为再现自然事物的工具来传递科学信息的历史，只是在文艺复兴时期或者稍后一点的近代科学革命时期，才在一些特定的学科中受到重视，使用次数开始增多，使用范围也变得更加广泛。

17 世纪 90 年代，东印度公司职员、博物学家詹姆斯·昆宁汉姆（James Cunningham）被派到中国，主要在厦门、鼓浪屿和舟山群岛附近工作，他利用空余时间开始为博物学收藏家斯隆和贝迪瓦（James Petiver）收集中国珍奇植物。詹姆斯·昆宁汉姆除了精心制作植物标本外，最重要的任务之一便是绘制中国博物图谱，他从不吝啬金钱去市场购买，还雇了至少三位画家绘制当地植物。当"拿骚号"离开厦门的时候，詹姆斯·昆宁汉姆已收集了 1200 幅博物画，其中大部分是当地人喜欢的具有传统意义和神话色彩的观赏性植物，也不乏路边野花（基尔帕特里克，2011：50 - 53）。回到伦敦后，詹姆斯·昆宁汉姆受到植物学界的热烈欢迎，他展示了自己收集到的植物标本和植物绘画，并因此被一致推选为皇家学会会员。贝迪瓦在 1692 年的一篇文章中热情赞扬了这位老朋友带回的植物绘画："他还为我收集了将近 800 种的植物图画，颜色自然逼真，所有植物的名字和大多数植物功效及优点的注释也很全面。"（转引自基尔帕特里克，2011：50 - 55）

显然，对近代早期的博物学家来说，图画正变得越来越重要。当博物画作为科学交流的工具时，就不再仅仅是一件普通的艺术品。除了要保留艺术性和美感，图画还要传达一种直接、精确的印象，也就是要满足一种"科学式写实"。写实风格源于对事物的客观观察，但这是很难做到的，科学哲学家汉森（Norwood Hanson）的"观察渗透理论"已经否定了观察的客观性。因此，博物画不可能像镜子一样，可以原封不动地反射出面前的事物，而且即使镜子成像，也会丢失掉一些数据。那么，植物学图画为什么还能够担任科学交流的媒体呢？范发迪认为："它们之所以能够有效地担任科学交流的媒体，是因为依靠了某些编码和解码的共享系统；它们是在以一种图像语汇对物体进行诠释。博物学图画就像语言描述一样，目的也是想超越对某个实际标本的个体描述；它们事实上是一些代表某物类的特征的合成物，因此它们再现的动植物是理想化了的一般、普通或典型标本，而不是实际存在的个别物体。"（范发迪，2011：65）因此，即使面对不同的植株，只要画家所掌握的博物学理论相同，编码出的图像语言也会十分相近。反之亦然，接受了不同博物学理论的科学家面对同一植株时，会编码出不同的图像。

但究竟图像应当如何绘制，比如设定什么样的标准才能保证它的有效性和科学性呢？博物学家众说纷纭，标准不断变化，从来没有过统一的意见。18 世纪中后期，植物学图画似乎找到了较为统一的标准：此时，林奈植物学理论已经基本征服了大不列颠岛，他的分类体系也受到越来越多博物学家以及植物学爱好者的欢迎。此时，与植物学紧密相关的植物图画便深受林奈体系的影响。下面将通过考察前林奈时期的植物学图画与林奈时期的植物图画，探索博物学理论对植物绘画的影响，同时展现这一转变中"帝国秩序""帝国意识"的渗透。

林奈理论在英国博物学界取得统治地位以前，植物图画主要有三种呈现方式：医药书籍中的植物插图，园艺著作中的植物图画，风景尤其是植物园风景图。前两种以表现植物的实用性为主，最后一种图画里的植物则更多要为整体的艺术性服务。亨里（Blanche Henrey）统计了1500—1600年间在英格兰出版的植物图画书籍，一共19本，其中药用书籍11本，园艺书籍8本（转引自 Tobin，1999：180），没有包含植物的风景画著作出版。

从18世纪中期开始，林奈分类体系开始影响英国的植物学，也理所当然地开始影响着这一时期的植物画。尤为重要的是，林奈体系不仅影响了博物学家的工作，更因其简单性和明晰性，进入了大众视野。于是，博物学作为一种社会风潮和社会运动，在18世纪下半叶开展起来，相关出版物也随之增多。林奈体系主要关注植物的繁殖器官——花朵和果实部分，也就是植物的性系统。

接受了林奈理论，就意味着植物学图画的绘制标准也将产生一种革命性转变。植物绘画家要满足林奈植物学的要求，就必须将植物的雄蕊和雌蕊清晰地展现出来，并完整地刻画植物的性系统。实际上，此时的植物绘画家必须强迫自己，"将林奈体系加入一个没有任何语境和背景的植物对象上去，试图让植物展现出一种静态的、普遍的、预先存在的、柏拉图式的类特征。"（Tobin，1999：189）这样才能绘制出一幅表现林奈式"科学"特征的合格图画。托宾似乎对这种强势霸道的植物绘画法感到不满，他继续分析道，采用了这个标准，画中植物的形象代表的不再是面前的植株个体，而是该植物所属的那个种，植物图画隐藏了个体与类之间的差别。但实际上，理想的类是不存在的，是柏拉图式的理想，是人类建构出来的，只有单个的植物个体才是真实存在的。忽视个性，忽视植物时空特性，消除植物的地方性，张扬植物的共性，正是帝国意识的表现（Tobin，1999：189-191）。从这一方面看，托宾的论述又回到了早期经院哲学的唯名论与实在论之争。1812年里夫斯（John Reeves）寄回英国的图画中，有一个柚子（*Citrus maxima*）的水彩画（见图3.3）佐证了托宾的论述。

图3.3　柚子（*Citrus maxima*）的水彩画（Magee，2011：29）

　　该图详细描述了柚子树的繁殖器官：花朵从含苞待放直至盛开状态，果实从未成熟的绿色到成熟后的黄色，画师似乎刨开过一个柚子，展示出里面的瓣状构造。更为详细的是，画家还剥开了其中一瓣柚子的半透明外皮，以展示果肉的纹理。但实际上，画师在绘制图画时，可能并没有这样一个包含了几乎所有科学信息的植株摆在面前，画师只是根据往常见到的实际情况，补充了他认为重要的科学数据。图画上显示了两个汉字"斗柚",这是中国人给该植物的命名,在英国博物学家眼中,这是一个缺乏科学性和统一性的名字,只有按照林奈理论给出的属加种差,才是植物真正的名称。但该图画又不是完全按照林奈理论所需要的要素进行绘制的——图画中的雄蕊雌蕊并没有进行更加详细的解剖式或者放大式显示,这大抵是因为,图画的制作仅仅是为了满足园艺学的需要,而非植物命名与分类的需要。

林奈式博物画是艺术与科学的集合体。它用艺术表现的方式,承载并传达了精确的博物学数据。这些绘画反映着画师的知识类别,也向观察者形象地传递着他们所主张或接受的理论。在这一过程中,图画将本来具有地方性、主观性、偶然性的自然物体,转变成了具有全球性、客观性和永恒性的知识。在建立帝国秩序的过程中,博物学家也为自然界的动植物建立了统一的体系,从此,万物都有了自己应属的位置。班克斯本人十分重视绘图及图画的出版工作,他把图画称之为"世界性语言",这些图画反映着班克斯帝国式博物学的工作方式。

3.3.2 班克斯对博物画的重视

在博物信息编码与传播方面,绘画具有无可比拟的优越性。一般来说,博物学家在确定旅行路线后,就要筹备和阅读相关地区的植物书籍,通过对已有博物画的记忆,博物学家在途中遇到植物时,才能确定该植物对欧洲,或者对本国知识界来说,是否是新的物种。因为对博物学的采集、命名与分类工作而言,重复工作毫无意义,甚至会显得博物学家浅薄无知(Bleichmar,2004:188 - 190)。还有一种类型的博物学图画集,它是在先前博物学家带回的图画基础上,根据重要性编辑而成的关于某地植物的图册,资助人或大博物学家完成编辑工作后,将它交给远在海外的采集者,植物猎人有了图册后,就可以有的放矢地去采集植物了,这样效率会更高。

　　班克斯的职业生涯始于 18 世纪 60 年代的海外探险，此时植物学绘画的标准已经相对固定，图画的学术性也已经得到博物学家的普遍认可。班克斯喜欢这种精确展现植物特征的方式，他的每次探险团队中都有随行的画家，随时绘制所遇到的珍奇物种，这样，即使带回国内的标本变了色，形状发生了变化，图画依旧可以在很大程度上还原植物的本来面貌。同时，图画还易于保存、出版和交流，可以较为方便地向其他博物学家展示植物采集的成果。在班克斯的第一次海外航行——也就是纽芬兰和拉普拉多旅行团队中，埃雷特负责大部分的植物图画，帕金森负责无脊椎动物、鱼类和鸟类绘画，佩娄（Peter Paillou）负责部分动物以及风景、风俗等其他方面的制图（Lysaght，1971：101）。埃雷特是 18 世纪最著名的植物绘画师之一，他曾与林奈合作，绘制了克利福德花园中的一些稀有植物，这些图画后来成为 1737 年出版的《克利福德植物园》（*Hortus Cliffortianus*）一书的插图。因此，可以推测，埃雷特作画的风格会深深地打上林奈博物学理论的烙印。在埃雷特的自传中，这种推测得到了证实："（我与林奈）是最好的朋友。他向我展示考察植物雄蕊的新方法，我很快就掌握了，并私自决定要用绘画展示出这种新方法。"（Tobin，1999：178）埃雷特由此改变了自己的绘画方式，开始关注林奈所描述的植物的最重要部分——清晰的花朵和果实，特别是雄蕊与雌蕊。

　　"在纽芬兰和拉普拉多之行里，埃雷特的植物画是绘制在牛皮纸上的，它们极其精致有效……班克斯亲自备注了一些植物的采集地点"（Lysaght，1971：102），如图 3.4。"而纽芬兰和拉普拉多之行中的动物画则主要是帕金森和佩娄两位年轻人所作"。（Lysaght，1971：102）不同的是，佩娄的博物画几乎全部是水彩画，且绘制在纸上。目前，这些博物画都收藏在大英博物馆中。埃雷特的植物画与植物目录被保存在植物图书馆，构成了艾顿出版的《邱园植物名录》的重要组成部分；帕金森的动物画和佩娄的鸟类画主要安置在绘画储藏室。

图 3.4　雪白委陵菜（*Potentilla nivea*）。班克斯团队采
自 Conche，埃雷特绘制

　　班克斯的另外两次海外探险团队中，也都配备了水平与威望俱高的植物绘画家，他们为班克斯绘制出了成百上千的植物图画。现在的自然博物馆中依旧保存着当时收集的标本和大量植物图画。这些有价值的植物学绘画虽然没有正式出版，但在当时的博物学家团体内部得到了广泛的传播，甚至一些著名的博物学家，如本南德、福伊斯特在自己的著作中使用过某些图画（Lysaght，1971：93 - 97）。它们为英国本土博物学家认识外来物种提供了有效的科学数据，同时图画的流行也在一定程度上传播了林奈的分类学理论。后来班克斯在资助和策划海外远航时，也都会给随船的博物学家安排专门的绘画家，以便能收集到更好、更多的

图画，去再现当地的动植物资源。

除此之外，散居在外的植物猎人、博物学家、博物学爱好者，甚至一些东印度公司的工作人员，都从世界各地为班克斯制作和收集植物图画。如在广州担任茶师的东印度公司工作人员里夫斯、医师邓肯兄弟都为班克斯传送过博物画。里夫斯几乎没有受过专业的植物学训练，但对博物学和园艺学格外热衷，通过自身努力习得了当时流行于英国的林奈体系。动身开往中国之前，一位亲戚曾将他介绍给了博物学元老班克斯，年轻的里夫斯从班克斯那里得到了指示和一些简单培训。到达中国后，里夫斯雇用广州当地的画家依照园艺画传统进行绘制。里夫斯的图画主要强调完整美丽的花朵，兼顾花朵细节，这对中国画师来说是极其奇怪的。里夫斯不得不经常地提醒和严格要求中国画师，不能按照中国传统画法来描绘植物。因此，由里夫斯和中国画师完成的博物画，成了双方文化遭遇的场所（范发迪，2011：66），工艺技术的差别透漏出背后截然不同的植物学理论。传回英国的1000多幅作品保持了较高的质量，为班克斯等英国博物学家提供了认识中国动植物的主要途径。

另外，后来担任加尔各答植物园园长的罗克斯伯勒也采用同样的方式，雇用印度当地画家绘制了上千幅图画寄给班克斯。班克斯认为那些图画无论对于博物学家认识印度植物，还是对于东印度公司开拓海外新区域来说都是非常重要的，于是便说服东印度公司资助出版了这些图画。1795年罗克斯伯勒从加尔各答寄给班克斯的书信中，提到了这些图画的出版：

当确定那些植物图画将要出版时，我开始为它们（约1100种）排序，并为每一种植物做了简短介绍，在这个过程中我翻阅和使用了图书馆中的所有书籍。现在已经完成一半，我将利用公司本季度的第一次远航船只寄给你一份副本，希望对你的出版工作有用。(Banks & Chambers, 2011: 335)

现在，皇家学会的图书馆中还馆藏着三卷本的《东印度公司科罗曼德尔海岸的植物》（*Plants of the Coast of Coromandel of the East India Company*）。制作过程显然受到了林奈理论的影响，图画对花和果实进行了清晰描绘，有时候甚至会省略掉根部和茎部，只在文字部分给出说明，如图3.5。除了从各地接收博物学图画，班克斯还从之前的图画中

图3.5　《东印度公司科罗曼德尔海岸的植物》中的图画

（2012年4月26日拍摄于皇家学会图书馆）

选择一些重要的植物编辑成册。据范发迪考察，班克斯一定有一本中国画师绘制的植物图册，他根据对植物的需要程度在图上标注出重要性级别，然后把图册交付给邓肯兄弟，后者便按照图册完成任务。后来的马戛尔尼（George Macartney）[①] 使团和邱园派出的植物猎人克尔（William Kerr）也都使用过这个图册（范发迪，2011：60）。

3.3.3　班克斯的《植物图谱》

对班克斯来说，博物画的学术地位要远胜于文字，这点可见于1796年伦敦出版的《邱园外来植物图画》（*Delineations of Exotick Plants Cultivated in the Royal Garden at Kew*）。这本著作描绘了从非洲和南威尔士移植到邱园的 30 种石南科灌木（*Erica*），整本书只有"前言"是文字，主体部分——图画——是由德国著名植物图画家鲍尔（Franz Bauer）完成的。据艺术史家布莱克马猜测，前言部分的作者应当是鲍尔的资助者班克斯，他在仅有的文字里强调了图画的重要性，甚至充分性：

> 初见本书，读者可能会觉得有些奇怪，认为这样一本植物图画的书，理应加入对植物属种及其特征的描述；但每一位博物学家又会承认，当他仔细阅读该著作时，编纂文字的任务就变得毫无意义了，花费金钱增添文字来解释图画完全是多余的；植物学家可能会有的疑问，每一幅图画都做了完整的回答；画家对叶子和花朵做了精细的模仿，并给出了原始大小和放大版本。（Bleichmar，2004：128）

[①] 马戛尔尼（1737—1806），出生于爱尔兰，毕业于都柏林三一学院，外交家，殖民地官员。1792 年，他被加封为马戛尔尼子爵。

　　奋进号上的博物学采集工作是班克斯早期的最高成就，他也因此成为备受英国乃至欧洲瞩目的博物学家。班克斯第一次海外航行中的植物绘画家帕金森也进入了这个团队，另外还有同时绘制动物画和风景画的巴肯①和斯堡林②，秘书以及四位田野工作的助手。

　　班克斯团队中的三位画家，一共绘制了964幅动植物及人工制品的图画。其中943幅是由帕金森所作的植物绘画，269幅是已经全部完成的水彩画（Diment，1987，introduction：1），剩余674幅由于时间不够，帕金森完成素描部分后，只在每个不同部位上色，如画出根、茎、叶、花的一部分作为标准色，为后面补充上色做好铺垫工作。后来，班克斯雇用了18位雕刻家，花费了13年的时间，制作了743块铜版，准备出版植物图谱，理论功底最好的索兰德则负责其中的文字工作（Diment，1987，introduction：1）。

　　尽管班克斯为这项事业投入如此之多，林奈等人热切希望见到出版物的心愿还是没能实现。1782年，班克斯一生最得力的助手索兰德去世了，班克斯痛苦万分，著作的出版计划也随之搁浅。但索兰德的去世不能成为该著作没有出版的原因，因为索兰德去世时，文字编纂工作已经基本上完成了。这一点从1784年班克斯的话语中得到了证实，"他活着时，几乎完成了所有段落。因为全部的文字描述都是在植物刚采集到时做出的，没有什么需要继续完成的工作了"。班克斯乐观地表示，如果雕刻家能够顺利完成工作，两个月后出版事业就可以全部就绪。况

---

① 巴肯（？—1769），出生于贝里克郡，死于奋进号航行途中。现在的大英图书馆中仍然保存了一些他在航行期间的风景绘画。另外，他还留下了一些动物水彩画。

② 斯堡林（1733—1771），出生于瑞典的Ådo，即今天芬兰的土库（Turku），其父亲是当地大学的医学教授。斯堡林1755年离开瑞典到达伦敦，开始以钟表制作谋生。1766年在索兰德帮助下，进入大英博物馆工作。在奋进号之行中，斯堡林的工作主要是记录、传抄班克斯和索兰德留下的注释。同时，他还是一位多才多艺的人，擅长动物画、风景画和一些民俗画。

且，索兰德逝世之后，林奈的另一位高徒德吕安德尔很快就接替了他的工作，即使有些文字部分需要修补、校正，德吕安德尔也一定能够胜任（Carter，1988：142）。因此汤姆林森等人把索兰德去世作为著作无法出版的原因（Tomlinson，1844：74）是武断的。

科学史家提出了各种各样的猜测，来解释《班克斯植物图谱》未能完成的原因。比如有史学家分析说，美国独立战争期间的经济政策导致英国经济急剧下滑，地主收入逐渐减少，班克斯难以支付这笔巨额资金了。这可能是一项重要原因，班克斯在这一时期的收入确实受到了影响。况且，出版一份精致的植物图画选集确实需要耗费巨额资金：每株植物的绘画和刻版大约是 6 英镑，过去的九年间，一共花费大约 4500 英镑，每年 500 英镑左右。另外，要将文字部分与之一起印刷，还得需要 7500 英镑，即总共需要花费 12000 英镑，植物图谱才能面世（Carter，1988：142 - 143）。而且此时，班克斯已经当选皇家学会主席，也成了邱园名誉园长，不再需要其他学术成果来提高自己的学术地位，尤其是该成果的获得还要花费如此之多。

也有史学家认为，班克斯作为植物采集者，并非真正的博物学理论家，因此担心著作出版后会遭到同行的耻笑；更为重要的是，即使著作没有缺点可以让博物学家提出指责，那些批评他的数理科学家①也一定会充满敌意，提出非难。这个理由有些牵强，班克斯确实不是思想巨匠，但这本著作是在索兰德帮助下一起完成的，甚至如他所说，主要是索兰德的工作，因此，班克斯绝对没有必要担心著作的科学性。至于数

① 1783—1784 年，皇家学会会员、数学家、外交部部长赫顿遭到解职，理由是他为非伦敦常住居民。此时，数学家霍斯利联合了学会中的一些成员，公开反对当时的学会主席班克斯，因为他觉得班克斯对数学家充满敌意。霍斯利指责班克斯利用学会主席的职务打压数学家和其他一些自然哲学家，并借此机会对班克斯的博物学工作进行了激烈的讽刺："班克斯总是试图用青蛙、跳蚤和蚂蚱来取悦皇家学会的会员。"

理科学家的批评，班克斯一定有所忌惮，因为他们对班克斯在皇家学会的名声和地位造成了很坏的影响，但事件很快就过去了，班克斯得到了当时学会委员会多数人的支持（O'Brian，1988：209 - 210），因此，他没有必要再为此事去耽误已经进行了近十年的出版事业。

4　班克斯的帝国博物学网络

　　研究班克斯的学者总是试图想出一个合适的词汇，来概括他的成就和影响。在最近的一项研究中，佩恩森（Lewis Pyenson）依旧将班克斯称为"采集员管理者"（manager of pack-rat collectors），或者"旨在投资大种植园的殖民地间谍和农业间谍"，而不是理论知识或新科学知识的创造者。总之，在佩恩森看来，以班克斯为首的 18 世纪末英国科学探险活动充斥着朴素的经验主义，不像法国那样是为了寻求普遍性知识（Pyenson，1990：409 - 410）。班克斯作为一个重视实践活动、擅长筹划科学活动的组织者和管理者，为他赢得了一系列绰号——"独裁哲学家""国王的自然哲学部长"或"帝国指挥家"。

　　将班克斯的学术认知活动与实践活动、管理者身份与科学研究者身份进行清晰二分，会毁坏和曲解班克斯作为皇家学会主席、作为欧洲知名博物学家的完整角色。但这种二分法也给出了班克斯博物学活动的主要侧重点——组织科学探险，收集博物学标本，培育有价值的经济作物。这些早期博物学活动既可以造福国民，又可以使英国在与法国的竞争中彰显优势。而要实现这些目标，单靠一个人或者几个人是不可能完成的，班克斯需要发动一切可以利用的力量，借助一切可以调动的资源，建立起缜密且高效的世界博物学网络，才能更好地实现目标。

那么，班克斯是怎样操控这个巨大的博物学帝国网络的呢？用班克斯的多重身份和至高地位来解释他的领导能力和统筹能力，在某种程度上是可以接受的。但从另一方面看，这种解释却没有多大意义，甚至可以被看作一种循环解释。我们的问题恰恰就在于，班克斯是如何获得如此地位，如何在实作活动中创建自己的博物学帝国的？

大卫·米勒认为，班克斯所建立起来的执行博物学任务的指令系统，与他的身份、地位一样起了重要作用。而且，这种博物学细节方面的指挥和命令为班克斯赢得了尊重，让他有足够的空间来协调航海发现和政府的战略意义（Miller，1996：6）。因此，本章将从博物学网络的主要构成部分着手，考察班克斯帝国博物学网络中的个体或机构是如何沟通与互动的。

4.1 权力机构的政治诉求

从冰岛归来时，班克斯已经成为皇家学会的会员了，他开始积极参加学术圈的活动。随着 1778 年当选为学会主席，班克斯定居的伦敦索霍广场 32 号，便成为此后 30 多年里英国科学家和博物学家的主要活动中心。在这里，班克斯建成了世界闻名的图书馆和标本室，里面分类存放着远航活动所收集到的动植物标本和书籍文献。班克斯在这里收发了他一生当中的大多数信件，也接收了来自世界各地的稀有物种。

4.1.1 乔治三世与帝国博物学

奋进号圆满完成了任务，通过这次旅行，班克斯成了民族英雄。1771 年 8 月 10 日，"国王乔治三世在邱园正式接见了班克斯，视察了班克斯的博物学收藏，并询问了一些有关奋进号的事情……或许正是在这次谈话中两人谈及了植物的经济效用。其中就有班克斯收集到的具有潜在经济价值的新西兰亚麻等"（Banks & Chambers，2007a：xix - xx），并很快让这位声名鹊起的大博物学家非正式地接管了邱园①。国王只比班克斯大 5 岁，他喜欢班克斯的建议，并珍重两人的友谊。虽然班克斯是下级，但 30 多年里，他们就像皇家主人和门生的关系般亲密（Fara，2003：131）。

国王与班克斯为什么能维持如此亲近、如此长久的关系呢？首先，班克斯是英国皇家学会主席，代表着科学家共同体。在 18 世纪那个启蒙的时代，科学成为人们热衷于追求的东西，国王也不例外。与科学家打交道或者关心、支持科学家，一直是衡量开明贵族和追求进步的政府的重要指标。因此国王需要班克斯及时汇报科研成果，当然，班克斯也需要国王的资助和支持。在将赫歇尔的科学发现传递给国王，并为其争取资助方面，很好地反映了班克斯与国王各自的需求。

赫歇尔最早在 1781 年 3 月 13 日发现了一颗新的行星，并将其成果在巴斯哲学学会上宣读。班克斯知道这件事后，于 11 月 12 日致信赫歇尔，并鼓励他为之命名：

---

① 当时邱园的首席园丁是哈弗菲尔德（John Haverfield），1784 年艾顿继任，后者曾在切尔西药用植物园做过米勒的助手和学徒，1789 年出版了 *Hirtus Kewensis*。班克斯只是在实际上起到了指导者（de facto director）的作用，没有担任明确的管理职位。

我们的一些天文学家都倾向于认为，您发现的这颗星是行星，而非彗星，如果您也同意这种观点，那么就应该即刻为之命名，否则我们机敏的邻居法国人就必定会省去我们命名这颗星的麻烦。(Banks & Chambers，2007a：293)

班克斯尤其担心法国人会抢先命名这颗新的行星。英国和法国是欧洲近代两大宿敌，战争不断。两国之间的竞争不仅在军事、经济层面，还扩展至文化和科技上，所以班克斯乃至国王都决不允许自己所领导的科学界的成果再次被法国抢先，考虑到 18 世纪英国科学已经开始远远落后法国的实际情况后就更是这样了。何况，科学，是一门足以代表着一个民族智力水平的学问。后来在《哲学汇刊》发表的文章中，赫歇尔以国王的名字将之命名为"乔治星"（Georgium Sidus），之后科学家才提议要继承前面五大行星的命名传统，即用希腊神话中神的名字来命名，天文学家博德（Johann Bode）建议更改为天王星（Uranus）。1781年 11 月 19 日赫歇尔从巴斯写信给班克斯，感谢班克斯和皇家学会授予自己科普利奖章，尤其是班克斯对新发现的认可，让自己感受到比科普利奖章更有价值。另外，赫歇尔觉得能从班克斯手里接过奖章，将足以引诱自己回到城里（Banks & Chambers，2007a：291）。到 1782 年 2 月24 日，赫歇尔再次写信致谢班克斯：

华生博士告诉我你们通信的内容，我才发现享受了您如此多的恩惠，即使表达了谢意也是徒劳的，依旧亏欠您很多。大约半个月之前，我收到了侄子的一封信，他是国王乐队中的一员。他告诉我说，国王亲切地问他知不知道我的成果，并说第二年开春我就会去拜访他，而且带着我的仪器一起。现在我知道了，是您的屈尊谬

赞，才让国王注意到了我。(Banks & Chambers，2007a：308)

国王对赫歇尔的科学发现十分感兴趣，尤其是以自己的名字命名后，国王也感到无限荣耀。很快国王册封赫歇尔为国王私人天文学家，年薪 200 英镑。1785 年 11 月赫歇尔致信班克斯，称赞了班克斯对科学进步的孜孜以求，汇报了新近的观测数据，然后感谢了国王的资助：

> 由于您很高兴地将乔治星的发现呈递给了国王，因此我才得以享受皇家保护和资助的尊荣。这极大改变了我的生活境况，我已经可以将我全部的时间用来研究望远镜的改进，也可以完成一些常规系列的观察以做出合适的判断，这样就可以发现什么东西依旧需要放大来研究。上次我正在制作的 20 英尺长的望远镜，已经十分成功；我现在要让整部仪器都更加精良，使它成为未来更进一步工作的绝佳版本。(Banks & Chambers，2007c：114)

1785 年 11 月 22 日赫歇尔的书信更是开篇就提到国王的来信，国王向他保证，以后可以提供望远镜研究所需要的全部花费（Banks & Chambers，2007c：121）。而具体的资助经费和详细的项目预算，都是在班克斯和赫歇尔多次沟通和交流后制定的，从材料购买到日常开销，到更加精细的打磨镜片工人的啤酒消费，最后到所有雇工工资，事无巨细（Banks & Chambers，2007c：310 - 313）。正是在班克斯和国王的帮助下，赫歇尔开始了职业天文学家的生涯。

其次，身份的相似也可能是一个更重要的原因——两人都是大土地所有者，因此在改革农业、增加地产收入方面有共同的兴趣。农业是班克斯所有活动的核心目标之一，也是他最主要的经济来源。尤为重要的是，班克斯作为大地主阶级的代表，展现出了这个阶级内心的优越性，他不仅要维护自己的利益，更想要保护整个阶级，甚至整个国家的利益。否则，班克斯通过常规的育种、圈地就可以增加土地收入了，没必要借助国王的力量来改造整个国家的农业。而国王则是国家最大的地主，希望能通过农业的进步，来增强国家经济实力，为长期的英法征战筹备军费。因此，乔治三世经常被人戏称为"农夫乔治"（Farmer George）（Smith，1975：98；Drayton，2000：89）。同时，农业改革与国王统治是否文明高效之间，似乎也有一定关系。乔治三世想借助班克斯的学术威望与博物学网络，为国家政策提供指导，为改良和增加农产品提供实践者和指导者，这样议会和国民就会增加对王室的信任和支持。

这种分析有一定道理，正如德雷顿所说，农业一直以来是英国经济生活的中心，已经形成了乡村政治特有的意识形态。特别是1783年美国独立战争取得胜利之后，英国王室和政府面临国内外的巨大压力，他们迫切希望能通过农业改革来表现出自身的"进步"和"高效"。1793年，皮特政府成立农业委员会，将农业作为国家事业去管理；1799年，国王乔治三世同意资助皇家研究院，以将科学知识用于国家事业，尤其是农业。农业委员会和皇家研究院的成立象征着农业爱好者与国家结成了新联盟。国王为了显示自己的开明领导，对工艺技术表现出了兴趣，他将自己塑造成帝国的第一绅士和"进步者"的标杆。邱园则是国王利用班克斯展示皇家恩泽的合适舞台（Drayton，2000：88 - 89）。两人的关系因为美利奴绵羊的引进得到了进一步增强（Gascoigne，1998：44），班克斯所领导的皇家学会也因此得到越来越多来自王室的支持。

班克斯和国王借助博物学知识进行的农业改革，并未取得预期效果。英国农业从事者也并未从国王的农业试验中得到过重要启发（Smith，1975：98）。但国王并没有放弃过努力，他的支持一直以来都是班克斯完成其博物学实作的强烈推动力。事实上，在当时的学术环境之中，博物学不像后来学者描述的那样，能如此有效地为帝国贸易和扩张带来利益。这解释了为什么班克斯的三次航行都是自费，为什么派驻博物学采集者需要借助他与国王和政府的私交了。因此，过分强调班克斯对农业改革和帝国扩张事业所做的贡献，来解释国王与班克斯的合作伙伴关系是一种误导，因为班克斯的博物学活动顶多是帝国活动的辅助成分，不值得国王或政府为此劳心劳力。

最后，班克斯与乔治三世不仅在工作方面相互支持，私交也很不错。两人生病期间对对方的关怀和担心，显示出两位大人物的惺惺相惜。1787 年 11 月 29 日，国王致信卧病在床的班克斯，"听到班克斯爵士依旧不能下床，我很伤心。虽然这是一种常见方式，来向第一次遭遇痛风并痊愈的人表示祝贺，但你不能遵从如此残酷的礼节"（Smith，1975：103）。几年后，国王成了病人，他遭遇了一种难以诊断的遗传疾病，忍受着精神失常的打击。当他开始恢复时，召集班克斯到皇家邱园陪他散步。对班克斯来说，这是一个理想的机会，来鼓吹植物学的好处。国王康复之后，班克斯充分利用了他所培育起来的王室对植物的热衷（Fara，2003：131 - 132）。班克斯与国王时常周六在邱园里会面，他会向国王提出一些审慎的博物学建议，而国王对他的提议也常常深表赞同。由此来看，班克斯的某些权势确实直接来自国王。国王侍从的日记中，记载下了两人会面的某些情境：

然而，国王与班克斯的散步持续了大约 3 个小时。他们首先参观了异域植物园，然后穿过里士满植物园（Richmond Gardens），查看了那里的绵羊，接着他们通过伦敦路，到达马什门（Marsh Gate），国王在这里新建了一个农园，并盖了农业办公室。（Desmond，2007：93）

班克斯在国王康复期间的陪伴和说服工作终见成效。遭遇这次精神疾病之后，国王更加爱上了植物，甚至把欣赏邱园中的植物作为某种辅助治疗手段，这进一步拓宽了两人的共同兴趣。1802 年，班克斯陈述道："自从国王因为自己的植物学兴趣熬过第一次疾病打击之后，他就越来越喜欢植物园了。"（Gascoigne，1998：46）国王对植物的爱好，为班克斯进一步开展博物学活动提供了更加便利的说辞和理由。他说服国王向牙买加、好望角等地派驻皇家植物园采集师，为邱园增加了大量异域植物种类（Smith，1975：96 - 98）。同时，国王也参与了国内主要植物园之间的管理和交流活动，1793 年 6 月 4 日班克斯致西布索普（John Sibthorp）① 的信中，再次提及国王：

我非常高兴地通知你，国王已经指示皇家植物园园长艾顿先生持续地为牛津药用植物园提供植物，这样你们那边就可以分享邱园的收藏了。蒙王恩，我有幸管理这项事情的执行。

因此，我希望你能参照艾顿《邱园植物名录》，提供一份想要的植物名单；同时提供一份简单的说明，来介绍牛津药用植物园现在所拥有或者准备建设的保存或育植植物的便利装置，以便我能从该著作所介绍的引进物种中更好地选择你能够使之存活的植物。

---

① 西布索普（1758—1796），植物学家，皇家学会会员，曾在法国巴黎和蒙彼利埃分别师从大博物学家裕苏和布鲁索内，出版了《牛津植物志》（Flora Oxoniensis）、《希腊植物志》（Flora Greac）。

(Banks & Chambers，2007d：222)

虽然班克斯时常借助国王来完成自己的博物学事业，而且两者也可以结下深厚的友谊，但是班克斯从不希望自己以及掌管的皇家学会置身于政治漩涡中。18 世纪，欧洲列强为了争夺海上霸权和殖民地特权，时常发生大规模战争，英国不断卷入与荷兰、法国、西班牙等老牌强国的争斗之中。北美殖民地的独立，让国内政治形势风云突变，王权与议会之争也在这一时期进入白热化阶段。班克斯如何能在政治纷争之中"孑然独立"、不受打压，同时又能保持住与国王的关系呢？班克斯选择了远离帮派之争，他曾在公开场合多次宣称，自己不参与政治派别之争。但这并不代表班克斯没有自己的利益倾向：他的财富都在乡下地产上，因此，在政治事务中他本能地倾向于保守派，以保护大地主阶级的利益。班克斯的这种立场从来都不显于外，他以极其低调的方式强调自身的独立性，反倒强化了与乔治三世的关系。就像他的一位同盟者所评论："约瑟夫先生的政治原则，是高度保守的，正迎合了君主的喜好；作为一个乡村绅士，他从未参与那些烦人的议会生活，也未幻想着提高自己出生后的地位，就一定可以成为国王的朋友。"（转引自 Gascoigne，1998：44）

班克斯的批评者对他小心翼翼地培植起来的皇家友谊更是恶言相向，认为他完全是在国王的庇护之下才有如此高地位的。吉尔雷在图 4.1 的左上角画了一个光芒四射的太阳，说明毛毛虫是如何在阳光的照耀下成长为蝴蝶的。太阳之中有个王冠，寓意着班克斯是如何沐浴皇恩而成名的。斜跨胸前的绸带非常显明，是国王为了表彰他的功绩，授予他巴斯爵士时的绶带。这极具讽刺性和象征性的图画，映射出班克斯与国王的关系。

图 4.1　南海毛毛虫化成巴斯蝴蝶

4.1.2 殖民政府与帝国博物学

奥克兰爵士曾经幽默地戏称班克斯为"事实上的科学事务部部长"（Ministre des affaires philosophiques）（Gascoigne，1998：34），这足以说明班克斯作为皇家学会主席，在英国科学发展、科技政策制定以及科学管理中所扮演的重要角色。事实上，就班克斯所参与的活动和所做出的贡献来看，他完全配得上奥克兰这句玩笑似的"职位"——他将近代科学的重要性，更加准确地说是其实用性和商业价值，清晰地展现在了政府面前，并用实际行动——主要是为政府提供科技支持的方式，帮助政府提高效率，增强国家财富，并在此基础上扩大殖民领土。但另一方面，班克斯只是"事实上的科学事务部部长"，而非真正的、官方部门任命的科学部长。18世纪的英国政治体制中，还没有科学部长这一职位。班克斯这位政治独立的地主翘楚，在皇家学会的40多年里，积极参与政府事务，特别是那些与航海探险、博物研究等相关的课题。从这个视角来研究班克斯与政府的关系，可以窥见两者在什么意义上，或者说为什么能够如此长期地合作下去，即班克斯是如何通过自己的活动将几位重要的政治巨头联系在一起，并资助他的博物学活动。

仅仅用班克斯学识渊博、勤于探索、睿智进取来回答上述问题并不能让人满意。首先，班克斯本人热衷于探索异域世界的有用物品，以增进国家财富，因此愿意参与到殖民事业中来。在关于冰岛的一封信的备忘录中，班克斯首先回顾了冰岛统治权的变化，指出英国最早在这里自由捕鱼，只是后来英国将重心放在纽芬兰地区，因此冰岛被丹麦占领；接着分析了冰岛对大英帝国经济增长的重要作用：

> 如果冰岛能够部分向渔民开放，英国市场上就会获得大量的鱼，它们可以在半腌制状态下被带回国，估计会以一种极低的价格

来出售。而完全用盐腌制的鱼，虽然可以非常便宜地从该岛的北部地区得到，但从来都不受英国人喜欢。目前这种食用必需品的超高价格不会持续太久。

　　除了鱼类商品外，冰岛的硫矿似乎也是非常重要的物品。丹麦人几年前就试图开发，并且据他们自己说，由于利润优厚而刺激了一位投机商人。但是另一方面，他们似乎也没有提供出足以媲美意大利的硫的供应量：事实上，硫作为原材料如此便宜，英国是从一个独立国家还是自己的殖民地去购买就变得不再重要……（Hermannsson，1928：26）

　　班克斯在这封回忆录中，似乎表现了满满的失望。因为冰岛确实是个资源匮乏又土地贫瘠的地方。虽然气候足够温暖，树木品种也还可以，但都长得很小，几乎无作物可以生长。班克斯还记述 1772 年曾有统治者尝试种植过小麦、黑麦，但总是因为霜冻或风吹而失败，而在花园里经过精心照顾的芜菁、卷心菜、莴苣、豌豆、花椰菜等，倒是存活了。这个小岛很少种植土豆，但可以肯定，土豆会在这里繁荣生长。冰岛燃料稀缺（Hermannsson，1928：27）。

　　班克斯的冰岛之行让他成为英国最了解该地区的科学家之一，加上班克斯热衷于让冰岛成为英国版图的一部分。所以后来，班克斯逐渐成为英国政府冰岛事务的重要顾问。1801 年霍克斯伯里职位发生变动，从内政转向外部事务，也是在这一年，冰岛问题重新进入英国政府的考虑范围。英国政府曾想直接派遣军舰进驻冰岛，将主要官员控制起来，然后让居民在丹麦和英国之间选择一个作为统治者。但是后来由于政府犹豫，这件事情就搁浅了，但自此，冰岛一直在英国政府考虑范围内。1807 年 11 月 29 日，霍克斯伯里致信班克斯：

我把斯蒂芬森（Stephensen）的信返还给你了。我已经就此与国王的一些手下交流过了。他们一致认为你应该与他有更多的交流，并且通过他或者其他渠道，确定冰岛是否还能为国王保下来，至少在这场战争期间①能够做到。那样的话，冰岛渔业和贸易就应该得到保护。我希望我们能够得到他们海军的帮助。作为调解条件，我们不会反对释放一些停在里恩（Leith）的冰岛船只。（Hermannsson，1928：36）

从霍克斯伯里这封信的语气可以猜测，班克斯已经习惯性地参与到政府决策和国家之间的斡旋活动中；而政府也信任他，敢于将如此重要的事情交给他。1807 年 12 月 30 日，班克斯在回致书信中，向霍克斯伯里汇报了冰岛状况：

遵从阁下指示，我收集了所有与目前冰岛相关的能得到的信息，有些是 1773 年冰岛之旅时我看到和访问到的材料，还有些是现在居住在该岛上的居民提供的一些信息。

任何人看一下欧洲版图都会为之震惊，冰岛及其附近海域的群岛是一体的，并且在大英帝国的统治之下，他们才能称得上一个完美的"海军帝国"。冰岛 8 600 平方公里，大部分是荒地，气候被描述成最不适宜文明人居住……冰岛人非常活跃，先于哥伦布发现了美洲；但是在 17 世纪初，丹麦国王学习欧洲国家对待殖民地的方式，禁止丹麦以外的其他国家与冰岛进行交往；从那时起，这个努

---

① 1807 年 8 月 16 日英国进攻丹麦—挪威首都哥本哈根，此即哥本哈根战役（1807 年），直到 9 月 5 日丹麦海军投降，后丹麦—挪威政府决定大量制造小型炮舰对抗英国，开启炮舰战争（1814 年结束）。

力和进取的民族逐渐堕落成现在这种懒散的品格；丹麦商人以货易
货的方式伤害了贸易事业，固定的价格加上贸易的限制使得土著居
民什么都不想做。(Hermannsson，1928：36 - 37)

班克斯意识到了冰岛的贸易情况，于是尽最大努力将冰岛商人从控
制中解放出来。1808 年 1 月 2 日，班克斯写信给卡斯尔雷子爵，为被扣
留的冰岛商业船只求情，"至少要保证货物交易的正常进行"（Her-
mannsson，1928：41）。总之，在冰岛事务以及其他殖民事业方面，班克
斯都为政府竭尽全力出谋划策，甚至参与其中。

另外，在那个航海扩张和对外殖民争霸的年代里，海军部成为一个
非常重要，也非常活跃和有权势的政府部门，需要科学家的智力支持。
在某种意义上，拥有一支能征善战、装备精良的海军部队，意味着在殖
民争夺事业中领先了一大步。而海军部除了进行海战之外，还负责殖民
探索，也就是组织全球性航行，以寻找有利于增进英国财富的新大陆或
岛屿，寻求有商业价值的动植物或矿物资源。这与帝国博物学家的工作
联系了起来。另外，大英帝国的开拓者要在一个地方站稳脚跟，解决衣
食住行问题是首要的工作，而博物学家可以给出有价值的建议。因此，
帝国博物学的研究方式可以很容易地与海军部的工作融合起来。班克斯
恰恰有机会先后结识了海军部的两位大臣。他们由私人友谊开始，发展
到了广泛的工作联系。

在班克斯的所有政治联系中，最重要的是蒙塔古（John
Montagu）①，即著名的桑威治伯爵四世。他们是在切尔西认识的，班克

① 桑威治（1718—1792），早年入读伊顿公学，于 1735 年获剑桥大学三一学院录取，英
  国政治家、军人，曾三度出任英国第一海军大臣。

斯的母亲搬到切尔西居住后，成了桑威治一家的邻居（Gascoigne，1998：35）。两人具有许多共同的爱好，比如都喜欢垂钓，也都热衷于享乐。苏格兰哲学家休谟（David Hume）曾在信中描述过班克斯、桑威治以及后来的海军大臣菲普斯，他们坐在乡下旅馆里一起寻欢作乐。休谟回忆道，"随行的还有两到三位高兴的夫人。他们已经在那里度过五六天了，并且还打算在同一个地方过完本周和下周。他们的主要目标是享受鳟鱼季"（转引自 Fara，2003：56）。这是在 1776 年，正值英国在北美的殖民地宣布独立。休谟感到困惑的是，大英帝国都已经解体了，海军部的首领还可以花费三周时间在这里垂钓。这段描述足以反映出三人之间的亲密关系。

班克斯与桑威治的友谊帮助他打开了多道政府之门，甚至班克斯与国王之间的友谊，也有桑威治在中间提供建议。1778 年 12 月 3 日桑威治写信给班克斯：

> 在我看来毫无疑问，你以皇家学会主席的身份来见国王是最恰当的。国王也已经赞成你的提议了。所以你明天过来将是非常有礼貌的，并且在 1 点稍稍提前一会儿，我会很高兴在那里见你。（Banks & Chambers，2007a：184）

正是这位担任海军部部长的桑威治，帮助班克斯获得了尼格尔号和奋进号的登船许可，扫清了班克斯探索新大陆植物的障碍。两次探险之后，班克斯就已经成了享誉整个欧洲的大博物学家；而桑威治也在无意之间，建立起了博物学研究与航海探险之间的关联。正像一位给班克斯撰写讣闻的人所说，"这位贵族（指桑威治）资助了班克斯先生的所有计划，支持他所有的方案，来让班克斯所喜欢的研究得以提升，并且最后，还允许班克斯将自己的规划付诸实施"（Gascoigne，1998：36）。另外，在班克斯与桑威治的书信中，还多次提及探险队回归后航海日志的出版问题（Banks & Dawson，1958：617－619），桑威治一方面要将日志当作官方报告呈交给政府和王室，以彰显自己的功绩；另一方面要向公众展示政府尤其是海军部的工作成效。

桑威治对班克斯热衷的航海探险事业资助尤多。这一方面是因为，他手里掌握着巨大的资源，有权力也有资金来筹划航海活动；另一方面，进行航海探险、发现新殖民地也是他作为海军部部长的责任，利用班克斯的知识和形象可以为大英帝国带来利益，也可以提高自己在政府或公众心目中高效的形象。班克斯参加的前两次探险活动都是桑威治所主持的海军部组织的。因为他对航海活动的热衷，皇家学会委员会同意了他的会员申请，委员会认为"桑威治极力推进各项科学事业的发展……特别是他最近资助的极地探险"（Gascoigne，1998：39）。

但实际情况也并不完全像讣闻撰写者所说的那样——桑威治会支持班克斯的一切行动，他只是在可允许的范围内对班克斯提供帮助；而当班克斯的要求损害了他的私人利益或者海军部的利益时，桑威治会毫不留情地维护自己或者海军部的利益，这部分解释了班克斯为什么在求助桑威治失败后，宣布退出了库克的第二次环球航行。另外，桑威治利用自己的关系，在皇家学会内部给予了班克斯很大帮助。1778 年学会进行主席竞选时，桑威治发挥了在政治方面的专长，委托伯尼（Charles Burney）为班克斯拉选票（Gascoigne，1998：37）。

休谟的信中还提到了班克斯的另一位朋友菲普斯，他是班克斯第一次海上探险所乘坐的尼格尔号的海军首领。菲普斯曾在海军委员会（Admiralty Board）和乔治三世的枢密院工作。与菲普斯的长期合作使班克斯在政治领域具有了坚强的支持者。因为菲普斯十分赞同班克斯的观点，即认为大英帝国可以利用科学探险活动，来获得更多的商业利益和战略利益。比如，在菲普斯的帮助下，班克斯组织了 1785 年对北美西北海岸的考察，另外他还推动了施恩号的南海之行，去实现班克斯极力主张的博物学计划——从塔希提岛向西印度群岛移植面包树。

与桑威治一样，菲普斯不仅帮助班克斯打开了与政府的合作之门，而且在班克斯当选皇家学会主席，以及平定 1784 年学会内部纷争等重大事件上，忠诚地站在了班克斯一方（Gascoigne，1998：42 - 43）。

此后，在海军部的远洋探险筹备会议中，经常有班克斯的身影，这点可以从班克斯与海军部官员的往来书信或班克斯参加海军部会议后的备忘录得到确证。如 1800 年 12 月 12 日班克斯在海军部参加探索者号（Investigator）的备忘录里，详细记述了初步达成的决议："海员 60 名，中士 1 名，海军 12 名，舰长 1 名，海军上尉 2 名，事务长、管家、枪手、木工、水手长共 5 名，弗林德斯（Matthew Flinders）① 希望在上述名单外添设一级准尉，并为其配备 2 名候补军官……"（Banks & Dawson，2012：221 - 222）参加这次会议的还有当时的海军大臣（First Lord of the Admiralty），足以说明会议层次之高。

这次会议是班克斯帝国科学模式的一个典型缩影。当时的英国政府对法国在南海地区的探索极为嫉恨，于是海军部和科学界迅速地行动起来，这次会议后，探索者号迅速进入了筹备状态。除了上述安排外，班克斯还提出建议，要求在海船上补充"文明之师"：包括博物学家、植

---

① 弗林德斯（1774—1814），海军官员，水道测量家，从父亲那里学习了航海术、地理学、几何学等。弗林德斯多次航行于南海，以航海日志为基础出版了在南威尔士的所见所闻，澳大利亚（Australia）这个名字最先便是他提出的。

物绘画家、风景画家、园丁、矿物专家以及来自经度委员会的天文学家（Banks & Dawson，2012：222）。

班克斯似乎对这次南海探险活动充满憧憬并感到极为兴奋。会议结束的当天，班克斯就给年轻的博物学家布朗（Robert Brown）[①] 写信，希望能把他作为博物学家安排进探险船员中：

> 今天海军部下达命令，要派遣船只开往新荷兰（new Holland），以探索那里的博物学资源。会议已经决定，要派遣博物学家和植物绘画家加入船队。
>
> 博物学家的薪水是每年 400 英镑，而我计算这一年的总花费顶多也就是 100 英镑。如果你有意接受这份任务，那我理所当然会推荐你。如果你接受了，就必须尽快来这里，因为海军部想尽快办理一整套设备，包括月底就要出发的那次航行。然而，这一切取决于你，在收到你的答复之前，我不会再举荐别人了。对于这次航行，我希望你听从自己的内心，我估计这次出行至少要三年的时间。（Banks & Dawson，2012：223）

班克斯煞费苦心地劝说布朗之后，又主动从海军部为布朗争取到了不菲的佣金，之后班克斯把布朗安排在自己的图书馆和标本馆进行短期集训，为即将到来的远航进行学术储备。海军部痛快地答应了班克斯的大部分建议，因为班克斯是当时最有经验和最有权势的探险科学家，海

---

① 布朗（1773—1858），植物学家，皇家学会会员。1810—1820 年期间担任班克斯的图书馆和博物馆的管理员。他是那个时代最著名的博物学家之一，发现并命名了细胞核。另外，他首次注意到并描述了悬浮粒子的不规则运动，即以他名字命名的"布朗运动"。1827 年，班克斯的标本捐给了大英博物馆，而布朗顺理成章地成为植物部门的管理员。

军部可以方便地利用班克斯对博物学探险的热情，组织有效的远洋探险。如若取得成功，英国海军部就不会被本国民众指责不作为而远远落后于法国了。

两天之后，班克斯又马不停蹄地向当时的海军部大臣斯宾塞（George Spencer）[①]推荐植物绘画家和风景画家了。班克斯致信海军部官员，向其介绍了鲍尔，说鲍尔可能是欧洲范围内能找到的水平最高的植物绘画家了；至于风景画的心仪人选亚历山大[②]，因其夫人生病无法成行，只能拜托斯宾塞夫人另寻他选了（Banks & Chambers，2012：224）。

班克斯与斯宾塞的书信内容包含着明显的民族国家因素，尤其是与法国的竞争，成了他们谈论航海和科学事业的最大动力。月底，班克斯又给斯宾塞写了一封长长的书信，主要内容就是比较法国在 1800 年 10 月份派到新荷兰的考察船，与他们日前筹备的探索者号之间的差别，比如科学队伍的大小、航海目标的设定、路线的选择等，每一处都充满了两国之间的较劲。当然，班克斯也忍不住指出了法国探险队的业余：10 月出发开往新荷兰或许是最差的时机了，因为到达目的地时正好赶上初冬。班克斯接着分析了法国探险队的阴谋，认为他们希望借此能够避开英国的巡逻船（Banks & Dawson，2012：233）。书信的结尾，班克斯念

---

① 斯宾塞（1758—1834），政治家，皇家学会会员。从小受到良好的教育，在著名的哈罗公学、剑桥大学三一学院读过书，最后获得牛津大学名誉博士学位。作为辉格党成员，斯宾塞上台的时候正逢法国大革命以及英法战争期间。他于 1794—1801 年在小皮特政府担任海军部大臣，注重科技创新，极大地提升了英国海军实力。接着短暂担任了英国内政部官员，之后便退出政府管理自己的地产和图书馆。1813—1825 年担任英国皇家研究院主席。

② 亚历山大（1767—1816），绘画家，大英博物馆管理员，曾随马戛尔尼大使团参加了中英第一次外交活动。这次活动中的绘画作为斯当东著作的插图而得以出版，主要反映了中国的服饰和风景，极大地影响了英国的装饰艺术，使英国刮起一阵中国风。

念不忘他的博物学考察，他建议斯宾塞能够安排船只在东海岸多逗留些时日，以便博物学家能够寻找一些有价值的物种资源，画家能完成一定量的画作（Banks & Dawson，2012：235）。

在另外一封写给菲利普·金（Philip King）① 的书信中，班克斯再次提及了法国这个船队。班克斯时刻关注着法国这个在科学和国家实力方面最强劲的对手，利用一切机会来获得法国的活动细节，避免英国落后了。

> 我猜测，它们②主要是想访问法国群岛（或叫波旁群岛），对岛上居民施行资助，防止他们脱离共和国。假如事情如我猜测，他们应该会去拜访您，我想请您找到他们中愿意告知一二的人，以获取他们此次法国群岛之行的过程，以及尽最大努力获知他们在那里都做了什么事情。我想，如果他们真能保密，那将是很怪异的，他们更有可能全盘托出。（Banks & Dawson，2012：249）

4.1.3　商贸公司与帝国博物学

工业革命促进了工商业的进一步发展，英国商人纷纷将视线转往海外，他们要求成立商业公司，开展海外贸易。对英国政府来说，这种全

---

① 菲利普·金（1758—1808），海军官员，殖民地官员。菲利普·金从 1770 年便加入了海军，在东印度和美洲地区服役。1786 年作为海军少尉随船第一次来到了新南威尔士。1788 年接受命令，带领 17 位男性和 6 名女性占领了诺福克岛，企图在那里发展亚麻事业。这个计划虽然失败了，但金极大地改进了该岛的农业生产和园艺育植，使这里成为接收重刑犯的殖民地。1798 年开始，在班克斯和海军部官员支持下，开赴新南威尔士担任总督，在这里他进行了一系列社会变革和博物学实验，如禁酒令、绵羊育种等，他还试图开发当地的煤炭资源、林业资源以及渔业资源。

② 指法国的两艘探险船。

球性的贸易活动不仅可以为国家带来丰厚的利润，更可以进一步击败欧洲传统列强，夺取海上航路和贸易垄断权，控制对本国商业活动有利的据点和地区。在这种背景下，1600 年 12 月，英国东印度公司成立，它是由一群有创业心和有影响力的商人所组成的。公司最初的名称是"伦敦商人在东印度贸易的公司"（The Company of Merchants of London Trading into the East Indies）。伊丽莎白女王颁布特许状，授予该公司在东方贸易的专利权，这是英国在东方，乃至全球贸易走向繁荣的开始。到 18 世纪初期，东印度公司已经初具规模，由最初股本 3 万英镑的小公司，发展为总资产 320 多万，股东 3 000 名的大公司（张亚东，2004：84-87）。贸易范围也随着公司规模扩大了，到 18 世纪下半叶，英国东印度的船只穿梭于世界各大洋之间，在亚洲、非洲、北美、大洋洲都能见到公司人员忙碌的身影。

　　奋进号返航后，班克斯很快就成为英国最著名的博物学家。加上他与国王、海军部的私人联系，使东印度公司管理层更乐于与他合作，双方建立起日益紧密的互惠合作关系。东印度公司可以利用班克斯的博物学知识和他与政治高层的关系，实现经济利益的最大化，而班克斯则可以借助公司在全球的网络，为自己的博物学采集和研究工作服务。1788 年班克斯主动致信东印度公司管理委员会，商讨茶叶育植事宜（Banks & Chambers，2009：370）。1789 年，东印度公司主席戴维内斯（William Devanes）① 致信班克斯，商讨优质绵羊引进和育种问题：

　　　　东印度公司管理委员会已经从印度弄到一只绵羊和卡希梅利安（Cassimerian）公羊，希望提高英国绵羊的品种，产出更优质的羊

---

① 戴维奈斯（1730—1809），英国议会议员，东印度公司副主席，后来成为公司主席。

毛。东印度公司管理委员会想要将它们呈现给国王，并委托我来咨询您，以什么样的合适的方式来做这件事。绵羊现在已经在格雷夫森德（Gravesend）上岸了，我将非常荣幸能收到您关于这个问题的建议。（Banks & Chambers，2010：17）

这些活动让班克斯与东印度公司之间的关系越来越紧密。随着贸易额的逐渐增大，东印度公司为了方便交易，在全球各地设置了多处联络点，安排人员长期驻扎在那里，为公司寻求物美价廉的商品。而在18、19世纪的英国，恰好博物学和园艺事业蔚成风气，这保证了旅居海外的英国人中，有许多工作人员对博物学充满兴趣且有相当的知识。他们因地之便，也就成为班克斯所倚重的最佳博物学收集者，长年累月从世界各地为班克斯收集博物学标本。按照身份，范发迪将他们称之为"贸易者兼博物学家"（范发迪，2011：10-12）。因此，班克斯也可以反过来利用东印度公司在全球的领地和工作人员来从事博物学收藏和经济作物移植实验。

比如，18世纪晚期，英属东印度公司在广州商馆大约有12名正式员工，到19世纪初期，这个数目增长近一倍。这些员工中，大多是吃喝玩乐之徒，但也不乏出身良好、认真追求学问之人。英国汉学鼻祖小斯当东（George Thomas Staudon）① 便是其中一位。他与同时代许多受过良好教育的绅士一样，对植物学相当精通。后来的马礼逊（Robert Marrison）、里夫斯同样对博物学有浓厚兴趣，对班克斯充满敬佩之情，于是便主动承担起为班克斯收集中国珍稀物种的任务（范发迪，2011：

---

① 小斯当东（1781—1859），皇家学会会员，林奈学会会员。1799—1817年作为东印度公司职员留居广东，第一位英国汉学家。为与其父亲相区别，称为小斯当东。

13 - 14）。而公司配备的医师邓肯兄弟（John Duncan & Alexander Duncan），则是想利用班克斯与东印度公司管理层的密切联系，为自己谋取实际利益。在获得班克斯的鼎力相助之后，便投其所好，长期担任了班克斯的采集员（程美宝，2009：147 - 148）。

与采集标本一样，把动植物从世界各地运回英国，也得仰赖东印度公司的人员、机制和船只。这些博物学物品需要占据船只的一些空间，如果能用来多装载商品，公司便可获得更大的经济利益。因此，能将这些"毫无价值"又占地方的收藏品放到船上，也是仰仗了班克斯的地位以及在东印度公司的影响力。另外，"干燥的种子、球茎、活株植物、宠物和家禽统统被装上船，与茶叶、瓷器、大黄、肉桂和其他中国商品堆放在一起……要让这些异国植物平安度过如此漫长的旅程，对那些晕船的园丁来说不是件小事，这在当时是能让很多大博物学家头疼失眠的事"（范发迪，2011：29）。

博物学收藏品上船之后，就得听任船长和海员处置。碰到爱好植物且有相关知识的船长，运送植物活株和标本的成功率就会高很多；反之，碰到对植物没有兴趣，或者空有兴趣、热情，但又缺乏专业知识的船长，博物学家辛辛苦苦收集到的珍奇动植物，就可能会葬身大海。班克斯利用自己在东印度公司高层的私人联系，尽可能将来之不易的远方收集品交给可以托付的船长。这些船长大多收入很高，普通的小恩惠并不能唤起他们对植物运输的热情，因此，班克斯总是试图让他们享受学术荣耀，比如将某种奇花异草引进英国的第一人称号赠送给他们（范发迪，2011：12），或者将他们引荐给王室或海军部。

班克斯与东印度公司最重要的合作方式之一是殖民地植物园的建立。班克斯重视殖民地植物园的建设，是想利用植物的商业价值为大英帝国服务；同时，利用与当地居民接触的机会，习得精湛的地方性知识和技术。而东印度公司则利用班克斯的知识和影响，在殖民地移植经济作物，为公司创造更大的利润，为公司员工在新殖民地的生活提供保障。从这个层面看，班克斯在本质上就是一位扩张主义者和殖民主义者，他坚定地相信，英国是这个世界文明化的最大推动力，有责任推动世界的文明进程（Synder，1994：93）。而植物园的组织和建立，在某种程度上增强了大英帝国的统治力。东印度公司进口的一些商品，如茶叶、棉花、亚麻，如果能在殖民地得到种植，就会为公司省下大笔的交易费用，因此公司也欣然同意班克斯等人的建议，在世界各主要殖民地建立大型植物园，以种植英国需要的农产品。如西印度群岛的圣文森特植物园和圣托马斯植物园，印度的加尔各答植物园，以及锡兰植物园（Brockway，1979：75）。

东印度公司也发现了博物学活动的价值。1785 年 12 月 9 日，班克斯写给阿美士德（William pitt，Earl Amberst）[①] 的信中曾提到，东印度公司委员会认为自己有责任在阿美士德所率领的开往中国的大使团中，提供博物学活动所需要的人员和物资储备。信中还提到公司为博物学工作者提供的薪水，以及对他们的要求，班克斯也允诺，定会帮助公司处理博物学家采回的植物（Banks & Dawson，1958：18）。

这些植物园虽然并不隶属于邱园，但从规划、建立到运行模式，都大量借鉴了班克斯在邱园的管理模式。殖民地植物园的管理者与班克斯保持着密切的工作联系或者深厚的私人感情。从建园策略、管理模式到

---

① 阿美士德（1773—1857），英国外交官，1809—1811 年任驻那不勒斯宫廷使节，协调抵抗拿破仑的军队，战胜拿破仑后，于 1816 年代表英国率团访华，要求改定通商协定，然而清廷与英国双方因为在礼节上出现分歧，阿美士德坚持说即使见英国国王他也没有行叩头礼的习俗，结果未获嘉庆帝接见即被赶出北京。访华活动结束后，阿美士德曾于 1823 年至 1828 年出任印度总督。

种子来源、种植方法，无不接受班克斯的直接领导和指示。加尔各答植物园的建立者基德和后来的管理者罗克斯伯勒，经常就植物育植方法和种子来源求助于班克斯。因此，从某种程度上可以说，殖民地植物园是邱园在异域的翻版，或者说是分支。东印度公司提供土地和所需要的资金，班克斯则提供技术支持。他们在遥远的殖民地，为邱园建立起众多的卫星植物园，或者干脆称之为异域邱园。

当时东印度公司的几届领导，几乎都与班克斯保持了合作关系。东印度公司对植物经济效益的追求与班克斯对植物栽培的热情及为国家谋取财富的使命感完美地结合在了一起。1801 年 1 月，东印度公司主席英格利斯（Hugh Inglis）① 致信班克斯，言辞恳切：

> 我很感激您为亚麻种子的事所付出的劳动，但如果您能把操作说明一起传递到受托人多米尼克斯（George Dominicus）手中，那就更好了。请你把这个过程的花费告知于我，我将指示工作人员尽快按照您提供的数目做出补偿。再次向您表达我深切的问候。（Banks & Chambers，2012：247）

1801 年 4 月 24 日班克斯又致信东印度公司，说应公司委托，随信附上了自己购买的亚麻种子，计划运往印度种植。随后班克斯还不经意间透露了自己的"无奈"：海军部的委员会如此信任我，以至于每次航海船只的筹备工作细节都要我来帮忙，这使自己压力很大（Banks & Chambers，2012：321）。同天还有一封信是写给东印度公司董事埃尔芬

---

① 英格利斯（1744—1820），商人，东印度公司董事，1796—1797，1799—1800，1811—1812 年担任公司副主席；1797—1798，1800—1801 和 1812—1813 年担任公司主席。他协助班克斯在印度地区建立了胭脂虫基地。

斯通（William Elphinstone）的，信中班克斯谈到皇家船只探索者号计划去探索范·达尔曼岛（Vandiemens Land，后重命名为塔斯马尼亚）与新南威尔士岛之间的海峡，这样东印度公司就可以去探索新荷兰海岸线或者其他海峡，如此效果可能更佳。公司可能会获得巨大的商业利益，还有可能在这个矿产资源丰富的王国有意外发现（Banks & Chambers，2012：322）。

5月份的时候，英格利斯又给班克斯回信，提到如何按照班克斯的建议给船上的博物学家、园丁、亚麻耕种者、矿工等人员提供资助，其中特别提到要为负责亚麻移植的人提供培训及尽可能的方便（Banks & Chambers，2012：330）。由此可以看到，班克斯与东印度公司的书信中经常充满着赤裸裸的利益考量。

另外，其他一些小商贸公司，如塞拉利昂也会向班克斯寻求有价值植物的利润实现办法，而班克斯则会利用自己的知识为商贸公司和大英帝国提供建议。1793 年 8 月 16 日，尼平（Evan Nepean）[①] 给班克斯写了一封密信，书信传达了内政部官员邓达斯（Henry Dundas）[②] 的愿望：从邱园和布莱（William Bligh）带回的收藏品中分发部分植物到塞拉利昂（Banks & Chambers，2011：148）。班克斯在同一天就给尼平回了信：

> 我即将暂时离开伦敦，因此无法遵从国王和政府指令，来答复塞拉利昂公司的申请了，虽然这些都在我的权限范围之内且自己对

---

① 尼平（1752—1822），政治家，殖民地官员，皇家学会会员。年轻时曾参加过多次探险活动，之后曾在英国内政部、海军部工作。1812 年，尼平接受英国东印度公司委任，成为印度孟买地区长官，1819 年回国。在此期间，他为班克斯输送了来自印度西海岸的大量种子、活株植物、水果和观赏性花卉。
② 邓达斯（1742—1811），苏格兰人，政治家。1791 年担任英国内政大臣。

此保有无限热情。

　　事实上我已经思考过问题的答案了。我认为，布莱船长带回的有价值的水果最好用到新殖民地建设上，这样会更好地发挥它们的效用；其中一些植物要留出来栽培到邱园，虽然它已经是欧洲最大的植物园了，但塞拉利昂地区的植物还很稀少。公司带回植物也会获得丰厚的回报，国王应该同意这样的请求。

　　如果国王愿意满足公司，我将很荣幸地指明满足公司申请的方式，我会写信给邱园的艾顿。（Banks & Chambers，2011：149 - 150）

从中可以看出，班克斯希望得到非洲塞拉利昂地区运来的种子和标本，以此扩大邱园的植物收藏，同时班克斯也希望能够帮助塞拉利昂的殖民活动，为殖民者提供有价值的植物和专业知识。班克斯凭借自身的地位和影响，使得商贸公司和政府在开辟新殖民地时总是要向他寻求帮助。

4.2　采集者与植物园

4.2.1　植物猎人

班克斯是皇家学会主席、皇家植物园邱园和大英博物馆的顾问，掌控着英国最为著名的博物学研究机构和工作人员。因此，这一时期英国博物学的每一步进展，他都了然于心，甚至直接参与其中。下面主要考察帝国博物学网络的最外端，也就是分布于世界各地的植物采集员，分析他们在帝国博物学网络中的身份、地位、博物学兴趣、生活方式、与资助者的关系，以及他们在 18 世纪这个殖民大背景下，为科学活动所做的实际贡献。

帝国博物学网络中存在着不同目的的采集者。首先是目的和行动最单一的采集者，一般由班克斯通过个人或邱园等机构培训，并向世界各地派出。他们听从班克斯的统一调度和指挥，在遥远又陌生的国度克服种种困难，为邱园搜寻着先前未知的动物和植物，尤其是那些具有重要经济价值、观赏价值或者药用价值的植物。采集者小心翼翼地将收集到的植物或种子交到过往的英国海员手中，并连同了解到的有关该植物的生长环境、培育方法和生产手段的情报一并附上。归航船员将物品交到索霍广场 32 号，由班克斯鉴定这些新物种的价值、使用和去向。而采集者，则可以获得邱园定期寄给他们的生活费用。

波兰博物学家霍夫（Anton Hove）[①] 就是班克斯和邱园雇用的职业植物猎人。1787 年 1 月 7 日，班克斯致信霍夫：

> 　　国王乐于信任你能为皇家植物园邱园提供新的和稀奇的植物。不管你乘坐的船只在哪儿，只要一靠岸，你都应登陆采集种子或制作标本，另外，在所有人当中，你是最熟悉邱园植物的，知道哪些植物是花园已经有的，哪些植物是花园中没有的。就像上次受雇在非洲海岸工作一样，你绝不会只被那些有药用价值的或者结构稀奇的植物所吸引，而忽视那些很小且难看的植物，不管美丑，你会秉持同样的爱好。（Banks & Chambers，2009：150）

班克斯在信中还提到，请霍夫多采集，并尽自己能力做好标记。采

---

① 霍夫，植物猎人，供职于邱园和贸易委员会，曾被派遣至西非海岸和印度等地。

集的物品一份寄给自己，因为自己也是为国王服务的；另一份寄到孟买委员会。信的末尾有班克斯的备注，是一份关于霍夫薪酬的公开说明：

> 他的薪水是年薪 60 英镑，从 1787 年 3 月 1 日开始；另外还有购买装备用的津贴 50 英镑，旅行费用 50 英镑。
>
> 回家的旅费暂未支付。
>
> 他将于 1787 年 4 月 2 日收到指导说明后登上拉金船长的沃伦·黑斯廷斯号。(Banks & Chambers，2009：151)

而这份公开说明后面则是一份私人指导说明，是写给霍夫一人看的，这封信更能反映出班克斯派遣霍夫的真实意图，整个长长的说明都是教导霍夫如何收集和记录这种优质棉花，可见此时，班克斯对棉花价值的重视再次超越了采集其他普通的新物种：

> 你此行的主要任务是为西印度群岛寻找品质优良的棉花种子，恰好是在你要居住的阿莫德（Ahmood）。你要努力使自己成为种植该种棉花的专家，并将你对土壤和种植方式的观察及时传回来。你要将持续观测作为自己的主要目标，而为皇家植物园采集植物放在第二位。(Banks & Chambers，2009：151)

从这封信冗长的表述可以反映出，班克斯在植物移植方面尤其是重要经济作物的移植方面十分关心并且事无巨细。而在 4 月 3 日的书信的备注里又提道：

> 如果你能在你必须旅行的这些国家里，发现一种棉花的自然颜

色恰如我们从中国进口的南京布料的颜色，那么你就要格外关注它，并且尽可能地使你成为育植该品种的专家，然后带回它的种子以及纺织品标本。(Banks & Chambers，2009：176)

除兢兢业业完成班克斯的任务外，霍夫还走出古吉拉特地区做了大量的搜寻工作，以收集不同的棉花标本和种子，并记录棉花的生产方法。他还找到其他一些有用植物，主要是药草和染色植物。由于霍夫出行之前接受过很好的医学培训和植物学教育，因此可以顺利完成任务。但霍夫在该地区的生活确实苦不堪言，社会非常混乱，条件极度恶劣，他不得不雇佣军人来担任保镖；另外还要应付贪婪高傲的当地官员，因此，本就不多的薪金变得更加捉襟见肘了（Drayton，2000：38）。

克尔与霍夫一样，属于职业采集人。对班克斯而言，中国这块未征服的古老大地上，有种类繁多的奇花异草。而自乾隆闭关之后，外国人只能在广州等地的通商口岸活动，无法深入内陆。条件的限制没有让班克斯望而却步，反倒是进一步激发了他对中国博物学探索的热情。班克斯将邱园的园艺师克尔派往了中国。但克尔在中国不受欢迎，在广州分行也是"无人可以交往"。有人曾把克尔的困难情形汇报给班克斯："克尔除了遭到冷落外，还因为邱园给的薪水太微薄，而使他处境窘迫。虽然每年100英镑的薪水，对英国国内的园丁来说并不算差，但在驻华洋人的社会里，因为许多生活物品都靠国内运来，价格高昂，这笔钱只能算少得可怜。由于阮囊羞涩，克尔的社会地位在他的中国助手眼中都大打折扣。他的性格大大转变，开始酗酒，与下贱人交往，最后竟致无法履行采集员的职责。"（范发迪，2011：18）班克斯知道这件事后，曾动用自己的私人关系帮助克尔改变生活现状。

1805 年 4 月 12 日给小斯当东的信中，班克斯请求小斯当东来照料这位遭遇困难的邱园采集员，并在可能的情况下，寻求中国先进的农业种植方法（Banks & Dawson，1958：784）。但出于某些原因，小斯当东告诉班克斯，自己无能为力，只能在有可能时救助克尔。同时小斯当东建议说，如果能再次派人出使北京，克尔将会有更大的舞台来发挥作用（Banks & Dawson，1958：784）。

植物采集为年轻博物学家提供了一个探索世界的绝佳机会，也为他们提供了一份积攒经验、增加资历的有偿学习之旅。借助这些经历，加上班克斯的推荐，他们可以较为容易地进入博物学研究领域，比如，成为皇家学会会员，或者皇家园艺学会会员，借此去开辟更为成功、更为有意义的职业生涯。"以往邱园或园艺学会的植物采集员如果圆满达成任务，并有许多重要发现的话，那么他的前途多半一片大好……担任植物采集员的经验使他可以在大型私人苗圃公司中谋得好的位置，或者也可能会被任命为某个殖民地植物园的园长，就像克尔那样。克尔在中国任职期满后被调到锡兰去做当地植物园的园长。"（范发迪，2011：195）但也有些采集员，历经磨难，但最终一事无成，穷困潦倒，甚至客死他乡。

除此之外，还有一些采集者，他们并非由邱园或班克斯派出，但主动承担了为班克斯输送博物学标本或知识的任务。有一些是东印度公司的商人，他们多半是业余博物学家，投其所好，为班克斯奉上珍稀物种，向这位权势巨大的博物学帝国掌舵者献媚。而作为东印度公司的科学顾问，班克斯与公司管理人员有着良好的关系。他利用这种影响力，让身在广州的公司人员为他服务。前面提到的邓肯兄弟便是班克斯在中国最得力的通讯员和收集者。从 18 世纪 80 年代中期开始，他们不断给班克斯提供花鸟虫鱼以及植物种子、活株或者标本。特别是受班克斯所托，多年来为班克斯热切地搜寻各种牡丹。而作为报酬，班克斯帮助约翰·邓肯谋得每年薪水增加 200 英镑（Banks & Chambers，2009：140），为亚历山大·邓肯谋得了东印度公司医师的职位。关于兄弟两人与班克斯的关系，程美宝教授的"班克斯爵士与中国"已经有详细的介绍，这里不再赘述。

东印度公司的茶叶督察员里夫斯也为班克斯本人和英国园艺学会提供了大量博物学资源和信息，最大的贡献当属他运回英国的 1 000 多幅博物学图鉴（范发迪，2011：56）。它们为英国本土博物学家提供了大量科学信息，而且很长一段时期里，都是有关中国为数不多的有效博物学资料。现在，这些图鉴与班克斯航行期间所收集到的图画一起，藏于英国自然博物馆的一间大房子里。

当然，这些业余采集者当中，不乏因为对博物学具有浓厚兴趣而为班克斯工作的。他们为能够发现新物种而感到高兴，对班克斯心怀敬畏，这种工作上的联系完全是因为学术兴趣而建立起来的。采集者将发现的新物种寄给班克斯，由班克斯和索兰德鉴定。如果是新的物种，两人还要为它命名，而此时，班克斯常常投桃报李，用发现者的名字来命名新植物，以表彰发现者为发现该物种所做的贡献。或许，这也是博物学爱好者主动为班克斯采集植物的动力之一。

麦凯（David Mackay）从现有的班克斯信件中，找出了 126 位散布于欧洲之外的植物采集者。因为书信遗失、资料不全等原因，这个数据并不能囊括所有为班克斯采集植物的人，但却可以包含采集者中最重要、最活跃的一批。按照职业，可以将他们粗略地分为五类（见表4.1）。

表 4.1　班克斯采集植物人员及其分类（根据 Mackay，1996：39-43 翻译制作）①

特征职业	博物学家	医生及药剂师	官员	海上工作人员	其他
人数	38	31	34	6	17
特征	大部分人受过较好的博物学训练，有良好科学素养，甚至能掌握林奈体系	主要工作于海军、东印度公司或殖民地，多受过植物学方面的教育，苏格兰人是主力军	主要指殖民地官员，他们对所管辖地区有控制权，常能对博物学活动施加很大影响	主要是些无名海员，他们负责照料船上物品，把采集员收集到的动植物安全送达目的地	很少参与博物学活动，只是偶然的机会为班克斯的博物学活动添砖加瓦
代表人物	William Kerr, Francis Masson, William Roxburgh	John Duncan, Mungo Park	Robert Hooke, Arther Philip, Henry Hamilton	Allan Cunningham, Brodie Hepworth	William Jones, Hester Stanhope

　　麦凯选择以植物采集者的身份为标准，一方面，具有明显的优越性。这种分类方式可以在一定程度上给出采集者的地位、活动能力、活动方式、基本受教育水平、为班克斯输送植物的目的，以及与班克斯的交往方式。另一方面，该分类方式也存在一个不足之处，即这种分类方式必定是模糊的，有重合的。比如，医学实践者可能同时也是优秀的博物学家，如林德；殖民地管理者同时也可能是优秀的博物学家，如菲利普（Arthur Phillip），但分类的清晰度并不影响要说明的问题。

　　从采集者的分布范围来看，除南极洲外，班克斯的采集者遍布世界

---

① （本表是作者根据麦凯文章中的数据统计并绘制而成：第一类，博物学家，主要包括园艺学家、园丁、植物学家等；第二类，主要包括内科医生、外科医生、药剂师等；第三类，主要包括文职官员、官僚或军队将领；第四类，主要是海军将领、商业头领、航海家、探险者等；第五类，主要是一些长期的旅行者，著名的东方学家，法官，囚犯管理者等。）

各个大洲，甚至在寒冷的北极地区，也有过几次航行活动。比如，在班克斯的推荐下，他在牛津大学读书期间邀请的年轻数学家、博物学家里昂，1772年随菲普斯的船队进行了北极探险。从酷热的赤道，一直到严寒的极地，都有为班克斯效力的植物采集者（Mackay，1996：43）。

　　班克斯触角指向的普遍性，并不意味着他对所有地区兴趣都一样或者控制力都一样。从采集者所处位置的地理分布，就可以大致分析出班克斯的主要活动区域。米塔绘制的1783年以后"班克斯的采集者与植物园"（图4.2）提供了一个简单、清晰的分析工具。从图示来看，印度与东南亚、西印度群岛、太平洋诸岛与澳大利亚是班克斯采集者的主要活动区域，接着是中国广州、中美洲等地，这在一定程度上说明，班克斯对这些地区保有着持续和广泛的兴趣。但值得注意的是，"采集者分布的多寡，并非班克斯对这一地区植物学兴趣的直接指示器"（Mackay，1996：45），因为除了兴趣之外，还有很多因素可以影响班克斯对某一地区进行采集员的派驻。

　　首先，能否进入以及在多大程度上可以进入。最明显的例子是中国和印度。自马可波罗以来，欧洲旅行家对中国文明的描述吸引了一代又一代的人。班克斯作为当时欧洲见闻最广、最有权势的博物学家之一，自然会对中国丰富的自然资源"垂涎"不断。况且，他们的对手——法国博物学家，对中国的探索和研究远远超过英国同行，这一点让班克斯特别难以接受。但1757年乾隆帝实行全面闭关以后，英国商人和博物学家想要进入中国内陆就几乎不可能了。

　　而印度则不同，自从1600年英国在此建立东印度公司以后，英国对印度的控制就逐步升级。1784年议会再颁布《印度法》，规定统治印度的最高权威是政府而不是东印度公司，从而把印度的治理置于政府管辖之下。这项法律奠定了英国统治整个印度的基础，而班克斯完全可以

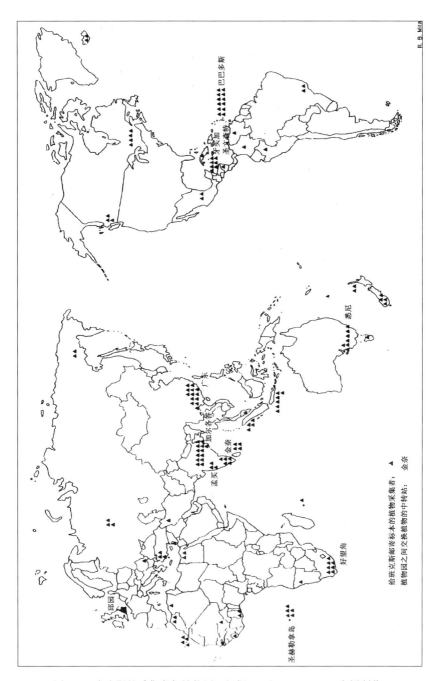

图 4.2 班克斯的采集者与植物园（根据 Mackay，1996：44 翻译制作）

利用自己与东印度公司，或者与政府高层、王室的关系对这一地区进行博物学考察。这也解释了为什么位于印度地区的植物猎人，在与中国地区的植物采集者相比时，分布范围更广，人员数量更多。

其次，采集者的多寡还会受已有研究的影响。18 世纪下半叶的北美与印度一样，很多地区在英国控制之下。但图中显示，位于北美的采集者数量并不多，跟印度相比，甚至是微不足道的。这是因为，在班克斯年代，博物学家对北美，特别是北美东北部的研究已经较为成熟。麦凯分析道："或许更有说服力的是，英国（博物学家）对于在美洲地区做出新的植物学发现和实验没有多少期待。"（Mackay，1996：46）与之相反，新近发现的澳大利亚和新西兰则备受班克斯关注。1790 年后，班克斯利用自己的财富，资助了一批受过专业训练的植物学爱好者，把他们派往新南威尔士，如前面提到过的布朗和园艺师古德（Peter Good），一起参加了探索者号，对澳大利亚植物做了较为专业和全面的描述。

4.2.2　帝国植物园

近几十年来，科学史家在研究国家或地区关系时，开始更加关注科学文化，尤其是那些发挥了重要作用的博物学知识及相关的探险活动，成了新的论述热点。而那些建立在全球各地的帝国植物园，在殖民扩张和掠夺过程中发挥了重要作用。布罗克韦在《科学与殖民扩张：英国皇家植物园的角色》中考察了英国人在欧洲以及他们游历过或开辟为殖民地的地方创办的植物园——如邱园、加尔各答植物园、牙买加植物园、圣文森特植物园等——在殖民扩张中的作用，着重介绍了 19 世纪以后的邱园。

殖民地种植园的创建，使欧洲人能够通过贩卖黑奴和移植植物，合理调配全世界的人力与自然资源。接着，欧洲的殖民者就可以从中获利，并在这一过程中成为天然的政治家和权力拥有者。哈丁指出："正是欧洲人利用强制性或奴役性劳动的种植园体制，站在支配地位上组织和指导着两个半球之间的各种作物交换；正是欧洲人在制定所有游戏规则和获得利润，从而为其工业社会积累资本，而同时扭曲那些供应材料和劳动力的社会。"（哈丁，2002：65）而由于这种移植，新植物的提供方和接收方均丧失了发展民族工业的机会，并"自然"地成为欧洲的附庸国。

自 18 世纪下半叶开始，欧洲的科学家、政府、王室就逐渐意识到，利用植物学知识去开发自然资源，最大限度地实现自然物品的价值，是一件非常有利可图的事业。在这些手段当中，全球性的植物移植工程成为当时几个殖民大国竞相利用的方法。要实现这些计划，在世界范围内建立相应的植物园就成为不可避免的了。这一时期的英国，大型植物园的建立几乎都曾得到过班克斯的指导和帮助。或许可以说，正是班克斯，通过在各大植物园、各个殖民地之间进行人员、知识和动植物品种的调配，才最大限度地实现了这些资源的商业价值，为大英帝国带来无尽的利益。

1）班克斯与邱园

1772 年，路易十五同意了布丰的建议，对巴黎植物园（Jardin du Roi）进行扩建和重新组织，并派遣年轻的索纳拉（Pierre Sonnerat）①赴外采集植物，以实现植物园的科学化。1772 年，乔治三世封闭了爱情小巷，将卡洛琳和奥古斯塔的地产连接起来，形成了一个更大的皇家花园。也是在同一年，乔治三世邀请班克斯作他的植物学顾问。国王还派遣马森去好望角，"发现新的植物，来促进皇家植物园邱园的发展"

---

① 索纳拉（1748—1814），1776 年被派往新几内亚地区采集植物。他努力工作，发现了许多欧洲博物学家未知的珍稀物种，并用文字和图画的形式记录下来。他第一次记述了笑翠鸟（Kookaburra）和一些棕榈树。

(Drayton, 2000: 78)。

向非洲好望角派遣植物采集员的建议，是由班克斯首先提出来的。奋进号返航时，班克斯曾在那里待过一个月，种类繁多的动植物资源给他留下了深刻的印象（Banks & Beaglehole, 1962b: 250 - 259）。当时的皇家学会主席普林格尔赞同他的想法，并劝说国王接受了这个建议。1773 年，班克斯成为邱园的准员工。1796 年 4 月，在给西班牙大使的信中，班克斯谦虚地称自己为"皇家植物园的某种监管者"（Desmond, 2007: 92）。而邱园的真正管理者艾顿负责植物园的日常事务，并十分尊重班克斯的学术权威。

在担任国王顾问期间，班克斯把邱园转变成了世界上最重要的植物园，变成了大英帝国农业贸易的中心集散地。作为大英帝国的植物学中心，邱园囊括了来自世界各地的植物，其中许多植物既有商业潜力，也有科学价值。植物运输是三向的：班克斯利用庞大的通信网络，在全世界搜索有用作物，以便在英国育植；通过将英国植物向殖民地出口，扩大了英国本土植物的生长范围；班克斯还通过对各地植物园的控制，在世界范围内重新调控和分配植物种类。通过这些活动，他改变了一些植物，特别是一些具有重要经济价值和观赏价值的植物的分布范围，也改变了某些地区的植物生态系统；他甚至改变了某些地区的农业生产方式和当地人的生产生活方式。

班克斯的管理方式与巴黎植物园不同。邱园更加重视实用园艺。为了建立邱园在国内外的优势地位，班克斯坚持认为，应当"尽可能多地收集新的植物，这样才能造就皇家植物园世界第一的形象"（Desmond, 2007: 94）。1795 年 4 月 2 日班克斯给牙买加植物园园艺师雪莉（Henry Shirley）的信中，表达了这种想法：

　　我已经停止收集植物好久了①，为的是能更好地实现国王的意愿，即为皇家植物园赢得尽可能多的尊重。因此，所有送给我的东西，不管它们来自哪里，我都会立即送往邱园。这也是你向我负责任的唯一方式。然而，我深表怀疑，在战争期间尝试着向国内邮寄植物是否为明智之举，或者我建议停止一切行动，直到战争结束。(Banks & Chambers, 2011: 275)

　　在 18 世纪大英帝国的发展过程中，人员主要是从中心向边缘流动。与之对比，有价值的植物却是反方向被带回英国，班克斯从非洲、北美洲、南美洲、澳大利亚、中国、夏威夷岛、印度、印度尼西亚、塔希提岛等可以伸触到的地方，努力为邱园收集植物。东印度公司驻印度的官员莫里 (John Murray) 经常为邱园收集当地植物和种子。1789 年 8 月 16 日的一封信中，莫里提到给班克斯寄送种子的事情：

　　我很荣幸能给您写信，在上个季度，有过几次。我现在很有兴致通过麦克劳德呈递给皇家植物园一篮子种子。邱园将是我一直魂牵梦绕的地方，也是我们英明辉煌的国王康复的地方，他是我们亲爱的人民热爱的君主。

　　许多种子已经邮寄出去，也已经被我选定的收件人查收，为了一些原因，我将它们装在了木头里。除此之外我在那个封闭的名单里提到过的 102 件物品中，有两样不知道名字……我希望能有幸得到艾顿先生的指导，来为我的探索指明道路。(Banks & Chambers, 2010: 40 - 41)

---

① 指停止了私人收集活动，专心为邱园收集博物学资源。

　　班克斯尤其重视向英国国内收集和移植重要作物。1793 年 8 月 16 日，班克斯写给尼平的书信中，强调向国内（邱园）移植作物的重要性，以及对非洲有用植物的需求：

　　　　事实上，这个问题激发了我的思考。我认为很明显，布莱船长带回来的有价值的水果无法在一块新开发的殖民地得到更好的使用……接受塞拉利昂公司带回英国并馈赠的植物才会有更大的好处。(Banks & Chambers，2011：150)

　　接下来不久，1793 年 8 月 25 日班克斯写给艾顿的信中，再次提及植物要从外面运送回邱园的想法：

　　　　塞拉利昂公司已经通过政府部门正式向国王提起申请，要将有用植物送到非洲的殖民地。我的建议是相反，要将非洲植物送回到邱园，并且我十分确定，这样会带来极大的好处。现在邱园中几乎没有那个地方的物种，如果收集不到种子，那么毫无疑问要将植株带回这个日益扩大的帝国。(Banks & Chambers，2011：153)

　　孟席斯（Archibald Menzies）北美之旅中也为班克斯掌管的邱园收集到一些植物，但因季节不对，加利福尼亚州处于荒凉时期，故收获不多（Banks & Chambers，2011：224 - 226）。至 1795 年 10 月份，船只到达爱尔兰，孟席斯给班克斯的书信中才提到在南美的采集成果：

　　　　我希望，我依旧能增添一些活的观赏植物呈递给陛下的邱园，虽然距离我们离开圣赫勒拿岛时的预期相差颇远。其中一个是非常漂亮的松树，产自智利内陆 30 里格远的圣地亚哥市；除此之外，还有之前采集的一些植物，保存得完好，它们健康生长，还有几株是由种子培育出来的。(Banks & Chambers，2011：315)

在班克斯的管理下，邱园迅速扩张，到 1788 年，有 50000 种树和花草生长在苗床或温室里。像倒挂金钟（fuchsias，*Fuchsia hybrida Hort.*）、木兰（magnolias，*Magnolia liliflora Desr.*）和其他异域植物一样，某些地方特有植物变得世界闻名：一株来自南卡罗来纳州的精美捕蝇草（Venus flytrap，*Dionaea muscipula*）在邱园里繁茂生长，而巴黎的布丰拥有的那株却枯萎了。还有一种十分惊异的花，命名者圆滑地使用了王后的名讳，将之命名为鹤望兰（*Strelitzia reginae*）[①]（Fara，2003：136），以纪念她对邱园的贡献，也为了讨好王室。

班克斯认为，植物采集工作一方面可以为国家引进更多有经济价值的物种，以此改革农业，增加国家财富；另一方面，收集尽可能多的植物，可以彰显大英帝国在全球的霸主地位。通过强调植物采集工作的重要性，班克斯说服乔治三世，出资筹建了邱园的职业采集者团队。但是，邱园为这些境外采集者支付的薪水很少，至少不能改变他们的生活地位。比如，施恩号上的随船博物学家纳尔逊（David Nelson），每年薪水只有 50 英镑，外加 25 英镑的子女补贴（Desmond，2007：112）。这些收入在英国本土生活尚可，但在异国他乡，英国商品变得昂贵了许多，而且他们还可能会遭遇当地居民的敲诈勒索，生活异常艰难。也就是说，这些植物猎人，虽然掌握了一定的博物学知识，也参与着贵族崇尚

[①] 指乔治三世的妻子夏洛特（Princess Charlotte of Mecklenburg-Strelitz）。她喜好艺术，并且是一位狂热的植物学业余爱好者。在她的帮助下，邱园得以扩建。

的高雅文化，但本质上也只是处于帝国中心的大博物学家和贵族的"雇工"和"苦力"而已。

因此，班克斯在选择采集者时会格外谨慎。他十分重视品性的刚正和对邱园的忠诚，并认为这些因素与植物学素养一样重要。阿伦·昆宁汉姆（Allan Cunningham）和鲍威（James Bowie）之所以有足够好的运气，从大量优秀的年轻人中被选出来，"不是因为他们在植物学或者园艺学方面超出其他人很多，而是他们诚实、审慎、勤劳、活跃、仁慈、文明的性格说服了管理者艾顿"（Desmond，2007：111）。班克斯似乎偏好选择那些在苏格兰接受过教育的年轻人，因为他们的教育一直灌输着勤奋、专注和节俭，如孟席斯、克尔、古德、阿伦·昆宁汉姆等，他们有些是苏格兰人，有些在苏格兰接受过教育（Desmond，2007：112）。

另外，班克斯还从国际非正式植物学家网络那里获得了帮助，这个网络包括政治家、士兵、海员、商人和传教士。他为了获得更多物种，便用捐赠者的名字命名植物，以此提高采集者的积极性：一种埃塞俄比亚植物，现在依旧叫布鲁斯（Brucea，中文名叫鸦胆子），是以布鲁斯（James Bruce）的名字命名的，他是皇家学会会员，顺着青尼罗河（Blue Nile）找到了它。班克斯认为，应该夸大邱园的引种数量，只有这样才能令人印象深刻，尤其是要通过这种方法来震慑法国。班克斯听说法国即将有一个探险队开往澳大利亚，就立即派出了一名英国采集员，希望能利用这次机会收集植物。否则，稀有物种都将被运往巴黎皇家植物园了。

在班克斯的管理下，采集员带回了成百上千的国外种子和活株植物。正是在这一时期，南洋杉属智利杉（*Araucaria araucana*，英文俗名 monkey puzzle tree）和北美红杉属北美红杉（*Sequoia sempervirens*，英文俗名 evergreen sequoia）首次进入了英国。然而，也有大量的灾难发生。有一位新成员从非洲寄回了大量的标本，但再去加拿大时，因为气候不适死去了。还有一位军舰上的博物学家，因为与船长打架而被关押了起来。在这期间，他精心搬上船的植物都因缺水而死了，因此，班克斯喜欢对派出去的植物猎人进行严格控制。班克斯还经常把一个国家的植物送到气候相似的国度去试验。正是这种农业试验，使农业委员会逐渐意识到，班克斯完全可以回答他们在植物学方面的问题，给他们提供建议。例如，苏门答腊岛的种子能生长在加勒比岛屿吗？怎样才能提高苏里南地区的糖产量呢？作物从世界的一个地方移植到另一个地方可以大大增加它们的价值（Fara，2003：135‐139）。

班克斯掌管邱园期间（1772—1820），从世界各地收集到约 7 000 种新植物（Stafleu，1971：232），使该植物园成为帝国博物学交流的中心。同时，邱园工作人员还负责为植物学实践活动提供建议，控制植物学探险和实验。布罗克韦总结说，为了大英帝国和工业体系，班克斯领导邱园努力将知识转化成利益和权力，作者还半开玩笑地说，班克斯及其邱园的同事有为帝国主义事业而奋斗的决心。他们从全球引进实用性植物与观赏性植物，以此推动帝国事业的发展，竭力增加英国本土及其殖民地的收入（Tobin，1999：176）。

下面这组数据可以说明。班克斯担任名誉园长期间，为邱园引进的新植物数量：据希尔（John Hill）统计，1769 年也就是班克斯踏上奋进号那年，邱园大约只有 600 个物种，到 1789 年，物种数量达到了 5 500 种，1813 年更是翻了一倍，升至 11 000 种（Drayton，2000：125）。当把英国乡下这块小地方变成域外天堂的时候，班克斯炫耀地说："我们的国王在邱园，中国的皇帝在热河（Jehol），虽在各自的花园，却能庇相同之树荫，抚树遣怀，欣赏芬芳。"（转引自 Desmond，2007：99）

2）班克斯与殖民地植物园

博物学家和政府越来越认识到，某些植物具有巨大的商业价值。因此，为了更好地协助邱园进一步开发自然资源，在世界各殖民地建立起分支植物园就变得十分必要了。首先，这些植物园建立在殖民地上，可以预先对新发现的植物做研究和考察，而不用将每一种植物都寄送给邱园。一方面，这种方法可以节省下大量资金和人力；另一方面，对那些运输困难，运输过程中死亡率极高的动物与植物，这似乎是一个切实可行的方法。其次，殖民地植物园可以作为很好的接收地和实验室，照顾从邱园分派而来的植物。这些地方植物园拥有齐全的装备和训练有素的园丁，可以很好地处理新来的植物。另外，有组织的殖民地植物园的建立可以提高英国的形象和地位。这些植物园可以给大英帝国提供进一步发展所需的资源，可以作为进一步扩张的中心，可以作为强国的象征，也可以作为据点，将不同的殖民地联系起来，相互交换资源、知识（Snyder，1994：79）。

在庞大而复杂的帝国博物学网络里，班克斯肩负着指导和帮助各殖民地植物园管理者的重任。其中，加尔各答植物园的建立和发展，更好地展现了班克斯的参与方式、参与程度，也更好地体现了全球贸易和殖民的大背景下，殖民地植物园所承担的重要责任。下面将以加尔各答植物园为例，考察班克斯如何培植与利用植物园来为他的博物学研究，更重要的是为大英帝国增加财富以及向外扩张服务的。

虽然加尔各答植物园与邱园都是班克斯帝国博物学网络的重要据点，但在建立之初两者完全不同。邱园的建立源自皇家的植物学兴趣，而加尔各答植物园则与其他海外殖民地中的植物园一样，有着明确的科学目的和经济目的（Banks & Biswas，1950：21）。加尔各答植物园的建立要感谢基德。他是东印度公司的一名陆军军官，长期驻扎在孟加拉，对博物学有浓厚的兴趣，是一个狂热的园艺学家。在孟加拉 20 多年的工作生涯使他逐渐了解了当地的植物，基德开始意识到，发达的园艺研究无论对当地，还是对英国本土，都会产生极大的推动作用，带来无尽的利益。

1786 年 4 月 15 日，为了应对粮食危机导致的印度饥荒，基德上书东印度公司指导委员会（Court of Directors），建议东印度公司将马来半岛的西米（sago）① 引入加尔各答并大面积种植，提供一种高效且低廉的粮食，这样就可以给印度提供更多的粮食，而不至于饥荒遍野了（Banks & Chambers, 2009: 113 - 115）。基德的想法似乎比较务实、稳重，基德引进西米的目的是要缓解饥荒，某种程度上提供一种用于救济的补充物；与之相比，班克斯对作物移植工程似乎充满了激情和极度的乐观主义，比如他筹划并实施的面包树移植行动，就是准备用塔希提岛的食物取代西印度群岛的日常主食，这是不可能实现的，因为他根本就没弄清楚面包树在塔希提人日常饮食中的真实地位，也不了解想要在一个新的地方种植新物种，并改变当地人的饮食是多么的困难（Snyder,1994: 81）。另外，基德还尝试引进哥伦比亚的扇叶树头榈（Palmira Tree）② 和可可树。同年的 6 月 1 日，基德再次给公司的指导委员会写信，正式提出建议，希望公司在加尔各答建立一所植物园，种植新的作物，帮助印度渡过难关。

班克斯与基德一样，认为加尔各答植物园的建立具有很大的可行性，也相信未来的植物园能给英国带来好处。他们把加尔各答植物园设计成一个与邱园相似的版本，工作人员进行着皇家植物园园丁们每天从事的工作。基德提出建立植物园这个建议后，东印度公司想得到班克斯

---

① 用棕榈茎髓制的白色硬粒状的淀粉质食物，其最好的来源是西米椰子树（*Metroxylon sagu*）。

② 也写作 Palmyra Tree，学名 *Borassus fla belli formis*，又称多罗树、贝多罗树扇椰子、糖棕树等，属棕榈科乔木。

对这个申请的看法，于是就将基德写给公司的信件转送到了班克斯的手中。班克斯详尽地阅读并做了笔记，在回应公司的管理者时，他说：

> 建立植物园来种植从其他国家或其他气候条件下引入的植物，以此为公众造福，并且有可能增进商业利益，或提高该地区的文化，这种机制一直以来萦绕我心。
>
> 如果委员会同意这个计划，我将密切关注地点的选择。找个合适的地方建立起一个总的种植园，来种植基德提到过的肉桂树和其他植物，当然在植物园建立和植物移植的执行过程中，一定要预防投入过多。我将给他们制定一个计划，来避免公司花费冤枉钱。（Banks & Chambers，2009：117）

有了班克斯在邱园提供的帮助，基德下定决心，不仅要将加尔各答植物园建设成一个植物学研究中心，还要将它建设成一个开发中心，从这里可以向印度甚至整个大英帝国各殖民地分配和输送有价值的植物（Snyder，1994：83）。因此，基德一方面需要班克斯从邱园或其他植物园给加尔各答植物园输送植物新种，另一方面，要在班克斯的指导和建议下，向外输出新物种。1787 年 6 月 15 日，班克斯致信内政大臣邓达斯，给出了自己的建议：

> 我很高兴地告诉您，从所查看的书籍来看，基德那个如此具有人道主义精神的计划将会获得成功。因此，派遣船长福里斯特去新几内亚收集西米是值得的，因为事实证明，相比于其他植物，西米为当地人提供了更多的有益于健康的食物，一英亩地的西米经过一年时间后，收获的食物可以养活 100 人。（Banks & Chambers，

2009：205）

　　班克斯对基德充满信心，也被基德的精神所感染。当然，这是致内政大臣的官方信，未免有些过于冠冕堂皇了。因为已见到的班克斯书信中，很少有关注殖民地居民生活状况的，班克斯大概是希望通过这种方式说服政府的。接下来，班克斯详细介绍了基德欲引进的每种植物，其可行性、价值、引进方式、培育方法以及注意事项等，各方面描述都细致而周到，并且给出了充分的证据。在谈及西米移植方法时，班克斯说，朗夫（Georg Rumphius）① 的《安汶岛植物志》（*Flora Amboinensis*）告诉我们，移植种子和移植幼苗对植物生长来说是一样的……在热带地区内部进行的植物移植品种，很少有不成功的。接下来的一段论述的是海枣，班克斯参考了肯普弗的《异域采风记》（*Amoenitatum Exoticarum*）。班克斯还论述了种植棉花以及中国水果的可能性以及经济价值（Banks & Chambers，2009：205－208）。

　　班克斯给内政大臣的这封信显示出，班克斯并不仅仅是一位能够提供专业性、学术性建议的博物学家，他还深谙各国国情，关心贸易往来与帝国扩张，这些本该是政治家、经济学家关注的问题。在论及棉花种植时，班克斯谈到，随着英国棉纺织工业的快速发展，应当尽可能给予印度那边的棉花种植者一些切实有效的鼓励，在进口原材料时也要逐步增加销售方的利润（在印度购买一磅棉花花费不到 1 先令，而在英国则高于 4 先令），这样才能吸引更多的劳动力从事棉花种植（Banks & Chambers，2009：26）。

---

① 朗夫（1628—1702），荷兰东印度公司员工，植物学家，他最著名的作品是《安汶岛植物志》，1714 年出版。

在分配和捐赠给加尔各答植物园的新物种到达目的地之前，基德已经开始向外输出植物了。他送出的首批植物中有杧果树，这是陆军军官皮尔斯在1787年6月赠献给加尔各答植物园的。后来，植物园从巴雷托（Lewis Barretto）那儿运来马尼拉的可可树以及危地马拉的靛蓝，以及中国的桑树、丝绸，其中后者是基德主张在加尔各答植物园重点发展的商业农产品之一（Snyder，1994：83-84）。就连在去世的1793年当年，基德都没中断过为班克斯和邱园传送博物学物品，1月2日的书信中提到：

> 借助曼宁船只，我已经交代这位掌管，要好好运送这株杧果树，我还寄送了一种观赏性开花植物，当地叫作Ussuck和Nagkissore。另外，还有一幅Pappah的精美图画，一包那格浦尔（Nagpore）小麦，它很早之前就引起了公司管理委员会的注意。（Banks & Chambers，2011：48）

1793年基德去世之后，东印度公司任命博物学家罗克斯伯勒接任园长，继续管理加尔各答植物园。罗克斯伯勒一直以来都与班克斯保持着密切的博物学方面交往与合作，并且至少从1776年开始，班克斯就给罗克斯伯勒写过信。罗克斯伯勒在1779年3月8日的书信中提及了这件事，并正式开启了为班克斯输送植物的历程：

> 大约一个月前，我很荣幸地收到了您的来信，写信时间是1776年3月25日。在那之前，我从不敢自作多情地吹嘘任何我制作过的博物学收藏，比如种子、植物标本等，可以达到半数接收的程度，或者说我根本就没有等待您的指令，因为我希望将这些物品送

给每一位能正确认识到它的价值并且不会将其遗失的人。很抱歉地说，您太客气了，我希望您已经清楚地告诉我您最需要什么了……

很抱歉，这次我没有种子或标本能送给您。离开马德拉斯改变了我原来的生活，但是我将很快能够送您一些。

战争期间，我们最好还是不要通过丹麦或荷兰船只来运送种子和标本了。如果您也认同我的观点，请告知合适的方式来寄送它们。(Banks & Chambers，2008：246-247)。

罗克斯伯勒在 1784 年 12 月 10 日的书信中再次提及为班克斯输送的大量博物学物品："我又通过同一个人给您寄送了大量植物标本，目录随附此信。它们采集自 1 号 Trunk，您可以按照您认为合适的方式来处理它们。"(Banks & Chambers，2009：81) 十天后，罗克斯伯勒又给班克斯托运了两箱植物活株 (Banks & Chambers，2009：83)。罗克斯伯勒每次给班克斯的书信中，都会提到自己邮寄回去的大量种子、标本、绘画，1792 年 8 月 17 日这次，更是从面包树移植到辣椒树实验到昆虫，最后提及第 400 次博物画及配套描述已基本完成，将会继续送给班克斯 (Banks & Chambers，2010：410-411)。

罗克斯伯勒为班克斯和东印度公司所做的博物学工作得到了认可，在班克斯的帮助和举荐下，罗克斯伯勒接任了加尔各答植物园园长。斯奈德宣称："如果说任命罗克斯伯勒为园长，导致班克斯参与了更多与加尔各答植物园相关的活动的话，那么这源于两人之间早已建立起来的私人关系。"(Snyder，1994：88) 斯奈德的归因在很大程度上是有道理的，而且对两人关系的描述也基本符合事实。自罗克斯伯勒调至加尔各答后，两位伟大的博物学爱好者之间的交往就没中断过。但还有一点值得关注，那就是随着加尔各答植物园越来越走向正规，发挥越来越大的作用，班克斯势必会增加对该植物园的关注度，这与私交关系不大。他的职责，对博物学的热爱，以及利用自然资源为英国谋求利益的价值观才是班克斯越来越关注加尔各答植物园的内在动因。

1793 年的 12 月 1 日，继任不久的罗克斯伯勒以加尔各答植物园为平台，开始了与班克斯的正式合作。在这封简短的书信中，罗克斯伯勒首先礼节性地向班克斯汇报自己已经就任植物园园长，然后投其所好：

> 植物园目前被照料得非常好，我已经委托伯罗斯船长从植物园带给您一箱东西，包括许多新奇植物，并附带清单。伯罗斯船长也乐于照顾它们，所以我有更充分的理由相信您能收到保存完整的物品。(Banks & Chambers，2011：175)

当然，罗克斯伯勒的礼物和献媚是有条件的：他希望班克斯能够在东印度公司管理层那边多多美言，督促他们将有用的植物，特别是来自西印度和美国的具有商业价值的物种尽快运抵加尔各答（Banks & Chambers，2011：175）。

1794 年 12 月 28 日，罗克斯伯勒又给班克斯写信：

> 临近年根了，我有幸从这里给您寄信，运送一些种子和一箱子正在生长的植物，因为我还没有从您那儿收到任何信件。我想可能是您身体不适，因为我的朋友莫尔斯沃思写信告诉我您患了痛风，非常疼痛，我希望您能及时恢复。
>
> 我觉得这个时候因为我在这边的发现而打扰您是非常不恰当的。当我了解到管理委员会人员将所有博物画及其描述都转寄于您，我希望它们更能引起您的关注。通过这艘正在航行的船只，我

运送了 400 种植物，其中 200 种是草。我还送给您了一大包种子，让管理委员会人员帮忙照顾，一箱或两箱正在生长的植物……（Banks & Chambers，2011：248）

跟上面那封信一样，罗克斯伯勒将名单寄给班克斯，就是希望班克斯能利用自己在东印度公司和邱园的影响力，尽快获得植物园稀缺的植物，以便自己能在植物园有所作为。这一方面反映出，植物园在东印度公司和大英帝国的扩张版图中，虽然受到某种程度的重视，但却不是十分关键或者急迫的事业。加尔各答植物园虽然按计划如期建成了，但东印度公司并没有安排一个专门的团队去筹划和实施植物引进。此时，园长的素质与意愿就变得特别重要。与此同时，这也可以反映出班克斯对该植物园的重大影响，引进哪些植物能够成功，什么时候引进，从哪儿引进，整个事件基本上都在班克斯的影响和控制之下。另外，从加尔各答植物园运到英国的植物及其种子，大多数都进入了邱园，然后经过班克斯等人的研究，从这里分发到世界各地的植物园去（Snyder，1994：90）。

罗克斯伯勒在博物学方面的另一重大贡献是他寄回英国的植物学绘画。如前所述，在 18 世纪的欧洲，绘画是博物学家认识自然、再现自然以及传播植物学知识的重要载体。而罗克斯伯勒无疑是在这一方面做出过突出贡献的博物学家。他在加尔各答植物园的大多数时间都用来编目自己所见到过的植物新物种，并完成了 1200 多幅精确的植物学图画，每幅图画上都附有文字说明①。班克斯看到这些图画中的许多植物对欧

———————

① 罗克斯伯勒寄回英国的这些植物学绘画大多都不是由他本人完成的，而是他出资雇用殖民地的画家，按照他的要求来完成的。这与里夫斯在广州制作图像的方法相似。

洲人来说都是闻所未闻的，于是便帮助罗克斯伯勒出版了这些作品。另外，斯奈德论文中评论道，"这些图像之所以对博物学家、园艺学家和园丁十分重要，部分原因就在于林奈分类体系逐渐被接受了，这种体系主要按繁殖器官来区分植物。对新发现的植物，博物学家必须给出极其精确的描述，这样才能避免不谨慎的分类错误。在一次采集之旅中，要把整个植物标本室移动到田野中是不切实际的"（Snyder，1994：90 - 91）。

4.3　小科学时代的大科学

如果我们从英国近代科学团体的科学实践出发，采用更加宽泛的科学概念，将博物学活动还原到18、19世纪的真实语境之中，那么科学技术与社会、科技政策中某些已成为常识的内容就可能需要重新思考和界定。比如"大科学"时代从何开始，比如国家制定科技政策从何开始。1962年，美国科学史家普赖斯（Derek John de Solla Price）以培格莱姆演讲稿为基础，出版了著名的小册子《小科学、大科学》，自此"大科学"的概念被广泛接受和使用。普赖斯认为，第二次世界大战前的科学基本属于小科学，在"二战"的推动下，人类进入大科学时代，尤其以曼哈顿工程为标志。就其研究特点来看，主要表现为投资规模大、多学科交叉、需要昂贵且复杂的实验设备、研究目标具有明确且浓厚的社会利益指向、项目多由高层政治家确定等特征（申丹娜，2009：102）。当然，小科学时代与大科学时代的划分并不是截然对立的，普赖斯也注意到了这一点，他说：

如果我们想了解应当怎样在这个新时代里生存和工作，那就有必要认识一下小科学过渡到大科学的本质……小科学时代科学家的怪癖形象是过于天真地被接受了，且这种从小科学到大科学的过渡极少富于戏剧性，逐渐发展的色彩更浓些。很清楚，小科学中包含着富于宏大意义的因素。（普赖斯，1982：3）

接下来普赖斯列举了一些小科学时代偶然出现大科学因素的例子：16世纪布拉赫（Tycho Brahe，原文译为布雷）在文岛上的观象台，17世纪印度人贾森（Jai Singh）的观象台，18世纪观测金星运行的远征队等。普赖斯论证道，举这样的例子并不仅仅是为了说明，小科学在某时将是大科学，而是寻求大小科学逐渐转变的论证（普赖斯，1982：3 - 4）。也就是说，普赖斯承认天文学的这些例子属于大科学，只是这种现象在"二战"以前异常偶然，故划归到小科学时代。但如果我们撇开现有学科限制，将科学定义为人类系统地认识自然的方式，而不仅是传统科学史所关注的数学、物理、天文、化学等学科，则普莱斯所定义的"大科学"的起始年代，可以追溯至18世纪下半叶的大航海时代。

以奋进号为例，它承担着重要的科学任务和政治任务，符合大科学运作模式：首先，该活动有明确、宏大的目标。皇家学会希望通过这次远航，在太平洋的塔希提岛上取得金星凌日的观测数据，并将该数据与其他船队甚至其他国家船队观测数据放在一起解决日地距离等天文难题。而乔治三世和海军部则希望船队能探索新大陆，并绘制地图，为对外扩张服务；其次，活动费用很多且主要由王室、政府或利益公司承担，王室为此资助了4000英镑，多部门协作成为重要特征（见图4.3）；再次，航行所承担的科学任务多样化、交叉化——地理学、地质学、天文学、物理学、气象学、地图学、生理学、博物学等各学科相互利用，共同发展；最后，航海所需要的仪器和科学实验所需要的工具虽然与粒子加速器等设备没法比，但在当时的情况下也同样费用惊人。班克斯的奋进号远航开辟了帝国探险与科学事业相结合的先例，他在海外探险活动与政府殖民扩张事业之间找到了契合点，利用自身知识、财富以及强大的组织协调能力，联合英国汉诺威王室和政府，制定政策并实际开展了多次海外探险活动。而同一时期的法国、荷兰等老牌欧洲帝国在海外探险中也从事着不同程度的科学实验和数据收集活动，由此开启了一段以博物学、地理学、地图学、天文学、气象学、海洋学、生理学、化学等各学科相互交融、共同发展的大科学时代。

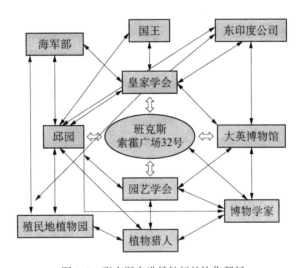

图 4.3　班克斯奋进号航行的协作部门

当然这种说法并不否认，18 世纪的大科学与"二战"后的大科学有着本质区别。该时期大科学主要是指帝国博物学发展模式，而此时博物学本身就是一个包罗万象的学术系统，学科划分还不明显，故不需要像"二战"之后那样，许多学科已经分化出来成为成熟的独立学科，大科学必须刻意打破学科界限，进行学科融合。

4.4 博物学团队的版权认定规范

对于科学研究来说，原创性成果的认定极为重要，这构成了默顿科学社会学的重要议题，甚至可以说是核心议题。在默顿看来，因为科学制度把原创性确立为最高的价值，从而使得对原创性的承认成为一个非常重要的问题。科尔兄弟在《科学的社会分层》中则将科学成果的承认分为通过职位和名望两方面的承认。因此，对科学家来说，科研成果的版权归属问题以及由此导致的发表时的署名问题就至关重要了。科学史上从来不乏大科学家之间的优先权之争，部分与版权认定的规范有关。

举例来说，班克斯奋进号远洋航行中几乎所有图画都是在班克斯和索兰德的监督下，依据林奈理论来制作的，它们与采集的标本一起，受到了英国博物学家的赞许和认可。奋进号返航后，博物学家埃利斯兴奋地向林奈汇报，"两个人一次就带回如此多的博物学财富，这在其他任何一个国家都是闻所未闻的"，而林奈回信说，希望能得到一些从澳大利亚大陆那里采集到的资源（转引自 Adams，1986：125）。生活安定下来后，班克斯开始考虑出版旅行途中所绘的植物图画，因为当时的科学界正翘首以盼。于是，这位年轻富有的博物学英雄拨出一笔巨款，专门用于出版绘画选集——《班克斯植物图谱》。

《班克斯植物图谱》的出版工作从一开始就遭遇了不顺，原因在于这些图画的版权引发了纠纷。班克斯奋进号博物学团队中最重要的博物画家帕金森在旅行途中病死，并没有留下明确的遗嘱来交代图画的归属。班克斯作为团队的资助者，理所当然地将所有图画归为己有。帕金森的家人认识到植物画的巨大价值后提出了异议，要求班克斯归还所有帕金森的作品。几经周折，班克斯花费 500 英镑（其中 160 英镑是帕金森的工资）购得了所有图画。然后，他聘请了五位画家补充帕金森未完成的图画。

还有一件事，也反映了班克斯对自己团队成员学术成果版权认定上的明确态度。在 1783 年 5 月 4 日写给本南德的信中，班克斯霸道地表达了自己的观点：

> 复活节假期之后我回到了城里，德吕安德尔向我转交了你的来信，信中说你从约翰·米勒①那里买到了一些博物画。约翰·米勒是随我同行冰岛的文书和画家。你问我是否反对出版部分材料，我的答案是，我必须告诉你，如果没有询问这些购买物的正当性，那么我就会一直坚持认为，那些东西是用一种最不光彩甚或非法的方式从我这儿偷走的，并且我已经准备好了，只要约翰·米勒以某种方式出版那些资料，我就会起诉他。在这种情况下，我相信你会原谅我拒绝授权那些资料的出版。因为我必须考虑到这样一种方式是对我冰岛之行的切实伤害。获得这些材料花费了我巨大的资金，并且如果时间允许我今后出版它，也会需要一大笔费用。（Banks & Chambers，2007a：81）

从班克斯对本南德严厉而明确的答复明显可以看出，在班克斯看来，既然自己付出不菲佣金雇用了整个团队，并为之提供远洋探险需要的一切设备，那么考察过程中的文字记录、绘画、标本等都理应归自己，私下买卖和出版就是对自己优先权的侵犯。而且还有一个细节，班

---

① 约翰·米勒是班克斯冰岛之行雇用的画家，本南德想在他的《北极动物志》（*Arctic Zoology*）中使用约翰·米勒绘制的一些博物画。约翰·米勒未经班克斯同意便将这些资料卖给了本南德。

克斯准备将约翰·米勒之事对簿公堂，也反映出当时学术团体甚至法律制度基本认可班克斯对团队成果的占有。而在后来本南德继续写作《北极动物志》的过程中，不断就成果优先权问题咨询班克斯，也从侧面反映出他对这种学术规范甚或制度的认可（Banks & Chambers，2007a：82 - 84）。

5 班克斯帝国博物学实作的民族国家属性

帝国博物学的另一个层面是科学实作，直接目的是希望人类能够在把握了自然的规律之后，利用世界的物种资源实现本国的自给自足或者增进国家的财富。如果说帝国博物学对异域动植物的命名与分类研究侧重关注物种的自然（本质）属性，那么帝国博物学实作则是利用这种知识来为帝国活动服务，甚至可以说，利益是殖民政府和商贸公司资助博物学活动的初衷，也是帝国博物学繁荣发展的前提。福柯在"分类"章的开始，就开宗明义地指出了博物学帝国模式的发展盛况及其原因所在："人们力图使这些动植物适应气候，并且大量旅行调查或勘察都带回了有关这些动植物的说明书、图版和标本；接下来尤为重要的是大自然的伦理学价值的提高……无论人们是贵族，还是平民，人们都能在一片由先前时代长期废弃的土地上投下钱财和情感。"（福柯，2012：166）

从时间上看，博物学与航海扩张的大规模结合可以追溯至 15 世纪的地理大发现时代，博物学家开始从事博物学研究工作，也进行一些猎奇活动，将珍贵的稀有物种带回国内，作为战利品进贡给资助自己的王室或贵族，而王室也乐于通过占有这些异域珍品，展现自己的英明统治，因此民族国家成为自然博物馆的最大投资者（皮克斯通，2008：70-71）。博物学家与殖民政府和商贸公司合作，要在全球范围内移植有价值的植物，培育有用的动物，利用空间变换最大限度地挖掘博物学的物质潜力。这个传统一直持续了几百年，它所涉及的物种的空间变换与物种的社会属性（有用性）息息相关。

帝国博物学家生逢其时，他们认为人的理性认识能够扩展动植物的生存空间：在相似的自然环境里种植相同的植物、圈养相同的动物是可能的，这样可以大大减少贸易逆差带给国家的损失，这种做法与主张通过贸易获得财富的政治经济学家亚当·斯密观点不同。政府和商贸公司被这个规划吸引了，因此 17—19 世纪殖民政府和商贸公司的船队上，博物学家作为主要的智力提供者而成为常客。而这些博物学家的一个重要职能，则是协助殖民者将旧大陆的植物引种到新大陆，或者反向从新大陆引种到旧大陆，再或者从一个新大陆引种到另一个新大陆。总之，借助生物的空间扩张实现财富增值，是帝国博物学逐利的实践层次。

因此近些年来，科学史学者逐渐认识到科学实作在科学史研究中的重要性。这种研究不再局限于特定的科学史题材，或者只去讨论科学精英和主流科学机构，而是更好地展现科学行动者（scientific actor）的重要性和多样性，更好地描述了他们在具体知识生产、审定和传播过程中的折冲与协商。同时，对科学行动者科学实作的研究，有助于了解科学事业的复杂性（范发迪，2011，中文版序：1-2）。班克斯所掌管的帝国博物学网络，为研究博物学实作提供了恰当的研究对象——这个网络中包含着贵族、官员、商人、医生、传教士、佣人、业余爱好者、街头商贩、园丁、职业采集者等各行各业的人，他们之间以及他们与班克斯之间的关系渗透着复杂的政治、经济、社会、文化因素。

帝国博物学不仅追求知识为"真"，而且求"用"。对欧洲的博物学家来说，了解其他地区的博物学，掌握新世界的动植物信息，不仅对欧洲人有利，对新大陆的人也同样意义深远，不管他们是否意识到或者是否同意。班克斯乐观地认为，自己的博物学活动对当地人来说，是一种慷慨的赠予和无私的帮助。在其书信中，班克斯多次流露出这种居高临下的优越感。

18世纪，殖民地对宗主国的意义发生了一些改变，主要表现为殖民财富本质的变化。完成原始积累后的两三百年里，欧洲列强先后过渡到资本主义国家，英国更是率先开始了工业革命，他们对殖民地的需求正逐渐发生着变化。从经济学角度来说，资源稀缺性在某种程度上决定着商品的价值。相比中国、印度，欧洲由许多面积较小的国家构成，自然资源相当贫乏，难以维持国家实力的不断提升。比如英国，1750年之后，商船和海军舰队遇到木材供不应求的难题。没有木材造船，英国想要打败法国、荷兰、西班牙等欧洲列强，进而称霸世界的野心将难以实现。因此，英国急需开辟新的殖民地，寻找良好的木材资源。当然，这只是刺激英国进行海外扩张的其中一个动力，英国工业革命还需要棉花、染料、医药、矿物等多种自然资源（Snyder，1994：1）。因此，帝国争霸、经济结构调整等诸多因素，导致自然资源的全球重新分配成为紧迫之事，为大英帝国的博物学家开展活动提供了重要舞台。

布罗克韦敏锐地评论道，18世纪是一个植物经济学大发展的时期。博物学家在面对新植物时，不仅研究分类学问题，而且思考植物的实用性，看它能否作为食物、布料、染料或者药物，能否给国家经济带来好处。植物园管理者也分享了那个时代的商人气质和国家主义情绪，有意识地承担起科学机构的作用，服务于政府。如 1787 年加尔各答植物园建立时，基德曾明确表示："（植物园的建立）并不是为了猎奇、享乐而收集稀有植物，而是为了种植那些对民众和大英帝国有益的植物，并最终实现国家商业和财富的增长。"（Brockway，1979：74 - 75）

植物园种植和新植物移植工作，使欧洲人能够成指数地组织起全世界的人力和自然资源。欧洲人充分利用强制性或奴役性劳动的种植园体制，站在支配地位上组织和指导着两个半球之间的各种作物交换。欧洲各国政府之间为了建立自己的植物园垄断，或者打破对手垄断进行着激烈的竞争（哈丁，2002：65）。本章以班克斯的植物移植和动物引进活动为案例，具体探究这位博物学帝国的领导者是如何利用博物学网络开展工作，并推动大英帝国进行全球性殖民扩张的。

5.1　博物学资源与帝国财富

不断的战争让班克斯认识到，无论对于大英帝国还是殖民地，仅仅依靠单一作物的经济体系都是不完整、不稳定的。因为不用发动战争，仅仅实行经济封锁就可以让一个岛国陷入绝境。即使是在正常的贸易条件下，要想维持国内经济正常运转，国民生活自给自足，英国也会损失掉大量的黄金和白银。于是班克斯效仿斯隆、林奈、菲利普·米勒等人，希望通过植物移植工作来增加国家财富。下面先详细考察班克斯对经济作物移植活动的认识，以及他在大英帝国植物移植活动中所发挥的核心作用。

在 18 世纪的上半叶和下半叶，皇家学会各有一位卓越的博物学家担任主席，上半叶那位是指斯隆爵士（1727—1744 年在位），班克斯与他有许多共同之处：两人都是博物学家，都参加过航海探险，都可以指挥散居在外的植物猎人收集异域的动植物标本，都利用博物学新知识和新标本启发和引导了同时代人。斯隆关心英国的经济和贸易，曾进行过胭脂虫和可可树的移植工作（Sloan，2003：23）。很难想象班克斯不会受到这位前辈的影响。实际上，从 1786、1787 年詹姆斯·安德森（James Anderson）① 写给班克斯的书信中就可以看出，斯隆的移植工作在当时的博物学界已经成为常识，班克斯博物学团队熟知并借鉴了其经验教训。如 1786 年 12 月 3 日安德森从马德拉斯寄给班克斯的书信中建议，要引进当地作为马饲料的一种草（Oopunginki 或 Salt Grass）来养殖胭脂虫。安德森借助放大镜仔细考察了这种草的特征，发现与列文虎克、林奈、斯隆等前辈的描述一致。两封信皆提及过斯隆养殖胭脂虫的事情（Banks ＆ Chambers，2009：141；159）。

在植物移植方面，菲利普·米勒对班克斯有着直接影响。1770 年代，也就是班克斯与乔治三世决心把邱园建设成大英帝国植物交易中心（botanical clearing house）之前，切尔西药用植物园一直是英国乃至欧洲范围内最大的新物种移植和标本交换中心。1761 年班克斯的父亲去世，母亲搬到了切尔西植物园附近（Carter，1988：25），这为年轻的班克斯提供了学习的大好机会。或许正是从菲利普·米勒那里，班克斯学会了如何让异域植物逐步适应当地气候。菲利普·米勒不仅在植物园引进新的植物品种，还进行过改良实验，他曾参与过美国佐治亚州的棉花

---

① 詹姆斯·安德森（1738—1809），医师、园艺学家。曾担任东印度公司随船医师，1786年当选印度马德拉斯市医学委员会主席。从 1770 年开始，安德森就开始尝试引进各种有价值的动植物，比如他在马德拉斯种植了大量欧洲桑树，希望在当地建立起丝绸业，他还引种苹果树、棉花、甘蔗等有价值的物种。

移植活动。后来，为了表示对植物园的感激，班克斯从奋进号之行采集回来的种子里取出 500 种赠给了植物园（Gascoigne，1994：76）。

班克斯掌管着世界博物学网络，这使得他对世界作物的重新分配和移植有了可靠保障。他利用邱园这个国际植物交易中心，借助分布在世界各殖民地的英国植物园和植物采集者，实施经济作物的移植与增产计划。在他的建议下，乔治三世重新启用了圣文森特花园，把它作为中转站来存放运到邱园的美洲植物和转运到西印度的亚洲植物。班克斯很清楚，殖民地植物园对英国经济非常重要。

班克斯也引种了一些观赏性物种。在当时，它们几乎没有实用价值，而只能愉悦人的身心，如鸢尾属（Iris）、天竺葵属（Pelargonium）、唐菖蒲属（Gladiolus）、松叶菊属（Mesembryanthemum）等美丽的植物。业余爱好者和家庭园艺师对它们十分感兴趣，由此产生了很大的需求，殖民地植物园看到了这个市场，借此扩大面积，各地植物园逐渐繁荣起来（Snyder，1994：97 - 98）。其实，对班克斯来说，观赏性植物在精神层面上同样具有重要的意义：彰显大英帝国实力，强化帝国扩张意识。这些来自世界各地的植物，向观赏者展现着大英帝国可延伸到的地方，暗示着大英帝国会像拥有这些植物一样，控制遥远世界的土地（Snyder，1994：100）。在 18 世纪尤其是下半叶，博物学成就逐渐成为帝国强大与否的衡量标准之一。欧洲许多国家的王室也都设立专项基金，雇用专门的博物学家从世界各地疯狂搜刮新鲜植物，以向国民或其他列强炫耀自己强大的统治力。班克斯深刻了解植物收藏工作对汉诺威王朝的重要性，于是干脆放弃自己所爱好的植物收集工作，专心为邱园收集异域动植物，希望将邱园建设成当时世界上植物存储量最丰富的皇家园林。

班克斯团队收集到的异域珍稀物种，还曾成为英俄两国王室外交活动的珍贵礼品。当时，海上所用船只需要大量的稀有物品来维护和保养，比如松脂、柏油、缆绳等，英国所需的这些产品主要从俄国进口。但 1787 年，两国之间签订的商品供应协议到期，叶卡捷琳娜二世认为英国抢占了俄国大量生意，坚决不同意延长两国的购销合同。更为严重的是，叶卡捷琳娜二世与英国最强劲的敌人法国，签订了一份类似于之前英俄双方的合同（Snyder，1994：101）。为了缓和矛盾，英国准备派遣大使惠特沃思（Charles Whitworth）赴俄谈判。惠特沃思希望能投其所好，用礼物来消解叶卡捷琳娜二世的敌意。

惠特沃思用行动证明了自己是一位心思细腻的伟大外交家。他回忆起 1772 年叶卡捷琳娜二世给伏尔泰的书信中所表达出的对邱园的热爱与羡慕："我喜欢徜徉在英式花园里。弯曲的线条，缓缓的山坡，湖一样的池塘，英国风填满了我富于幻想的脑海。"（Carter，1974：287）于是，惠特沃思建议国王，从邱园中选出一些稀有植物，来装点女王在帕夫洛夫斯基地区的花园。国王采纳了这个建议，并将任务交给班克斯去处理。班克斯与艾顿一起，精心准备着这份厚重的礼物。植物名单中的第一个是鹤望兰，当时英国根据其形象，将其称为天堂鸟，非常漂亮。名单中超过一半的植物是马森从非洲猎取来的，还有一些是从英国的殖民地，如南威尔士、塔希提、新西兰采集而来。

外交使团送给俄罗斯女王的植物受到了欢迎，这次外交活动也取得预期成效。1795 年班克斯写给伯吉斯的信中曾骄傲地提到，在送给女王的 226 种植物里，有 223 种对女王来说是从未见过的，女王很高兴，每天都抽出一小时时间去花园里认识这些植物（Carter，1974：338；356）。而女王送给邱园的 25 种活株和 180 种植物种子，英国都已拥有（Carter，1974：357）。班克斯借助其博物学网络所收集到的珍奇植物，帮助英国大使团缓和了与俄罗斯的矛盾。

但班克斯最感兴趣的还是物种的经济价值，他关注所有能提高人类衣食住行水平的动物或植物。在三次海外航行日志，尤其是奋进号航海日志中，班克斯多次论及异域民族对当地动植物的使用，并常常因为发现植物潜在的用途而感到兴奋。班克斯珍惜每一次机会，去探求生物新种的商业潜力。班克斯一直对染料寻求有莫大的兴趣。因为在那个年代，化学工业并不发达，人工合成染料并未大规模进入生产过程，所有染料都只能从植物、动物或矿物中提取。这就让英国发达的纺织工业受到阻碍，至少部分利润被剥夺。因为当时英国大部分布料的上色要在荷兰完成，然后运回英国销往国内外。新染料的发现将会使英国纺织工业摆脱荷兰控制，更能省去荷兰中间商费用，创造更大利润（Snyder，1994：29）。

班克斯一登上塔希提岛，就对他们的服饰和装扮产生了兴趣。在详细记载衣服的样式、制作原料和缝制工艺后，班克斯转向了染料工艺："他们主要擅长两种色彩的染制——红色和黄色。黄色最漂亮，我敢说这比欧洲任何一个地方的黄色都要精美；红色鲜艳夺目，但没什么突出的优势。他们有时候也会制作棕色和黑色，但不经常制作，所以我在岛期间没有机会见到他们所用的原料。"（Banks & Beaglehole，1962a：356）接着，班克斯依次介绍了塔希提人如何用植物来制作巧妙的颜色：

> （红色）是两种液体的混合物，在混合之前，它们都不表现为红色，也看不出周围的什么因素，或者液体的哪个部分能让红色潜存其中。两种植物分别是桑科的斜叶榕（*Ficus tinctoria*）和仙枝花树（*Cordia sebestena*），塔希提人称它们为 *Matte* 和 *Etou*。前者的果实和后者的叶子以下面的方式制作成染料……（Banks & Beaglehole，1962a：357）

班克斯注意到，仙枝花树的叶汁最适合与斜叶榕果实混合，得到精美的红色。但除此之外，还有几种植物的汁液可以与斜叶榕混合产生红色，只是效果略有不同。植物应用方面的这种多样性和丰富性，让班克斯感到深深的折服："植物的属性已经为我们提供了如此有价值的染料。研究植物的人一定猜不出，大多数我们正用作染料来源的叶子，背后还隐藏着什么属性。"（Banks & Beaglehole，1962a：359）另外，班克斯在日志中还详细记载了衣物的上色过程。班克斯想着，如果能在殖民地的花园里种植这些能提取染料的植物，必定会大大促进英国染料工业的发展。

斯奈德将班克斯的这种博物学称之为"商业生物学"，意思是通过对动植物的研究和运作，获得它们的商业、医学或者农学价值。当然，班克斯的这种目的常常是与国家利益和帝国扩张联系在一起的（Snyder，1994：2）。他不断向乔治三世强调植物的商业价值，以此说服国王能够出资建设最好的植物园，并为那些专业采集者支付酬劳，让他们在世界各地寻求对英国有用的植物。因为作物移植一旦成功，就可能会极大地增加自身价值。班克斯的博物学生涯之中，尤其热衷与殖民政府合作，努力寻找气候事宜的殖民地，然后将重要作物交换种植。

5.2　班克斯与"殖民地科学"

"七年战争"的胜利标志着英国第一帝国的形成，也从侧面反映出欧洲列强争夺殖民地的激烈程度。英国、法国、荷兰、葡萄牙、西班牙等老牌帝国为了获得更多的殖民地，掠取更多的原材料并开拓国际市场，争相发展航海事业，力争发现更多的新大陆。欧洲人到达新的地方后，首先想到的是对外宣布占有该地方，并试图在那里生存下去，按照欧洲的社会规则建立"小欧洲"。

要在一个自然环境和社会习俗均异于欧洲的新大陆生存下去，绝不是一件容易的事。殖民者要么尽快熟悉并适应当地并不友好的气候条件，让自己屈尊加入当地的生物链条，即让欧洲人过上土著人的生活；要么这些欧洲人就必须以当地的气候、土壤为基础，利用来自欧洲乃至世界各殖民地的动物、植物、矿物等资源，创造和建立自己的生态系统。在这个生态系统里，殖民者可以利用自己已经习惯的欧洲生存规则来准备饮食和治疗疾病。第二种途径相对难以实现，需要更多的知识支持，但却是欧洲殖民者几乎无一例外的选择，因为他们一定不能容忍让自己过一种"野蛮"生活，而且他们对自己的文明和知识有充足的自信。

在那个现代工业刚刚崛起还远未发达的年代，相比其他科学，博物学知识在作物移植、动物饲养、食品加工、衣料准备、建筑用材方面可以提供更多的技术支持。而且这些与殖民者活动息息相关的事情，是在他们一踏上新的土地就需要考虑和解决的。从这个意义上可以说，博物学是作为殖民主义的先头部队的一部分进入新地区的，而不是等待后续部队到达之后才进入，它贯穿于早期殖民地建立的全部过程，因此，这些知识实际上可看作是一种"生产力"（哈丁，2002：59‐60）。博物学家利用自身知识在为探险船队和殖民者筹划解决登陆后的急需问题时，考虑的绝不是那种博物学知识是否有趣，也不是要达到某种真理或寻找自然规律，而是看能否解决殖民主义的日常难题。班克斯为殖民团队提供的知识咨询，很大程度上就是为帝国扩张活动服务的。因此，从其存在的真正形态来说，这种知识是为开发新大陆自然资源服务的殖民地科学。

1779 年 4 月 10 日，英国下议院议长邦伯里（Charles Bunbury）向

国会转交了班克斯的申请报告，报告提到了当地的人口、气候、土壤、植物、动物、资源，以及生存所需要的基本工具，充分显示出一位博物学家对建立新殖民地的关切，展现出博物学家的知识对帝国扩张的影响，而正是这件事的最终促成，使得班克斯在澳大利亚成为民族英雄，甚至被称为澳大利亚之父[①]：

班克斯爵士申请，国会在方便的情况下，应当考虑将英国的重刑犯运载到地球的遥远一方，以建立殖民地。在那里，他们将无处可逃。殖民地必须有肥沃的土壤，使他们在一年之后，不用或者很少依靠祖国的帮助就能养活自己。考虑到这个地方要非常适宜殖民者入住，班克斯建议选择植物湾（Botany Bay）。它位于印度洋，新荷兰（New Holland）[②] 海岸，离英国 7 个月的航程。

班克斯爵士认为，当地人基本不会反抗，因为 1770 年他们在此逗留时，只有很少的土著人出没，或许该地区不会超过 50 人，由此可以推断，这个国家人口非常稀少。他见到的土著居民赤身裸体，貌似结实，装备长矛，但十分胆小，在与船员遭遇后很快就撤退远去。班克斯于 1770 年 4 月底到达这个地方，5 月初离开，觉得这个地方的气候有点像法国南部的图卢兹（Toulouse），他还发现在距离极地 10°以内的地方，南半球要比北半球更冷一些；这个地方的肥沃土壤面积要比贫瘠部分小一些，但足以养活数目众多的人口；这里没有温顺的家养动物，但逗留的 10 天里也未发现野性十足之品种，班克斯见到了袋鼠的粪便，这种动物体型似中等大小的

---

① 梅登（Joseph Maiden）著作的名称就是《约瑟夫·班克斯爵士：澳大利亚之父》（*Sir Joseph Banks：The Father of Australia*）。

② 因为荷兰船只最早发现这里，因此澳大利亚被命名为"新荷兰"。

绵羊，行动十分迅捷，难于捕捉，在其他地方曾遇到过这些动物；这里没有食肉性猛禽，因此班克斯先生相信，如果我们能将绵羊和牛运到那里，它们必会繁衍旺盛；植物湾还有大量的鱼类，班克斯曾拉网捕得一些黄貂鱼（Sting-ray），是鳐（skate）的一种：体型都很大，每一个重约 363 磅；该地草长而茂盛，有些可食用的植物，尤其是一种野生小菠菜（spinage）；这个国家水资源非常丰富，有大量的木材和燃料，足够用来建造房屋，而住处是必需的。

在被问及这样的殖民地在建立初期如何才能生存时，班克斯这样回答："移居者必须一开始就配备如下物品——足够一年的饮食和衣物储备；耕种土地和建造房屋所需的各种工具；肉牛、绵羊、食用猪和家禽；各式各样的欧洲玉米种子和豆类种子；园艺植物种子；防御器械以及可能用到的小船、渔网和渔具。除防御器械外，其他都可以从好望角购买；之后他们就能利用自己的劳动养活自己，而不需英国的帮助了。"班克斯建议每次移民数量要大，至少两三百人，他们基本逃不掉，因为这个国家离欧洲人居住的任何一个地方都很遥远。（Banks & Chambers，2008：251 - 252）

班克斯在这份报告中，依据自己澳大利亚之旅积累起的知识，将移民的可能性及方法分析得精确完整，充分反映出奋进号之行中的班克斯，绝不单纯是一个与国家或政治活动无涉的青年博物学家。当班克斯向国会提起申请建言献策时，那种挥斥方遒绝不亚于一位自信的政治家；当班克斯论证起实际操作可能性和移民所需要的博物学常识和农业常识时，那种精明谨慎又分明是位经验老到的科学家和大管家。

1783—1786 年，马特勒（James Matra）与班克斯也在同时筹划往新南威尔士移民。1783 年 8 月 23 日马特勒致信班克斯，阐明了这一计划：

> 我准备向政府提交一项计划，时候恰好，我们现在刚失去了美洲殖民地。
>
> 通过我们的官员的探索和努力，我们发现了许多新的国家迄今无人统治，这对欧洲的冒险家来说是一种诱惑。没有什么地方能比新南威尔士更令人神往了。库克船长首次抵达并对之进行了考察。这个美好国家的东部地区，在南纬38°～10°之间，每一样东西都吸引着库克，他对此做了美好的描述。在这超过 2 000 英里的广袤土地上，有着各种各样的土壤，很大一部分都是非常肥沃的，且只有很少的黑种土著居民过着粗野的生活，根本不懂得艺术在生活中的必要性，仅仅知道动物般的生存，几乎全部靠捕鱼为生。这里的气候、土壤适合种植各种各样的有价值的欧洲或印度产品。只要管理得当，加上一些移民者，在 20 或 30 年内他们将实现革命性变化。在整个欧洲商业体系里，确保成为独属英国的一部分，并且是很大一部分……（Banks & Chambers，2009：26）

书信中还具体提及了大量可能种植的作物：甘蔗、茶树、咖啡、棉花、烟草、亚麻，等等，以满足英国在商业贸易中自给自足的地位，而不至于黄金白银大量外流（Banks & Chambers，2009：26 - 30）。这与班克斯的想法如出一辙。最终，经过详细严谨的规划和不懈的努力，班克斯成功说服了乔治三世和下议院，同意向澳大利亚转移罪犯以建立殖民地的计划。1784 年，议会正式通过法案，授权政府向海外转移重罪犯。班克斯又一次利用自己的博物学知识影响了帝国扩张的进程。

报告的最后更是将班克斯的帝国本性展露无遗。当被问到英国能否从新植物湾的殖民地获得好处时，这位伟大的博物学家自信地答道：

> 如果这些人组成了新的政府，他们的人口必然会增加，并会发现他们需要欧洲的商品；我毫不怀疑，像新荷兰这样一块比整个欧洲还要广袤的土地，一定会回报给我们更多有用的物质。（Banks & Chambers，2008：252）

在 1785 年 5 月 10 日的罪犯移民委员会会议记录中，班克斯则更加详细地思考和规划了具体操作事宜：

> 我确信在南纬 30°～40°之间，新南威尔士东海岸许多地区的土地非常肥沃，足以养活大量的欧洲人，只要他们以英国的方式去种植。
>
> 如果问我，根据我自己的观察，哪个地方更加适宜实现上述目标？那么，植物湾是那个国家中我唯一真正走访过的，并且我肯定这个地方可以完成上述目标。（Banks & Chambers，2009：92-93）

这份记录里还详细回答了移民方式、移民人数、移民最好的政府组织方式、语言、土地、气候、动物、植物、饮食、建筑材料等问题（Banks & Chambers，2009：92-94）。之后，班克斯与新大陆的管理者以及往返两地的工作人员保持着密切联系与合作①。一方面班克斯可以

---

① 班克斯一直对澳大利亚事物保持着密切关注。他与新南威尔士的首任统治者菲利普关系密切，仅在 1787、1788 两年间就有通信往来近十次，内容多涉及博物学。另外，班克斯还利用往返两地的船员，为他提供和运输澳大利亚的动植物资源，如著名航海家弗林达斯。

从对方那里得到关于澳大利亚更多的情报和动植物标本、种子，以便寻找有价值的经济作物，逐步实现大英帝国的经济自足；另一方面充分利用自己的博物学知识储备和航海经验，为踏上或即将踏上新殖民地的英国人提供生存指导，与他们一起帮助大英帝国开拓新的原料产地和商品销售市场。

在所有殖民地中，班克斯尤为关心澳大利亚的开发，或许是因为当年奋进号在植物湾等地的短暂停留给班克斯留下了太深刻的印象。班克斯一直筹划和安排在澳大利亚的植物移植实验，以求将尽可能多的有用植物引种到那片广袤的土地上。如1798年10月11日，班克斯从索霍广场府邸写给负责移民事务的内政部官员约翰·金（John King）①的书信中，就提到自己随书信附上的一份简要的说明书，请求约翰·金能够转交给开往新南威尔士的海豚号（Porpoise）上的植物照料者。班克斯表示同意约翰·金的看法，即详尽地申明说明书的内容，表示自己非常乐意这么做。同时，班克斯还随信附载一份为该次南威尔士航行准备的植物名录，并请约翰·金或者其他负责人能代为核查，以防有漏，如若发现，另行再补。（Banks & Chambers，2012：1）

在收到约翰·金的肯定答复后，班克斯于10月16号又给约翰·金写了封信，更加详细地解释了整个事件的人员安排，从这里我们可以看到植物移植工作与大英政府官员、殖民地官员及殖民者千丝万缕的联系：

> 我很高兴您能批准我给园丁草拟的那份说明书。您把它转送给

------

① 约翰·金（1759—1830），英国人，政府官员。从1791年起在内政部工作，1794年开始掌管移民事务等，并使得该机构成为反革命大本营。后来，金还在财政部和军队工作过。

了总督亨特[①]，这让我感受到了您的认可和赞扬。不管怎样，它们的第一个用途是听从政府安排或者其他你认为合适的处理方法，将其交到园丁萨特的手中。我的意见是他应该按照约翰·金的指示处理，这样约翰·金可以从政府那里得到标记他们的指令，让他自己获得在航行中对园丁和照料者的全面监督者的地位。

如你所知，萨特承担了照料者的任务，没有任何费用和酬劳，条件是允许他获得 200 亩地去开发。祈求您不要忘记把这个事情跟亨特说明一下。如果萨特将这些植物照料得非常健康，他将会在殖民地得到良好的待遇，这当然是我们都希望的。在我指导的这段时间里，萨特在所有事情上都表现得很冷静、很得体、很谨慎。所以我对他的前途很关注，非常希望他能分得一块好地，还有好的重刑犯可以充当助手。

之前寄给您一份植物名单，这里又添加了两种，12 号箱的角豆树（*Ceratonia siliqua*）和 2 号箱罗克斯伯勒寄来的 Spring Grass，可记录为动物饲料，重新修订名单时要添加这两种植物的名字。角豆作为最好的动物饲料在欧洲南部远近闻名，而 Spring Grass 据说确确实实给圣赫勒拿岛带来了利益。（Banks & Chambers，2012：2）

接下来，海豚号已经为远行做好了准备，班克斯为南威尔士选定的植物该登船了，种子该如何保存、幼苗该怎么养护，到达海豚号时种子和幼苗的状况等，都有专门的人向班克斯汇报。

---

① 约翰·亨特（1737—1821），英国人，新南威尔士总督。亨特从小跟随父亲在海上航行，阿伯丁大学毕业后很长一段时间，一直从事航海事业。1786 年作为天狼星号（*Sirius*）的上校舰长和第二舰长，跟随亚瑟·菲利浦开往澳大利亚，在那里带领着远道而来的英国重刑犯成功开辟了殖民地。1793 年接替菲利普，成为新南威尔士的总督，励精图治，企图改变当地的"原始"状况。

从这封信可以窥见班克斯作为大英帝国信赖的植物学家，致力于往大英殖民地移植植物的整个过程。从联络政府官员到寻找植物园丁，从物种选择到如何育植，班克斯都事无巨细亲自操作。而从选择的植物来看，大多是有利于移民者在殖民地生存下来的物种，如小麦、黑麦、红三叶草等；或者是大英帝国急需的物种资源，如亚麻（Banks & Chambers，2012：3）。

对那些来到新世界的移民者来说，刚刚上岸时吃的当地食物多不如欧洲的可口和高贵，所以能否在殖民地种植欧洲粮食作物、养育肉食动物，很大程度上决定了移民者能否成功。克罗斯比在其著作中特意强调说，那些来自旧大陆的移民者在大洋彼岸吃的不是麋鹿或袋鼠肉，而是牛肉、猪肉和羊肉。移民者无论是在北半球还是南半球的殖民地，最终都恢复了以旧大陆主要作物为主的饮食（克罗斯比，2001：296）。当外来的野草和牲畜站稳了脚跟，土著居民就不得不试着种植新的作物，饲养远道而来的动物。这一方面导致了外来生物的急剧扩张，另一方面逐步改变了新大陆原有居民的生活方式。可以说，从自然和人文两个方面都改变了当地的生态。

从这一点看，班克斯的政治眼光，尤其是其博物学知识，对大英帝国开拓澳大利亚殖民地至关重要。

5.3 自然的"经济"体系

在奋进号航船上，班克斯携带了林奈最新版的《自然系统》。发现新物种时，班克斯和索兰德就用林奈的方法去分类和命名，并不断扩充林奈的新著作（Fara，2003：80）。班克斯与林奈的博物学兴趣中都包含着对经济利益的追求。他们都重视对海外经济作物的探索和移植，希望借此减少本国的贸易逆差，为国家带来财富，实现国家的自足。

如果说林奈的帝国博物学思想中还有着浓厚的宗教因素，即努力维护上帝所创造的自然的经济体系。那么，他在英国的门徒班克斯却与前辈弗朗西斯·培根一样，有着赤裸裸开发自然资源的理想。对林奈来说，经济并不是全球商业，而是在自己的地方上如何利用好上帝创造的自然物品。他根本不关注工业产品的供需平衡，而只是尽力掌管好自然界中的资源。他想通过自己的努力让世界秩序重新回到过去，就像上帝当时创造的天堂那样。因此在创造财富的方式上，林奈相信，上帝如若希望瑞典繁荣昌盛，就会让瑞典在本国疆域内获得所需要的一切。他派遣大量门徒到世界各地去寻找有用物质，甚至嘱咐门徒，必要时可以将重要物品偷运回国。他的门徒从中国带回了茶树、制造瓷器的黏土等（Fara，2003：34-35）。一方面，这反映出上帝在林奈博物学体系中的终极意义，另一方面也反映出林奈经济思想中浓厚的农本思想，他的理论依旧囿于封建小农经济的自给自足体系之中。

工业革命中的班克斯则与林奈截然不同。在经济发展方面，班克斯是大地主、大工商业阶层利益的代表，因为当时英国的农业资本主义进程已将农业与资产阶级的工商业紧密捆绑在一起。在创造财富的方式方面，班克斯更有世界眼光，他利用自己与王室、政府、东印度公司的正式或非正式联系，在世界范围内建立起博物学网络，将全球动植物与矿物资源纳入统一的体系之中，并付诸实际行动——将博物学与商业、政治活动绑定在一起。掌管皇家学会和邱园期间，班克斯保证了科学与帝国的共同扩张与利益共享。因此，与林奈相比，班克斯跨出了世俗化的一大步，上帝创世与物种在世界范围内的分配不再重要。班克斯相信，人依靠自己的知识，完全可以实现经济作物和有用动物在全球的重新分配。应该说，正是英国农业的资本主义化、全球化和英国工业革命的开展，造成了班克斯与林奈活动目的的根本不同。

5.3.1　面包树移植

在塔希提岛上，让班克斯印象最深、评价最高的植物当属面包树了。班克斯猜测：

> 这个快乐的民族一定没有受到祖先咒语的影响，也不必承受祖先原罪带来的惩罚。他们不用付出辛苦的汗水就可以得到廉价的面包，所需要的仅仅是爬上树将果实摘下。班克斯甚至想象说，一个人如果能成功地种植 10 棵面包树就可以生存下去，甚至为后代也存下了足够的粮食资源，而不必像欧洲人那样，需要在寒冷的冬季去播种，在酷热的夏季去收获。（Banks & Beaglehole，1962a：341）

这种上帝赐予的植物深深触动了班克斯的上进之心，他希望能将"天堂"的美好事物扩散到世界其他地方。因此，面包树移植也成了班克斯最具野心的计划，他希望能把塔希提岛上的面包树引种到加勒比海地区。在 18 世纪 60 年代，英国政府就有了往西印度群岛移植作物的计划，斯奈德在其论文中分析了两个主要原因。首先，大英帝国在该地区的殖民地经济收入十分单一，几乎完全依靠甘蔗种植。而"七年战争"表明，种植单一作物无论是对于殖民地，还是对于英国本土，都可能引发经济灾难，只有多样化才能保持殖民地的自给自足。于是，英国"皇家技艺促进会"（Royal Society of Arts）① 便悬赏作物移植。其次，英国

---

① 该学会全称为 The Royal Society for the Encouragement of Arts，Manufactures and Commerce，位于伦敦，成立于 1754 年，是一个跨学科学术机构，它的宗旨是"鼓励创业，增进科学，精进技艺，提高制造业，扩大商业"，并减少贫困，增加就业。亚当·斯密、本杰明·富兰克林都曾是它的会员。

在西印度的主要商业来源是制糖，而种植甘蔗是一项劳动密集型农业，需要大量的人口，于是英国从非洲运去了大量奴隶。但随之而来的是食物供应问题，黑奴消耗了大量粮食，使得粮食价格不断上涨（Synder，1994：50 - 52）。

面包树移植计划从一开始就得到了种植园主的极大欢迎，他们希望借此获得一种更便宜的食物来供养农场的黑人奴隶。1772 年 4 月 17 日，莫里斯（Valentine Morris）① 致信班克斯，询问引进面包树的可能性，他的信很委婉，甚至有些掩盖原意，高调地为改善当地土著饮食而呐喊，但实际上这位在南美有着种植园的大地主，更看重的是自身利益：

> 我满怀兴奋地访问了阁下的府邸，但您正好不在家，我留下名字并向您问好致敬。我知道这个时候您总是事务缠身，但很想知道能否得到面包树的植株或种子，以便将这种有价值的植物种子引进到美洲岛屿。那里有大量的财富，我一直想着要去，并对此很感兴趣。如果当地土著能得到面包树，对他们来说将是最大的幸运。因此，我给您造成的麻烦也算是人道主义的或者说助人为乐的，它能惠及如此多的人。我知道，我不需要向您这样的绅士道歉，您曾在类似的案例中表达过自己对这类事情的态度……（Banks & Chambers，2008：102 - 103）

1774 年牙买加农场主伊斯特（Hinton East）请求班克斯，希望能得到一些有经济价值或具有观赏价值的植物，以便引种在自己的农场

---

① 莫里斯（1727—1789），出生于英国地主之家，家庭富裕。到中年时，由于自己的赌博活动，加上商业、政治的失败，使他决心前往加勒比海安提瓜（Antigua）的地产，后来他成为圣·文森特岛的总督。

里。伊斯特也提到了面包树："获得最优良品种的面包树对西印度群岛来说具有非常重要的意义，它是一个特有品种，一种对黑人来说非常健康和可口的食物；它的作用会超过大蕉树（plantain, *Musa paradisia-ca*），占据奴隶所需粮食的大部分。"（Banks & Chambers, 2009：62）

现有资料很难还原班克斯采取了什么方式，才得以说服海军部和内政大臣同意这次面包树移植之旅，以及班克斯在决策形成过程中的角色是什么。或许很多想法都是通过当面会谈来传达的。但这个宏伟计划被批准后，班克斯在筹备活动中所发挥的作用却处处可见。1787 年，班克斯给随船的博物学家纳尔逊一封信，交代了如何随施恩号完成这次行动。指令详细规划了如何购买、保存、运输和种植面包树，每一个步骤都详细而具有很强的操作性（Banks & Chambers, 2009：224 - 227）。另外，施恩号起航后，班克斯也一直保持着与船长布莱的通信往来，以回答相关问题，并将情况汇报给王室和政府。

但途中船长布莱与海员矛盾激化，遭遇叛变，面包树移植工程也随之失败。班克斯并未放弃，他与政府官员商谈，向国王请求，于是海军部又组织了一次面包树引种活动，终获成功。布莱将 500 棵面包树苗留在了圣赫勒拿岛，另 500 棵留在了牙买加（Synder, 1994：59）。现在，面包果依然是加勒比地区的主要产品之一，而且作为地方特色出口到世界各地。

班克斯还从新西兰移植了亚麻。1785 年，东印度公司秘书莫顿（Thomas Morton）① 致信班克斯，送给他一些来自远东地区的大麻种子，并寻求在英国栽种的建议。这是班克斯与东印度公司的一次直接合作。虽然班克斯与东印度公司并无正式隶属关系，但他一直是公司可信

---

① 莫顿（？—1792），1783 年开始任职东印度公司管理委员会秘书。

的决策建议者，尤其是博物学方面。在航海时代，麻绳的耐用程度对船只来说非常重要，因此，东印度公司和海军部都希望能完成这项计划。但两者的目的显然不同，东印度公司主要看中的是商业目的，而海军部考虑的则是军备物资的自给自足（Synder，1994：68）。

作为皇家学会主席，给政府或公司活动提供知识咨询是很正常的，如果他自己知识不足，也会联系相关研究者来帮忙。1801 年 4 月 18 日，班克斯写信给福斯特（John Foster）①，告诉他自己已经倾尽所能购买亚麻，并送往了爱尔兰。另外，他还补充道，自己对亚麻在爱尔兰的成功持怀疑态度，因为它的收益较少，对农民没有吸引力（Banks & Dawson，1958：341）。5 月初，班克斯又为海军部购买到了数量更多的亚麻种子。但很不幸，班克斯的亚麻移植工程失败了（Banks & Dawson，1958：341）。

除此之外，班克斯还引种过菠菜、苹果等蔬菜或果树。接下来着重考察班克斯从中国向印度殖民地引种茶树的过程，这在中英两国经济贸易和文化交往的历史上具有重要意义。不幸的是，班克斯的这一计划并没有取得明显效果。

5.3.2 茶树移植

从 16、17 世纪开始，随着东西方经济、文化交流的加强和贸易往来的增多，中国的一些自然作物开始进入西方世界，并日益成为重要的贸易产品。特别是一些珍贵的药用植物，如人参、大黄、大麻等激起了西方博物学家的浓厚兴趣（Métailié，1994：157）。其中，茶作为一种有争议的治疗药物、一种饮品，因其重要的经济价值，更是直接地吸引了西方政治家、商人和博物学家的密切关注。1637 年，韦德尔（John Weddell）

---

① 福斯特（1740—1828），政治家，农业改革家。

率领一支由六艘轮船组成的船队到达广州，企图与中国进行直接的贸易活动。随船商人芒迪在旅行记录中写道："有一种名为'茶'的饮料，是用某种药草煮出来的水，需趁热喝，据说它对健康有益。"基尔帕特里克描述说，如此来看，芒迪应该是品茶的第一位英国人了。20 年后，茶就到了英国，出现在伦敦各咖啡厅中。1660 年开始，饮茶迅速成了时尚人群的新宠，茶叶需求量逐步增大（基尔帕特里克，2011：39）。

英国是近代中西贸易的大国，东印度公司很早就开始了小规模的茶叶进口。"1657 年，荷兰人把少量中国红茶转运英国，这应该是茶叶首次登陆英伦。1658 年 9 月，英国报纸刊登了茶叶介绍，茶叶处于试销阶段，售价 60 先令 1 磅。"（郭卫东，2009）从当时货币的购买力和工资水平看，这无疑是相当昂贵的。一个普通劳动者的衣食月消费大约 20 先令，而一位中等纺织工人月收入也不过 80 先令左右。加之当时进口量小，茶叶基本是王公大臣享用的奢侈品。

也有一段时间，茶叶进口量增多，但销量却很差，于是价格大幅下降，甚至低于所需上交的茶叶税。几经反复，从 17 世纪末开始，茶叶终于魔幻般地征服了英吉利民族。"从此以后，除个别年份外（1705年），英国年进口茶叶均在万磅以上。茶叶的平民消费时代真正到来了！此后的 100 年，英国的茶叶消费量增加了 400 倍。"（郭卫东，2009）根据郭卫东的论述，大约从 18 世纪 20 年代起，丝绸在中英贸易中的领先地位受到了茶叶的挑战，茶叶逐渐取代丝绸成为第一大出口商品。长期以来，英国东印度公司是中英贸易的唯一中介。1722 年，在其从中国进口的总货值中，茶叶已占有 56% 的份额，而 1761 年更是高达 92%，从此茶叶的进口量超过了丝绸。到 18 世纪 80 年代，中英每年的茶叶贸易额可达 130 万英镑，并因此向中国输出价值 70 万英镑的白银，国民茶叶消费的支出不低于 300 万英镑（Banks & Chambers，2009：300）。东印度公司甚至将丝绸、瓷器等贸易转让给一些私人去经营，公司则集中经营茶叶。

茶叶在英国备受欢迎，使得中英两国之间茶叶贸易额不断增大，大英帝国对清朝贸易逆差也持续增大。加之当时的贸易大多是通过真金白银等硬通货来完成的，大量的贵金属流入大清王朝。此时的茶叶不仅仅只是一种普通商品，它深刻地影响着当时大英帝国的政治决策、经济运行和国民的生活方式。1773 年，英国颁布《茶叶法案》（*Tea Act of 1773*），引起了波士顿骚动，愤怒的殖民地民众把英国东印度公司的茶叶倾倒在海湾中，美国独立战争从茶叶事件开始正式爆发。茶叶的重要性使得英国王室、政府、商业机构、学术团体等开始关注茶叶的移植栽培与采摘制作。

1）公认的权威，充足的知识储备

布鲁索内（Pierre Broussonet）是法国博物学家，曾担任皇家农业学会（Royal Agricultural Society）的秘书。1785 年 1 月，他致信班克斯，提出了把中国茶树移植到法国东南部科西嘉岛（Corsica）的计划，并向其寻求意见。同年 4 月布鲁索内收到了班克斯的回信，并附赠了两大包裹的茶树苗。这在一定程度上反映出了班克斯在当时欧洲博物学界的巨大威望；同时也可以看出，班克斯掌控了一个势力庞大的运作机制，使其能够顺利操控和调度来自世界各地的物资和人力（Banks *et al*，1994：158）。这次活动对班克斯的震动很大，英法两国在世界范围内的全方位竞争让他时刻警惕着，至少在他管辖和擅长的领域不能落后于对手，何况是茶叶这种中西贸易的重要商品。

班克斯把茶树移植和自主生产看作一个"极其令人向往的计划"，并为此做了大量的调查和研究工作。他从肯普弗《异域采风记》中选择了一些图画并将其出版。肯普弗认为，世界上最好的茶树生长在日本东京附近，北纬 35°左右；茶树喜好温和的气候，以此来看，意大利和西西里岛是欧洲最适宜种植茶叶的地区。

班克斯虽然信赖肯普弗，但毕竟中国茶叶种类繁多，分布广泛，在许多方面都不符合肯普弗的记述与推测。而且到了 18 世纪下半叶，中国茶早已被公认为优于日本。因此，要对中国茶树进行移植，就需更准确地了解中国茶树的种植情况。此时，班克斯查询到了法国耶稣会士杜赫德（Jean Baptiste Du Halde）① 编纂的中国百科全书《描绘中国》。该书虽是杜赫德依据别人记载编辑而成，但原初作者多游历过中国，材料真实性和实用性比较高。从这本书中，班克斯认识了不同种类的茶叶分布：

> 安徽松萝山大致处于北纬 30°，气候适宜绿茶生长；福建武夷山北纬 27°左右，以红茶而闻名；北纬 23°的云南某些地区，产一种味道怪异的茶，当地人将其制为饼状，还有广东、海南等。（Banks & Chambers，2000：114 - 115）

班克斯注意到，中国茶树的主要种植区域纬度要远远低于日本东京的纬度；同样是北纬 35°，中国茶树分布相当稀少。由此班克斯更加确信，茶树生长需要温和的气候，并猜测之所以会出现这种差异，盖由日本的海岛气候所致（Banks & Chambers，2000：114）。由此可见，时代为这些帝国博物学家提供了一个展现自我的平台和条件；而班克斯本人，由于其卓越的博物学知识储备、宽广的见闻，以及背后所拥有的政治、商业支持，自然地成为这次茶树移植政策的设计者和行动的指导者。

---

① 杜赫德（1674—1743），法国耶稣会士，精于中国研究。虽从未到过中国，但依旧在阅读和借鉴 17 位耶稣会传教士的日记和报道的基础上，编纂了百科全书《描绘中国》（*Description De La Chine*）。

2）英国茶树移植计划的缘起与早期准备

1788年，英国贸易委员会（Board of Trade）主席霍克斯伯里致信班克斯，咨询有关茶叶移植事项。以下是班克斯根据霍克斯伯里书信所作的备忘录：

> 如果有相应的资金支持和正确的理论支撑，是否有可能在英国的东印度或者西印度殖民地种植茶树、生产茶叶，以部分地供应英国的茶叶消费，而不是完全依靠从中国进口呢？
>
> 孟加拉的巴特那（Patna）与中国生产最好茶叶的省纬度相同。牙买加的维度也与之相近。
>
> 我们每年从中国进口茶叶的费用是1200000～1300000英镑，为此，每年需要向中国输出600000～700000英镑的白银。
>
> 东印度公司每年从茶商那里收到2300000英镑的茶叶，而消费者花在上面的约为3000000英镑。
>
> 根本不可能阻止茶叶的消费，而且消费量可能会进一步增长。除了大英帝国范围内的消费茶叶，整个欧洲的茶叶消费量也在逐年上涨。美国也派遣船只到中国购买这种商品。如果我们不能进口足够本国消费的茶叶，那就只能依靠外国公司去进口，并走私进我们的国家。
>
> 既然我们不能阻止消费，唯一能做的就是自己生产茶叶，但这种尝试接连失败。我们现在在自己的殖民地里可以生产大量的糖和咖啡了，以前也是靠从亚洲进口。咖啡树的移植也就是近些年的事。
>
> 霍克斯伯里晚年开始思考这件事，希望从班克斯这里获得一些实用建议。（Banks & Chambers，2009：299 - 300）

班克斯同年给霍克斯伯里回过两封信，这些通信意义重大。霍克斯伯里贸易委员会主席的身份，反映了茶叶贸易在当时中英贸易中的重要地位，同时表明了此次活动的级别之高，英国开始从政府层面考虑茶树的移植。

其实在此之前，基德就曾在自家的小花园中栽培过茶树。他喜好植物收集与栽种，为圣文森岛植物园和加尔各答植物园的建立积极出谋划策，并运作植物移植，做出了突出的贡献。基德十分渴望能为这些植物园筹集到一批经济作物，其中包括来自中国的茶树，而此任务只有来自中国广东的东印度公司商船能做得到，但他几经努力未果。于是，基德便致信东印度公司的伦敦总部，提出了自己的想法和要求，并抱怨在广东的工作人员行动拖沓。东印度公司将基德的信件转交给了再次身患痛风的顾问班克斯，向他寻求意见与计划的可行性。1788 年 12 月，班克斯致信东印度公司管理委员会：

> 我很高兴地发现，东印度公司成了茶叶事务上的主管部门，这似乎更便于我在贵公司殖民地周边尝试引种和制作该商品。东印度公司也同意了我建议的模式，即将茶树及善于种植茶树的茶农和精于加工茶叶的工人一起，引进到殖民地。这种方式可能会比截至目前所有的建议都更加容易成功。对我来说，我乐于承认，与坐在议事厅里的那些人相比，我恰好更有能力找到气候、土壤、居民等各个因素都适合这些事业的地方。
>
> 然而，我觉得我有义务指出，我们在英国就可以看出，格鲁贤作为编纂者①，毫无判断力，所以我绝不认为他的信息有任何的可

———————————

① 指格鲁贤编纂的《中国概述》。

信度。我想说的是，在起草一份有关茶叶育植的报告时，我有这份荣耀来面对公司的管理委员会。我咨询了我所听过的每一位权威，几乎都没用格鲁贤的信息。因为在大多数情况下，我所见到的他记述的事情，我都有更原始的出处。（Banks & Chambers，2009：370）

作为当时最早、最大的殖民地植物园之一，加尔各答植物园受到了班克斯的高度重视和持续关注。班克斯把所有基德有关加尔各答植物园的信件都做了整理与记录，其中有一篇专门提到了中国绿茶和武夷山红茶（Banks & Chambers，2009：361）。但茶树移植并非简单的异地栽种，而是一个复杂的系统工程，这里牵扯到植物学、地理学等专门知识，也涉及人员引进与培训、作物种子获得与分配、政治与文化等。

班克斯不是书斋里的博物学家，他拥有丰富的实践经验和管理能力，因此对茶树移植工程有着比常人更全面、更清晰的认识。除阅读了之前他在图书馆查询的资料外，班克斯还与一些长期定居在广东的传教士或东印度公司工作人员等有着密切的通信往来与交流合作，其中邓肯兄弟与班克斯的通信最为频繁。1784 年 1 月 18 日，约翰·邓肯曾致信班克斯并赠送了一些茶树种子（Banks & Chambers，2009：56）。同时，约翰·邓肯还给班克斯引荐了退休归国的东印度公司驻广州领班布雷德肖。布雷德肖爱好收集动植物字画和标本，想回到英国后能去拜访班克斯。想必布雷德肖见着了班克斯，因为在班克斯的记述里，有一段是关于他对中国茶树栽培的理解，源自布雷德肖从中国带回来的 24 幅系列画，图画展示了中国茶树培育的步骤（Carter，1988：272）。

班克斯重视茶叶栽培技术，也特别关注茶叶生产制作技术，当时的英国人以及殖民地国家的人都没有掌握茶叶的制作技术。因此，班克斯多次强调，植物园要引进中国茶树，就必须连同技术人员一起引进，当然既包括经验老到的种植工人，也包括技术娴熟的制茶工人，然后由他们向当地的劳动者传授技艺（Banks *et al*.，1994：159）。

1788 年 12 月 27 日，班克斯给东印度公司主席戴维内斯的书信中曾提道：广东人已经习惯于随船去那些需要他们的地方，而加尔各答等植物园又有足够的实力和空间去安排他们。因此，班克斯希望驻广东的东印度公司能够全力以赴并谨小慎微："争取能够引进高水平的工人，最好连同他们的劳作工具、茶苗一起迁往加尔各答……任务的成败不仅影响东印度公司，而且关乎整个国家。"（Banks & Chambers，2000：116）这样就解决了该计划所需要的人员和技术难题。

接下来的工作是整个茶树移植计划中对植物学、地理学知识要求最高的部分，也是整个计划的核心难题：确定茶树生长的最佳环境，寻找最适宜的移植区域。经过之前对多种资料的比较与分析，班克斯总结道，中国所有用来买卖的茶叶几乎都出自北纬 26°～35°之间，具体细分即 26°～30°最适宜红茶生长，30°～34°最适宜绿茶种植。但考虑到东印度公司的控制范围，要为不同种类的茶树都找到适宜的生长环境是几乎不可能的，因此幻想通过茶树移植而一次性取代进口中国茶，既不经济也不可行（Banks & Chambers，2000：114 - 115）。

因此，首先选择何种茶树来移植就成为接下来要解决的问题。在给戴维内斯的信中，班克斯提出了自己的建议：

在巴哈尔（Bahar）、朗布尔（Rungpoor）、科赫比哈尔（Coosbeyhar）① 等地区种植红茶可能会获得成功，它们的维度以及来自

① 巴哈尔，印度东部的一个省；朗布尔，指现代英语中的 Rangpur，孟加拉国北部的一个地区；科赫比哈尔，指现代英语中的 Koch Bihar，位于印度境内的孟加拉邦地区。

附近布唐山（Mountain of Boutan）的冷空气，使其更有可能与中国最好的红茶种植区气候相似……在中国一些稍冷的地区生长着绿茶，布唐山区的气候与之相近，如果巴哈尔等地的茶树栽培成功了，自然会吸引布唐地区的居民尝试移植绿茶。经过缓慢的变化，整个的茶叶贸易将最终转向这一地区。（Banks & Chambers，2000：115）

在考虑上述问题时，班克斯甚至连茶叶的市场和消费人群等商业因素都计算在内了。他认为，应该从最劣等品质的茶叶入手，一来这种茶叶对技术要求比较低，生产比较容易；二来品质差、价格低的茶叶可以立即进入低收入人群的视野，它们不像高品质的茶叶一样需要满足那些显赫人物相当挑剔的味觉，仅靠价格低廉这一大优势就足以吸引那些底层民众了。它们虽然价格相对偏低，利润相对较少，但市场占有量可以弥补这一缺陷。而且班克斯相信，这种茶叶必将在整个茶叶贸易中占有重要的分量（Banks & Chambers，2000：115）。

3）班克斯的茶树移植

在18世纪，要从中国获取足够的茶树种子特别是茶苗相当困难。一是大清实行了闭关锁国政策，仅开放广州、厦门等几个城市，而且视西方人为野蛮人，严加防范，中英交流并不顺畅。况且茶叶在中英贸易中占有如此重要的地位，每年给政府带来巨大收益，清政府严禁将茶树种子和幼苗带出关外。二是当时运输工具还比较落后，运输时间长，且保存技术不发达，茶苗容易死亡。

1789年，基德致信史密斯，详细记述了卡明船长从中国运往加尔各答植物园的植物种苗，其中茶树2 272株，到达植物园时仅存活272株，2 000株死于运输途中（Banks & Chambers，2010：81），运输成功率仅为十分之一。但对茶树移植计划的热切期望让班克斯更加珍惜每一个可利用的机会，他通过自己的私人关系，并借助东印度公司的船队，多次从广东窃取茶种与茶苗，在英国的植物园和印度殖民地不断进行着茶树栽培实验。

通过与各地负责人的通信往来，班克斯及时跟进茶树引种事业的进展。1788 年 11 月 25 日，在关于加尔各答植物园的建立事宜中，他曾经提及了这一计划。1789 年 9 月 23 日和 25 日，基德对他的陈述作了一些评论和回应，看得出，基德对东印度公司运到植物园的茶苗并不满意。

> 虽然这个地方的土壤和气候非常不适宜茶树的生长，但从广东运来的茶苗却能生长良好。需要责备的是那些货物运输者，他们运来的茶树品种是最差的，无法供应欧洲市场，而且，他们也没有为植物园带来中国的茶农。(Banks & Chambers, 2010: 52)

前面已经提及，班克斯对茶树栽培的品种进行过研究，并有自己的见解。他也曾着重强调，要从中国引进有技术的茶农。那么，执行过程中为什么会出现如此多的偏差呢？大概的原因如下：首先，东印度公司的执行团队可能对茶树不甚了解，难以区分不同品级的茶苗；其次，可能是条件所限，毕竟公司与中国的贸易只能发生在广东，所以想得到其他地方的茶苗就更加困难；最后，东印度公司的工作人员也可能没有尽力，毕竟班克斯只是公司的技术顾问，没有实际权力去掌控他们的活动。

但班克斯并没有放弃这一伟大的工程。为了扩大中英商业交流，改变英国对华贸易逆差，获得像葡萄牙、荷兰等国一样好的贸易机会 (Staunton, 1799: 1-2)，乔治三世派遣以马戛尔尼为首的外交使团前往北京会见乾隆皇帝。班克斯作为大使秘书老斯当东（George Leonard

Staunton)① 的朋友协助代表团做远行准备。1792 年 1 月 22 日，班克斯致信马戛尔尼，向他描述中国茶叶的妙处，并表示了当时英国人不能模仿这一技术的遗憾（Banks & Chambers，2000：140）。班克斯希望大使团在条件允许的情况下，能够收集些茶树或者种子。虽然马戛尔尼代表团的外交任务失败了，很多博物收集、技术学习计划也没有实现，但他们成功地带回了用以栽培的茶树。

1793 年 11 月，大使团从杭州出发去广州。正是在这次内地之旅中，他们认识了中国的农村、乡镇以及农业劳作；也正是这次机会，使得他们得以收集茶树。马戛尔尼记述道：

> 随行的总督看着我们对所有博物类东西很好奇，答应了我们收集一些种子和化石的请求，并允许我们带走一些正在生长的茶树，连带树根所附着的大土球。我想我应该能够把它们传送到孟加拉地区。我丝毫不怀疑孟加拉当地管理者的爱国精神，他们一定会有效地栽培这些价值巨大的茶树，并且取得成功。（转引自 Akers-Jones，2001：371）

1794 年 9 月，马戛尔尼差遣丁威迪（James Dinwiddie）② 去印度，他成功地把茶树以及各种种子送到了加尔各答。植物园的管理者按照班克斯的指示进行了茶树的重新栽培，但不幸的是这次活动也没有取得成功。

班克斯在整个茶树移植计划中倾注了大量的心血，即使遭遇多次失

① 老斯当东（1737—1801），医师，外交家，皇家学会会员。为与其儿子乔治·托马斯·斯当东相区分，一般称其为老斯当东。
② 詹姆斯·丁威迪（1746—1815），科学家，精通数学、天文学及博物学。1792 年随马戛尔尼出使北京，负责管理天象仪，进行天文观测和植物标本收集。

败，他都从未放弃。但不幸的是，直至逝世他都未能在英国的殖民地上看到中国茶树的生长，但其关于茶树移植的知识并未随他而逝，其方法被后人继承了下来。1834 年，东印度公司成立了一个茶叶委员会，专门负责中国茶树在印度的栽培与管理，并取得小规模成功。最终印度阿萨姆（Assam）地区的一种野生红茶树得到了大量推广，在规模和商业上都大大超过了移植的中国茶树。

班克斯的后半生一直致力于重要作物的移植。在他的哲学里，像印度这样的殖民地，相比于英国本土，土地、气候和人口情况都如此优异，似乎本来就是为宗主国提供原材料而存在的，而且这种供应关系惠及双方、利益共享，并使得人类之间的关系牢固而持久（Carter，1988：273）。它反映出身处资本主义工场手工业时代的知识分子坐享其成的自得心态，也反映出殖民扩张时代宗主国对掠夺行为的美化。班克斯确实看到了大英帝国从中获得的巨大利益，但却忽视了殖民地人民的疾苦，忽视了物种入侵、生态破坏给当地民众带来的持久灾难，即使这位大博物学家本意并非如此。

5.3.3　美利奴绵羊的引进

在 18 世纪的技术条件下，与植物移植工作相比，动物育种给国家带来的利益要低很多，适用范围也小得多，但绵羊品种的改进是个例外。随着工业革命从纺织行业开始获得突破，羊毛产量的增加和质量的提升，一度成为整个国家的目标，因为这一时期的羊毛工业占据了大英帝国出口量的 25%——约 3500000 英镑，这个数量高于钢铁和棉纺织的总额。从参与人员来看，纺织业也是当时最繁荣，最关系国计民生的产业。尽管当时哈格里夫斯（James Hargreaves）的珍妮纺纱机和康普顿（Samuel Compton）的骡机都已经投入市场，但主要动力依旧是人工，当时，整个英国有大约 100 万左右的纺织工人（O'Brian，1988：221）。

另外，还有大量农场主及农业工人，羊毛的产量、质量以及纺织行业的兴衰，与他们的利益息息相关。

班克斯继承林肯郡的地产后，开始关注绵羊育种和羊毛生意。林肯郡的绵羊品种优良，因此，班克斯每年都能从绵羊产业上获得大量收益。直到 1781 年，美国独立战争接近尾声，愤怒的宗主国决定对新独立的北美大陆实行经济封锁，这导致羊毛价格的急剧下降。班克斯加入"林肯郡羊毛委员会"（Lincolnshire Wool Committee），希望组织活动以改变法律，将羊毛制品销往国外。他深切关注此事，曾经派遣一位瑞典人到北美大陆去寻求贸易合作的可能性。尽管该委员会很努力，但国家依旧通过了《羊毛法案》。地主阶级只能通过改良羊毛品质，增加羊毛数量来缓解政治活动带来的收益衰退。

另外，从英国纺织工业传统来看，高端纺织品所需要的优质羊毛一直都从西班牙进口。自从摩尔人入侵，把美利奴引进西班牙以来，这种绵羊就成了欧洲市场上最优良的绵羊品种：重为一磅的美利奴羊毛，可以纺出 92 英里长的纱线；与之相比，林肯郡最好的羊毛只能产出 43 英里。而且，这种羊毛在生产过程中一般不会与其他羊毛混合使用，也无法以次充好。英国每年需要花费 750000 英镑来进口这种羊毛，而且战争和政治争议还会时常扰乱正常的贸易，让英国纺织业随时面临原料中断的危险（O'Brian，1988：221-222），西班牙因而拥有了羊毛市场上无可比拟的优势地位。西班牙国王为了维护本国在羊毛市场的垄断地位，严令禁止把美利奴绵羊带出境外，这便紧紧遏制了英国的纺织工业。

英王乔治三世和当时的许多大地主、大纺织厂主一样，对这种优质绵羊的觊觎之心从未衰减。他们希望英国的土地上也能生长着美利奴，而且英国的美利奴也能像西班牙的品种一样，长出优质的羊毛。1787年，国王与他的顾问格雷维尔（Robert Greville）正在邱园散步，格雷维尔一直都在向国王陈述引进美利奴绵羊的重要意义（Snyder，1994：61）。看着皇家植物园的威尔特郡羊群，乔治又想起了西班牙的美利奴绵羊。他当即决定，要不惜一切代价来引进西班牙的优良绵羊，同时想好了执行该计划的完美人选——班克斯。乔治三世说，"班克斯是最正确的人"，"告诉他我对此表示感谢，他的帮助将受到最大程度的欢迎"（转引自 Carter，1964：74）。格雷维尔很快就传达了国王的意愿，而这正迎合了作为地主阶层代表的班克斯的利益，从此之后的几十年，在美利奴绵羊引进一事上，班克斯团队都恪尽职守。

乔治三世之所以选择班克斯作为这项重要工程的领导者，不仅是因为班克斯在博物学方面的专长，也不仅是看重他在不同土地上拥有不同品种的绵羊，而是他非政府工作人员的身份，不容易引起西班牙管理者的警惕。更为重要的是，班克斯曾利用自己与博物学家布鲁索内的私人关系，从法国弄到了一公一母两只美利奴绵羊。1784 年 12 月 6 日，布鲁索内给班克斯的书信中，首先恭喜班克斯从皇家学会数理科学家的叛乱中赢得胜利，随后允诺一定会送给班克斯一些西班牙绵羊（Dwason，1958：159）。这是美利奴或者说美利奴近种第一次出现在英国土地上，班克斯利用他们进行了不同的育种试验，积累到大量绵羊育种经验，并用实际案例，证伪了之前的一种普遍观点：美利奴绵羊的优质性源于它们的生长环境，以及随季节的迁徙活动，因此即使得到该品种，它们在英国产出的羊毛也不如西班牙的好（O'Brian，1988：222）。

之后，班克斯与布鲁索内的通信还在继续着，布鲁索内也依旧尽心尽力地帮助班克斯引进美利奴绵羊。1787 年 5 月 14 日，布鲁索内告诉班克斯，自己的朋友多伯顿（Louis Dauberton）是法国农业学家，掌管法国的美利奴羊群，愿意献出 15 或 20 只绵羊（Dwason，1958：164 - 165），并说了些运送羊群的安排。几经周折，最终有 48 只美利奴绵羊到达英国肯特郡的多弗（Dover）港口，两周后到达邱园。这些绵羊品种不同，其中 15 只母羊被确认为是杂交品种，两只公羊及 12 只母羊来自法国南部，实际上，没有一只正宗的西班牙美利奴。但是，班克斯依旧非常感激布鲁索内的帮助，毕竟他已经尽心尽力。为感谢这位国外同行，班克斯送给他一只澳大利亚袋鼠，值得一提的是，它是第一只到达法国本土的袋鼠（O'Brian，1988：223）。

为了得到纯种西班牙美利奴，班克斯将注意力转向了其他地方。他了解到，西班牙的美利奴有迁徙的习惯：它们夏末生活在港口城市毕尔巴鄂的山后，通常羊毛就是从这里出口至英国；到秋天，它们便开始返回葡萄牙边境的牧场。因此走私者一定有机会在毕尔巴鄂或葡萄牙动手，为英国商人偷到一些绵羊。班克斯在毕尔巴鄂的计划没能取得成功，那年他遭受了人生第一次痛风。幸运的是，班克斯要求从葡萄牙偷运绵羊的计划成功了。1788 年，有位叫马什的商人弄到两只母羊一只公羊，它们都是西班牙最好的绵羊品种。马什将绵羊委托给了船长米歇尔。3 月 4 日，米歇尔从多弗港致信班克斯，提到了这次成果，并保证还可以弄到更多西班牙美利奴。（Banks & Carter，1979：145）

之后，班克斯陆续从里斯本和毕尔巴鄂收到良种绵羊：1789 年 10 只，1790 年 27 只。但邱园的养殖员并没有善待它们，致使一些绵羊生病。1791 年，班克斯与国王召开了一次正式会议，商讨绵羊的管理方法以及育种、归属权等问题。1792 年，里斯本那边运来 47 只绵羊，之后这种走私活动就停止了（O'Brian，1988：224 - 226）。班克斯和国王已经获得了足够数量的西班牙美利奴，以此为基础，他们进行了多次育种试验。表 5.1 给出一组统计数据，展示了 1785—1792 年间班克斯在伦敦西部郊区斯普林格罗夫家中进行的 232 次绵羊育种试验。育种活动使得绵羊数量越来越多，质量越来越好，也再次表明，与西班牙相比，英国的羊毛质量并未因环境或者其他因素而降低。

实际上，美利奴绵羊并不是很适应英国潮湿的气候，它们从未像在阳光明媚的西班牙一样，生长得如此健壮。但它们却非常适于生活在英国的新殖民地——新南威尔士的草地上，从 1812 年开始，英国开始将美利奴从本土移向新殖民地。1828 年，新南威尔士成为英国优质羊毛和中等品质羊毛的重要供应地。在整个引进、育种过程中，班克斯都是核心设计者和领导者（Snyder，1994：66）。他在世界范围内的帝国网络保证了绵羊引进计划的成功。班克斯打破了西班牙对优质羊毛的垄断，保护并增强了英国的纺织工业。

表 5.1   1785—1792 年间班克斯在斯普林格罗夫进行的绵羊育种试验
（根据 Carter，1988：575 翻译制作）

年份	1785	1786	1787	1788	1789	1790	1791	1792
繁殖杂交								
西班牙美利奴	2	2	3	6	9	8	8	11
苏格兰	2	2	2	3	3	—	—	
威尔特郡	2	2	2	1	2	—	—	
苏塞克斯	7	7	5	1	6	—	—	
赫里福德郡	4	4	6	2	2	—	—	
林肯郡	2	2	3	1	—	—	—	
设得兰岛	—	—	—	—	—	—	4	
美利奴杂交								
苏格兰	—	—	—	2	4	1	—	
威尔特郡	—	—	—	2	4	3	1	—
苏塞克斯	—	—	—	6	11	11	11	
赫里福德郡	—	—	—	2	4	5	5	
林肯郡	—	—	—	3	3	4	5	—
设得兰岛	—	—	—	—	—	—	—	2
西班牙莫提斯	—	—	—	4	4	4	4	—
总计	19	19	22	33	52	36	38	13

班克斯团队与王室和政府一起，筹划并移植了那些可以给帝国本土和帝国殖民地带来利益的动植物。班克斯相信，科学特别是植物学，能够在物质层面惠及英国，正是在这种意义上，班克斯直接继承了林奈的帝国进路，整个后半生都致力于全球物种交换，来实现自然的"经济"体系。据卡特统计，班克斯曾组织过 11 次大型的海外移植活动来有效调配全球动植物资源（Carter，1988：558）：

1787 - 8　　皇家 Sirius 号，船长 Arthur Phillip（船舱和海军官员的货仓里堆满活株植物）。

1787 - 9　　皇家 Bounty 号，海军少校 William Bligh，园艺师 David Nelson 和 William Brown（后甲板和大船舱内准备了安放花盆的特殊平台）。

1789 - 9　　皇家 Guardian 号，船长 Edward Riou，园艺师 George Austin 和 James Smith（后甲板上准备了一个很光滑的植物存储仓）。

1791 - 5　　皇家 Discovery 号，船长 George Vancouver，医师 Archibald Menzies（后甲板上准备了一个很光滑的植物存储仓）。

1791 - 3　　皇家 Providence 号，船长 William Bligh，园艺师 James Wiles 和 Christopher Smith（Bounty 号上有专门放置花盆的平台）。

1794 - 5　　皇家 Princess 号，船长 Henry Bond，园艺师 Peter Good（后甲板上有一个光滑的植物储存仓，装载着往返英国和加尔各答的植物）。

1795 - 6　　皇家 Reliance 号，船长 Henry Waterhouse（后甲板

上准备了一个很光滑的植物存储仓）。

1795　商船 Venus 号，船长 Marmaduke Vickermann，园艺师 George Noe（货仓里有安放花盆的平台）。

1800 - 1　皇家 Porpoise 2 号，船长 Philip King，园艺师 George Caley 和 George Suttor（船中部有个光滑的植物存储仓）。

1801 - 5　皇家 Investigator 号，指挥者 Matthew Flinders，植物学家 Robert Brown，园艺师 Peter Good（后甲板有光滑的植物存储仓，是从分裂了的后舱室运出来的）。

1806　Thames号，Thomas Manning 和一位海员管理船只（船上有光滑的植物存储仓，运载着从邱园到中国的植物）。

5.4　帝国博物学实作的自然观

帝国博物学借助对动植物自然和社会双重空间的利用，主要在理论构建和利益追逐两个层面消解着传统博物学或阿卡狄亚博物学所强调的物种的"地方性"。这种空间"普遍性"的寻求借助现实的政府力量，在全球范围内大规模地重新配置动物的生存语境，从而引发了新旧大陆之间原先处于相对闭合状态的生态系统的相互开放，进而使得地区范围的生态问题走向全球化。准确地说，在帝国殖民政府和博物学家的共同作用下，原先相对独立的生态系统以前所未有的深度和广度联系在了一起。

克罗斯比将植物移植、动物交换与社会事件、殖民活动联系起来，认为这是一个相互影响的过程（克罗斯比，2010，30 周年版前言：iv -v）。他在《生态扩张主义》（*Ecological Imperialism*）一书中，率先严肃而认真地考察了帝国扩张与全球生态的紧密联系。他将焦点转向世界其他地区，包括澳大利亚、新西兰等，并主张过去几个世纪以来，欧洲人之所以能独霸世界，主要是因为背后存在这种系统而又不对称的生物交换。准确地说，克罗斯比在物种扩张的生态逻辑与帝国扩张的政治经济逻辑之间，发现了彼此共存互惠的二元故事。在这个新的历史图景中，帝国博物学家发挥着至关重要的作用，他们作为中介，将博物学知识与国家权力、商业利益结合起来。

除两个层面的现实活动外，帝国博物学进路暗含的乐观、傲慢的"人类中心主义"和"机械主义"思想也对生态全球化产生了深远影响。在那个科学革命、工业革命、政治革命浪潮迭起的年代，文艺复兴所唤起的人的地位的初步提升，早已发展成启蒙运动时期高扬的人类中心主义和功利主义。当时几乎每个人都相信，上帝要使整个世界，当然最重要的是使人，过上现世的幸福生活；而幸福在这个阶段如果有什么含义的话，那就是物质上的舒适。林奈学派尤班克（Thomas Ewbank）的《世界是个大工厂》（*The World a Workshop*），使全球范围内自然服从人类需要和理性的帝国传统，达到了登峰造极的表现（沃斯特，2007：76 - 77）。

在自然观方面，机械论基于这样的逻辑，即这个世界的自然规律是上帝加在造物主之上的，表现为数学法则的稳定性和同一性。世界的运动是质料和外在的力共同作用的结果，其中质料是微粒的、被动的和惰性的，力则是外在于质料的。正是因为机械论者把自然看作由被动质料构成的，看作死的，所以这种哲学观就微妙地认可了对自然及其资源的掠夺和控制（麦茜特，1999：113 - 114）。也就是说，既然动物、植物、矿物资源是没有理性的物质，是没有内在要求或智慧的粒子聚合物，那么对其不加限制的开发利用就不是不道德的了，尤其是到了 18 世纪启蒙运动时期，这种哲学观点很快便与追求世俗利益的功利主义紧密结合起来（沃斯特，2007：62 - 67）。

弗朗西斯·培根首次真正将科学知识与帝国活动联系起来，并全面提出人类负有统治自然和开发自然义务的人类中心主义观点。这无疑奠定了大英帝国博物学在接下来两个世纪的基调，也构建起了人类利用知识开发利用自然的基本科学模式。而培根的追随者也与他一样，清楚地认识到了科学知识、商业贸易、殖民扩张与统治自然之间的关系。罗伯特（Lewis Robert）在他的《贸易的财富，或国外贸易的谈话》（*Treasure of Traffike, or a Discourse of Foreign Trade*）中，对全球范围内地球母亲的未开发状态感到痛惜。（麦茜特，1999：205）

兴起于 16 世纪的机械主义自然观，成为之后两个世纪里占统治地位的哲学思想。这种机械主义的乌托邦把自然界喻为无生命的机械，认为植物、动物包括人都可还原为原子一样的粒子。在机械世界里，秩序被重新定义为在理性决定的规律的系统中每一部分行为的可预见性，而力量就出自现实世界中存在的主动和直接的干预（麦茜特，1999：205）。如此一来，传统博物学所强调的物种的地方性、价值性、文化性等空间性特征就被剥离了，或者变成次等重要因素。这种思潮孕育了帝国博物学，至少可以说它构成了追求普遍性知识和世俗经济利益的帝国博物学的思想前提。由此，帝国博物学所承载着的机械主义自然观也就构成了推动生态问题全球化的思想渊源之一。

强调帝国博物学空间特征对全球生态的影响，并不是要将其指责为全球生态破坏和环境退化的唯一或最主要因素。只是帝国博物学家作为近代科学共同体的一部分，在与殖民政府和商贸公司共生互惠的扩张历程中，强有力地加速了生态问题的全球化。同时，在时间尺度上，既然帝国博物学家的活动深受资本驱使，那么他们考虑问题的时间范围就不会是环境主义者所坚持的那种，必然是选取关于资源开采的最优时空视野（哈维，2010：261）。即在相对短期的时间里，获取最大限度的利润，而不是谨慎地考虑有责任给后代留下不被破坏的自然。剑桥大学著名环境史家格罗夫（Richard Grove）在对近代三大殖民岛屿和印度殖民地生态环境的起源、后果进行详细考察后，揭示出了导致生态问题在全球兴起的殖民地原因和资本原因。（Grove，1995：474）

6　中英两国博物学交流的指挥者

　　在中西交往史上，英国与中国的常规交流和商业贸易要远远落后于意大利、葡萄牙、西班牙、法国、荷兰等欧洲传统强国①。但从 18 世纪中期开始，随着海上力量的不断壮大和"七年战争"的胜利，英国赶上并超越了其他海上列强②。1757 年，清政府实行海禁，改变了原先对西方的海外贸易政策，指定广州为唯一的对外贸易港口③。自此至鸦片战

---

① 早期中西交往活动主要是通过传教士来完成的，如万历年间意大利的利玛窦、庞迪我，崇祯年间的卫匡国、葡萄牙的安文思，清朝初期法国传教士李明。除此之外，还有大量耶稣会传教士来中国。而英国圣公会传教士大规模进入中国则是 19 世纪之后的事了。而在贸易方面，葡萄牙人最先到达中国，并在 16 世纪后期至 18 世纪这一时期占据了中西贸易的主导地位。从 1517 年以后的一个世纪以上到中国来的欧洲商船都是葡萄牙人，而他们的语言文字在某种程度上是沿海的通用语。

② "七年战争"是英国争夺世界霸权的一次决定性战争，英军主要在北美、印度和海上作战。1763 年，交战双方签订《巴黎和约》，战争以英国大胜结束。从此，一个世界范围内的大英帝国初具雏形，英国成为当时最强大的海上国家。

③ 乾隆二十二年（1757 年），清高宗下令关闭江苏、浙江、福建等地海关，指定外国商船只能在广州一地通商，并对丝绸、茶叶等传统商品的出口量严加限制，对中国商船的出洋贸易也规定了许多禁令，这就是人们通常所说的闭关政策。

争，广州成了英国人通往中国的唯一大门（范发迪，2011：7）。在广州这个繁华的商业中心和全球性的贸易基地，远到而来的贸易客与参与贸易的当地人，甚或与广州的普通民众都发生着千丝万缕的联系，这种联系涉及经济、政治、贸易，也涉及美学、艺术、科学、技术等跨文化遭遇。

18世纪下半叶的英国早已完成资产阶级革命，工业革命如火如荼，牛顿的《自然哲学的数学原理》更是已经发表100年。但此时，中英之间的科技交流主要集中于博物学，很少涉及数理成就，科学史家恰恰忽略了它。博物学在当时欧洲社会蓬勃发展，蔚成风气；同时因为它与欧洲海洋贸易、帝国主义扩张之间具有多角互动关系（范发迪，2011，中文版序：5），因此备受关注。另外，英国科学研究者认为，本国数理科学成就已经达到顶峰，没有必要从中国借鉴和学习；而中国先进的博物学知识和丰富的物种资源，倒是令欧洲人神往。

在这一时期参与中英博物学交流的工作人员当中，班克斯无疑是最重要也是地位最高的人物。对他以及当时英国的其他博物学家来说，中国是一块不可触及的神秘之地。他们一方面从早先传教士的描述里了解到，这个古老又富有的东方文明之国藏有丰富的博物学资源，拥有先进的科技成就；另一方面受制于中国的闭关政策，难以派人去做田野工作。因此，他们只能零星地听到一些关于中国的信息，更别说得到从中国运来的商品了。随着18世纪两国贸易的增多，东印度公司逐渐有了更多接触中国的机会，公司安排一定数量的工作人员驻扎广州。这些工作人员在与当地人长期交往的过程中，获得了大量博物学知识，见到了许多的珍稀物种和中国特有产品，包括动植物标本、活株、瓷器、丝绸和茶叶等。公司拥有往返于两地的船只，这为两国的交流提供了前提和便利。班克斯利用自己在博物学界令人尊敬的地位，并借助自己在东印度公司的势力，建立起一套中英交往系统，为他的帝国博物学研究完成最后的拼图。

　　要了解这一时期班克斯如何与在华的英国博物学家合作，如何认识和开发中国的博物学资源，首先必须知道，在 18 世纪末 19 世纪初这段时期内，英国人远涉重洋来华的目的和意图，以及他们是如何与中国人打交道的。范发迪对这些问题进行了详尽的探讨，为研究班克斯探索中国的活动奠定了很好的基础。而本章的研究重点与之相异，侧重于大英帝国所主导的中英博物学交流的上游，即回答班克斯如何调配这些在华的博物学家为之服务，以及他们之间的关系与合作成果。

6.1　认识中国

　　在班克斯之前的两个多世纪里，意大利、法国、西班牙的天主教传教士陆续来到中国。他们深入中国内地，多方游历并积极传播西方知识，感受和学习中国文化。传教士留下了大量游记，记载着他们对中国的所见所闻。游记出版之后，获得了广泛的赞许，一些著作被译成了多国文字。如学者所熟悉的《利玛窦中国游记》，被天主教学者称为"欧洲第一部系统地叙述中国情形的书，也可说是第一部称得上汉学的著作"，为后来欧洲人了解中国留下了宝贵的资料。1584 年，西班牙教士门多萨（Gonzales de Mendoza）① 的《中华大帝国风物史》（*Historia del Gran Reino de la China*）面世，不久便有了英译本。到 17 世纪后半叶，没有到过中国的人也可以借助这些著作谈论中国了（范存忠，2010：7 -

---

① 门多萨（1540—1617），西班牙传教士。1581 年，西班牙国王菲利浦二世派出使团前往中国，门多萨亦是成员之一，他们准备经菲律宾到达中国，但最终失败而归。门多萨并未亲临中国，也不懂汉语，之所以能写出一部影响广泛的史著，是由于他充分利用了同时代人有关中国的资料和研究成果。他的著作很快被翻译为意大利文、法文、英文和荷兰文。

10)。同时一些自然物品也在 17 世纪进入欧洲，主要是些医药本草，如人参、大黄、茶叶等，这进一步刺激了他们对古老中国的特殊兴趣（Métailié，1994：157 - 159）。

班克斯的私人图书馆中应该收藏了不少关于中国的游记。1788 年 12 月 27 日写给戴维内斯的信中，他提到过多本介绍中国的著作。戴维内斯是英国国会议员，担任过多届东印度公司主席，在这封信中，班克斯向他详细讲述了茶树移植事宜，而做出这些判断的依据则是他人的游记或文章，如肯普弗的《异域采风记》，杜赫德的《中华帝国全志》，全名为《中华帝国及其所属鞑靼地区的地理、历史、编年纪、政治和博物》（*Description geographigue，historigue，chronologigue，politigue et physigue de l'empire de La Chine et de la Tartarie chinoise*）（Banks & Chambers，2000：114 - 119）。

班克斯在给戴维内斯的这封信中还提到了《哲学汇刊》上的一篇文章，作者是前面曾提到过的苏格兰人詹姆斯·昆宁汉姆。文章描述了浙江省舟山地区的渔业、农业等情况，提到了茶树品种的问题。詹姆斯·昆宁汉姆认为，出口到欧洲的各种茶叶都来自同种茶树（Cunningham，1702：1201 - 1209）。詹姆斯·昆宁汉姆在舟山地区的博物学采集工作，以及对当地人生活、耕作方式的描述能发表在《哲学汇刊》上，也从侧面说明此种类型游记的科学性已经得到英国本地学术团体的认可，同时也说明了中国是英国学术界感兴趣的国家之一。

詹姆斯·昆宁汉姆按照贝迪瓦的指导[①]，制作了大量的植物标本和

① 昆宁汉姆在中国期间与贝迪瓦互有通信。贝迪瓦通过阅读耶稣会士游记，摘录出大量感兴趣的植物列成名单交予昆宁汉姆。贝迪瓦不仅对花中之王牡丹感兴趣，还对一些普通的草本，如灯芯草、苔藓、蕨类等普通植物关爱有加。另外，贝迪瓦还曾指导昆宁汉姆如何有效地采集、标记与制作标本（基尔帕特里克，2011：50）。

花卉图鉴，为后来的英国学者了解中国动植物留下了宝贵的一手资料。据统计，"拿骚号"在中国的七个月时间里，詹姆斯·昆宁汉姆收集到1200 幅图画，包括玉兰、山茶、梅花、樱桃、山楂、绣球、瑞香、玫瑰、菊花、兰花、紫竹等 700 多种植物（基尔帕特里克，2011：49 -53）。1700 年，詹姆斯·昆宁汉姆又一次到达中国舟山。这次，詹姆斯·昆宁汉姆的成果依旧丰硕，他发现了中国的山茶、杜鹃、金丝桃、忍冬灌木等，不断给国内的贝迪瓦、斯隆爵士等博物学家寄送标本，他们则负责宣传和出版工作。从整个学术史看，詹姆斯·昆宁汉姆在植物学方面的贡献是相当巨大的。

另外，据钱伯斯考察，18 世纪 90 年代的英国有多个版本的中国百科全书（Banks & Chambers，2000：141），班克斯手中有一本是确定的。1792 年 1 月 22 日，班克斯写信给马戛尔尼，随信附赠了一套 78 卷本的汉语百科全书，班克斯和马戛尔尼都不懂汉语，但班克斯告诉后者，这是一部带有大量图画的书籍，而图画是世界性语言，不需要懂太多汉语就可以了解到许多关于大清帝国的科技知识，比如机械装置、手工工具等（Banks & Chambers，2010：330 - 332）。

钱伯斯认为，班克斯所赠书籍是《三才图会》，由明朝万历年间的王圻、王思义父子撰写。"三才"，即"天""地""人"，因此该书的内容上至天文，下至地理，中及人物，分天文、地理、人物、时令、宫室、器用、身体、衣服、人事、仪制、珍宝、文史、鸟兽、草木等 14门。这为外国人详细了解中国提供了便利，但书中也存在一些想象、神话之类的故事。在信的末尾，班克斯还列出了章节目录（Banks & Chambers，2010：331）：

Chinese Encyclopedia《三才图会》

1 - 2

3 - 6

7 - 9   Geography 地理

10 - 12

13 - 15   Drawing，Plotting 绘画，测绘

16 - 18

19 - 22   Esculent Grasses 食用草

23 - 26   Continued 食用草（续）

27 - 30   Pea Tribe 豌豆一族

31 - 35   Instruments of agriculture 农具

36 - 38   D°& Engines to raise water D°与提水机械

39 - 41   Agriculture Millwork 谷物磨坊

42 - 45

46 - 48

49 - 51

52 - 53   Agricuture Silk 丝绸农业

54 - 55

56 - 57   Care of Grain 谷物护理

58 - 61   Esculent Plants 可食植物

62 - 65   D°& Fruits D°与水果

66 - 68   D°

69 - 70   Useful Plants 有用植物

71 - 75   Instruments & Machines for Silk 丝绸生产器具与机器

76 - 78   D°

该书汉语原著共 108 卷，班克斯的这 70 多卷从何而来，他读了多少，了解多少都不得而知。单从这封信所给出的图示来看，目录是残缺不全的，而且章节题目跟汉语版也没法对应起来。没有进一步证据能表明为什么有些章节残缺：也许是他根本就不明白那些残缺章节所记述的内容，这是极有可能的，语言不通和文化差异是读懂一本外文书籍的严重障碍；也许是他认为那些残缺章节没有关注的必要，这也是可能的，给出清晰目录的章节是班克斯作为帝国博物学家所重点关注的。当然，钱伯斯的考证也有可能是错误的。

对那些描述"天朝上国"的文字做了部分了解后，英国人开始采取更加直接的方式接触中国。实际上，英国人对东方贸易产生兴趣源于一次偶然的机会。1592 年，英国俘获了一艘葡萄牙商船——"圣母号"，船上载满了来自中国的丝绸、瓷器、香料，以及其他一些珍奇货物。整艘船上的商品被估价 15 万英镑左右，英国上下为之震惊。几十年后，随着海上实力的增强，怀着对商贸利益的向往，英国成立了许多商业协会，梦想着能从东方获取巨大的利益。1637 年，以韦德尔为首的船队到达广州，企图与中国进行商业贸易，但遭到明朝政府的拒绝，船队只能返回澳门。随船商人芒迪，记录下了航程中的所见所闻，其中包括对中国植物和园艺的看法：

> 许多走廊和庭院里都装饰着花草，或摆放着栽种在各式花盆里的小型花木。长在岩石上的小树尤为引人注目，人们将岩石置于盘里或其他容器中，水漫过了树根及部分树干，树会越长越大，我所见过的有些树长到三或四英尺高。（基尔帕特里克，2011：36－39）

布莱克（John Blake）是东印度公司的货监，1766 年来到广州。从1770 年开始，东印度公司管理层开始允许货监永久居留广州，而不用随货船往返。这样布莱克就有空余时间从事他的自然科学研究了。布莱克本身是一位有主见的博物学家，他想寻找那些供给中国人衣、食、药的植物，或者那些具有经济价值的植物，然后将种子或者植物活株送回欧洲。布莱克希望这些植物可以种植在英国、爱尔兰或者大英帝国的殖民地。比如，大米可以生长在牙买加和南卡来罗纳，乌柏可以栽培在牙买加和北美……中国画家制作的博物画辗转之后被保存在了班克斯图书馆，因此，班克斯可以从绘画中了解到一些中国的动植物。遗憾的是，布莱克在 1773 年就去世了，只为邱园和切尔西药用植物园寄送过植物及其种子，没能为有着更庞大计划的班克斯服务。

另外，班克斯还在皇家学会见到过一位中国人——Whang Tong（汉语名不详）。他与布莱克关系十分密切。据考察，Whang Tong 是随布莱克一起返回英国的童仆，并接受了一些英语及英国生活方式的训练。在当时，英国的上层社会的家庭之中都会配备童仆，一般是非洲黑人儿童，因此，Whang Tong 作为新面孔还是受到了当时社会的关注。他曾在 1775 年拜访过伦敦的一些文学社团和科学社团。据皇家学会接待外宾的档案记载，时任皇家学会主席的普林格尔接见过他，或许正是这次机会，班克斯见到了中国人[①]。

他们之间的谈话内容已无从查询，之后还有没有再见面也无证据佐证。但 1796 年 6 月 18 日，Whang Tong 从广州寄给班克斯一封书信（Banks & Chambers，2011：391）：

　　归国之后，我有幸接到了您的来信。可惜当时没能及时回复。

---

① 对 Whang Tong 的身份、所参与活动，以及英国人对其态度的考证，请参考程美宝教授（2003），"Whang Tong" 的故事：在域外捡拾普通人的历史．史林，2：106-116.

如今，终于可以致函，以示收到了您的信件。为表谢意，我借布朗先生乘坐诺森伯兰号（Northumberland）返回英国之机，委托他给您带了如下礼物，请您惠收：

中国史书一套

茶叶一盒，里面有三个品种。

珠兰茶（Chulan Tea）三盒，装在一个大箱子里，上面写着您的地址，书籍没有装入在内。来自南京（Nankeen）的花卉两盆，中国人称之为牡丹花（Moun Tane Far）。布朗先生将代您照料。

我现在在广州，居住于一位来自南京的行商家里，他的名字是Chune Qua。我随时准备着为先生效劳。仅此止笔，祝您及家人健康快乐。

先生

您最顺从的仆人

Whang Tong

普林格尔与班克斯身份高贵，又先后担任皇家学会主席，而 Whang Tong 身处下层，地位卑微，他们竟能热衷于与其相见，反映出大英帝国对中国这块神秘大陆的关注程度。尤其是班克斯，竟能主动致函，这显示了他过人的交往能力，班克斯总能很自然地让已结识的人为自己的帝国博物学事业添砖加瓦。至于为什么 Whang Tong 能如此心甘情愿地为班克斯服务，凭借目前的书信就不足以回答了。或许在伦敦期间，他曾得到班克斯的照顾或赏识；或许初次见面时，班克斯急于了解中国的热情打动了这位平凡的中国劳工。

但从班克斯将 Whang Tong 变成其指挥的对象这件事看，班克斯是一个极其善于交往的人。这就不难理解，他所构建的帝国博物学网络中，人员身份如此复杂广泛。他利用一切可以利用的机会，去了解中国，认识中国。从 Whang Tong 回复给班克斯的这封书信中我们可以揣测一二：班克斯给 Whang Tong 的书信，应该是询问了关于中国历史以及博物学的情况；或许也直接叮嘱过这位已回到中国的熟人，尽可能帮自己弄些植物。

从已有材料看，班克斯有关中国博物学的知识，更多的是通过阅读书籍或听取别人介绍获得的。在他之前，关注中国博物学并真正想借此增加国家财富的英国博物学家并不多，因此，要想进一步获得关于中国的信息，方便从中国引进有经济、药用或者观赏价值的动植物，班克斯就需要建立起自己的博物学网络。

6.2　班克斯与中英博物学网络

中国也许是班克斯帝国博物学网络中最薄弱的一环了。这位对北美、太平洋以及冰岛进行过亲自考察，对非洲内陆和北极附近科学考察进行过筹划和资助的大博物学家，却对中国的博物学探索没有什么办法。受时代技术和国家间关系的阻碍，他不可能随心所欲地亲赴中国进行他的植物学伟业。但班克斯通过自己与东印度公司总部的联系以及个人的学术魅力，让一些远在广东和香港地区的东印度公司工作人员，在可允许的范围内，为他搜集动植物和相关信息。

这一时期在华的英国商人，主要是由英国东印度公司工作人员和一些跑单帮的商人组成。与其他帝国主义国家在华人数相比，英国占有明显的优势。随着 18 世纪两国贸易的增多，东印度公司逐渐有了更多接触中国的机会，他们安排固定的工作人员驻扎广州，这样就有更多机会与当地人进行长期合作与交往了。而且公司拥有往返于两地的船只，这为两国的交流奠定了基础。班克斯通过与这些工作人员的通信，指挥居住在广东、澳门的东印度公司工作人员，开展了大量的博物学探索和收集活动。虽然与鸦片战争之后英国博物学家对中国动植物的考察相比，这一时期在规模和成效上都难以企及，但通过班克斯等人的不懈努力，他们依旧收集到大量的动植物标本和图画，增加了当时英国乃至欧洲人对中国动植物的认识，在英国当时的博物学界引起很大反响。班克斯在中国的联络人包含了大量驻广东的东印度公司工作人员，这为考察班克斯帝国博物学网络在中国的分支提供了翔实的一阶资料。

从已出版的这些信件来看，邓肯兄弟是最早从广东为班克斯收集植物的东印度公司商人，他们为班克斯了解中国做出了开创性贡献。1784年1月18日，约翰·邓肯从广东致信班克斯：

> 布雷德肖是（东印度公司）驻中国的大班（president），他已经辞职，乘坐公司的拉塞尔斯号（Lascelles）返回英国。旅居中国期间，他花费巨额资金来收集中国的博物画——鸟类绘画、植物绘画、矿物绘画。布雷德肖迫切希望我能向您引荐他，这样他就有机会将部分收藏品呈贡给您。我冒昧地猜测他的动机：希望这些东西会对公众有用，也希望您能借此认可他。
>
> 船长是威尔逊，之前曾是羚羊号（Antelope）的指挥者。我委托他带给您一个大箱子，里面装着贝壳、玉兰和黄竹（Wanghee），希望您收到时还能完好。布雷德肖先生给您寄去了一个黄竹（Wangee）① 标本，一株玉兰，一个装有鸟儿和茶树种子的小盒子。

---

① 信中的 Wanghee 和 Wangee 应是同一种植物黄竹（*Dendrocalamus membranceus Munro*）。笔者并未见到书信原件，因此并不知道是书信编辑者的错误，还是原始书信中就出现了这两个不同的单词。

我还让我的代理人卡恩斯（Thomas Cairns），通过拉塞尔斯号给您的夫人捎去两盒茶。

我还想通过沃尔波尔号（Walpole）送给您另外一个箱子，里面装着鸟儿和存于瓶中的鱼。这些都是在澳门收集到的。如果您想要来自 Zeloan①、巴达维亚、马六甲、明古鲁、果阿、代利杰里等地区的资源也可以，因为我在那里有联络人，能收集到当地的东西。我现在跟身处北京的耶稣会士一样，与那些联络人②交流起来没有任何困难，也有权力命令他们。我通过诺森伯兰号运回了鸟儿、亚麻种子等。这个国家种植亚麻，这是其特殊之处，我将介绍随附下一艘船。（Banks & Chambers，2009：55-56）

从约翰·邓肯写信的语气来看，他应该早就认识班克斯了。问题是，约翰·邓肯作为东印度公司的医师，为什么如此尽心地为班克斯开展博物学工作呢？这封信的最后一段给出了某些提示。约翰·邓肯告诉班克斯，自己到达中国后才知道，医师的薪水现在完全由公司的货监来决定。约翰·邓肯一定是想改变自己的待遇，但又觉得自己人微言轻，不足以引起东印度公司高层的重视。于是便找到了班克斯这位跟公司高层联系密切，为公司提供政策支持的智囊团成员。他委托布雷德肖带给班克斯一封信，向班克斯解释自己的境遇，请求班克斯向东印度公司总部反映自己的生活状况，帮忙提高薪水。这是关系他待遇的重要问题，因此，约翰·邓肯第二天又给班克斯写了一封信，几乎是将自己的请求又强调了一遍（Banks & Chambers，2009：56-57）。而上面提到的送给

---

① 未查到该地具体指哪里，但从邓肯所列举的几个地方来看，应该是东南亚的某个地区。
② 从这句话来看，邓肯所建立的这些联络人应该是散居东南亚地区的传教士，他们受北京地区传教士的领导。邓肯不知道采取了什么手段，能够让这些传教士听从自己安排。

班克斯的博物学类物品，算是投其所好，送给班克斯的"见面礼"。

作为报酬，班克斯还真帮助约翰·邓肯谋得了年薪上调 200 英镑的待遇。1786 年 12 月 1 日，约翰·邓肯写信感谢了班克斯的帮助，并保证说，自己一定竭尽全力寻找班克斯给他的名单上罗列的植物，并小心翼翼地托人带回欧洲（Banks & Chambers，2009：140 - 141）。实际上，约翰·邓肯也确实言出必行，不惜花费自己的财产，不断为班克斯送去一些中国的新奇物种，如红花睡莲（Red Water Lilly）、白花睡莲（White Water Lilly）（Banks & Chambers，2009：146）、牡丹（Mou Tan）等（Banks & Chambers，2009：176 - 177）。据约翰·邓肯信中说，这株牡丹是从一个中国商人那里购买来的，中国人极其热爱和尊重这种花卉，在市场上很难买到。

亚历山大·邓肯从 1788 年开始，也为班克斯收集中国博物学资源。在当年 2 月 1 日给班克斯的第一封信中，亚历山大·邓肯告诉班克斯，自己已经将两株玉兰及其他一些物品交给狄克逊船长了，希望他能完好地送达目的地。另外，自己还会继续关注睡莲以及中国用麻制作衣服的方法，能与班克斯爵士通信是自己莫大的荣幸（Banks & Chambers，2009：291）。其实与哥哥约翰·邓肯的情况类似，亚历山大·邓肯也是在工作上有求于班克斯，他想获得东印度公司在广东的医师职位，所以才为班克斯尽心服务。

1788 年 6 月 24 日，班克斯给东印度公司莫顿写信，完整地说明了自己与亚历山大·邓肯之间的"交易"。班克斯跟莫顿陈述道，约翰·邓肯因为身体原因，已经决定辞职回家，公司的货监也已经批准了他的申请。约翰·邓肯在中国工作期间，是自己最有价值的通讯员，收集到大量有趣的植物，有一些已经种植在了国王的邱园里，同时他还传递回大量有用的信息。现在，他的弟弟正在广东，班克斯希望主席能够批准，让亚历山大·邓肯接替哥哥的职位，继续为博物学事业做贡献（Banks & Chambers，2009：309）。

班克斯又一次成功了，他为亚历山大·邓肯谋得了东印度公司驻广州医师的职位。这样，亚历山大·邓肯就可以接替兄长，在广东继续从事这项薪水还不错的工作了。同时，他也要接替约翰·邓肯，正式为班克斯的博物学理想而勤奋工作。1789 年 12 月 12 日，亚历山大·邓肯给班克斯的书信，算是两人交易正式达成的一个标志。亚历山大·邓肯首先表达了对班克斯的感激之情，同时他表示，自己会不负重托，接过兄长的博物学工作。信的第二段还提到，他已经委托商船送回一些菱角（Lin-ko，书信中所用汉字为"夌角"）和猪笼草（Tsu-lung-tsow，书信中所用汉字为繁体字"猪籠草"），并详细介绍了它们的特点和生存习性。书信的第三段，亚历山大·邓肯提到了一本关于中国植物的书，说他已经问过几乎全广东有文化的人了，仍然不知道第 38 页所写的植物是什么。这本书应该是 1791 年，班克斯从英国博物馆翻印的肯普弗的49 幅插图，并附上图恩伯格著作中的相应文字，书名为《肯普弗精选植物图谱》（*Icones Kampperiane*）。著作清晰地罗列着一些相对重要的植物，还首次展示了中国的秋海棠、玉簪和玉兰的图画（基尔帕特里克，2011：127）亚历山大·邓肯会照着那本书来为班克斯收集植物。

但邓肯兄弟并不是职业博物学家，一方面，他们没有受过相应的博物学教育，在辨识和描述新植物方面有明显的缺陷；另一方面，他们都有正式工作，只能利用业余时间去为班克斯收集动植物资源。因此，虽然他们都尽心竭力，但收集到的植物数量依旧不能令班克斯满意。在与东印度公司管理人员通信时，班克斯建议，应当在中国采集有用植物，移植到西印度群岛，而这项工作需要两名受过职业训练的采集员。国王和东印度公司领导层接受了班克斯的建议，同意每年资助克尔 100 英镑，并让克尔与邱园植物采集者兰斯（David Lance）一起，跟随 1803 年马戛尔尼的外交使团去往中国。因为国王相信，派他们两位去往中国，将会促进英国植物学和农业的发展（转引自 Snyder，1994：98 - 99）。

克尔临行前，班克斯给了他一些嘱托。班克斯说，既然国王已经任命他为异域采集员，他就应该努力，这样才有机会取得更大进步。到达中国后，克尔要寻求兰斯的庇护，掌握当地人栽培植物的方法，并经常与邱园的主管艾顿交流。班克斯还嘱托克尔，要特别注意能产生纤维的植物（应当主要指中国的麻），以及其他能栽培的经济作物。另外，班克斯还提到，兰斯那里有一本中国植物绘画，可以帮助他们搜寻和辨识植物。最后，班克斯还送给他们格鲁贤《中国概述》的选摘本（Banks & Dawson，1958：486）。虽然在中国期间遭遇到各种困难（范发迪，2011：18；30），克尔还是为班克斯和邱园收集到不少新植物，其中包括一些当时备受欢迎的植物，如"卷丹（*Lilium tigrinum*）、木香花（*Rosa banksiae*）、日本百合（*Lilium japonicum*）、马醉木（*Pieris japonica*）、秋海棠（*Begonia evansiana*）等"（Lyte，1980：174）。因此 1812 年，克尔离开中国后，班克斯安排他担任了锡兰①植物园的园长。

19 世纪初，英属东印度公司广州商馆人数较 18 世纪末增长了近一倍。小时候曾随马戛尔尼爵士面见过乾隆皇帝的英国汉学开山鼻祖小斯当东来到了广东。他出身良好，精通自然科学。而且更难能可贵的是，小斯当东与同时代受过良好教育的许多绅士一样，也热爱博物学。范发迪的著作中写道，"当他还是个小男孩时，他父亲的一个朋友看到他每天手里都拿着一本林奈的分类学著作和一本邱园植物志，而且经常到花园研究植物（范发迪，2011：13）。另外，班克斯与小斯当东的父亲曾是

---

① 即今天的斯里兰卡。

很好的朋友，因此，班克斯很自然地想到邀请这位后辈帮忙。1805 年 4
月 12 日，班克斯致信身在广州的小斯当东，想请他帮忙照顾邱园派出
去的采集员克尔。同时，班克斯还提及了自己的夫人，说她整日魂牵梦
绕，希望能得到古老、奇特、异乎寻常或者中世纪时期的瓷器，哪怕是
一片也好（Banks & Dawson，1958：784）。虽然给班克斯夫人寄去了瓷
器，但受制于工作和他们的生存环境，小斯当东在保护克尔和帮助班克
斯获取博物学资源、信息方面却没起到多大作用。

　　后来，有两名皇家学会会员来到了广东。一位是传教士马礼逊，一
位是东印度公司茶师里夫斯。马礼逊似乎更醉心于研究中国古代医学，
他"收集了 800 多卷中国医药著作，又从药房搜集各类药材，还访问了
多位中医，打算对中国医学和药材做一番研究"（范发迪，2011：15）。
他跟班克斯的直接来往很少，但 1824 年 3 月 24 日里夫斯寄给班克斯的
书信中提到了马礼逊的医学工作。里夫斯还说，马礼逊的工作让他可以
精选出很多标本，如贝壳、矿物、种子，以便寄回英国。另外还有一大
包来自马尼拉和中国两地的种子，大部分都已经被命名了，还有一小部
分请布朗先生确定（Banks & Dawson，1958：696）。

　　相比马礼逊，里夫斯与班克斯的书信要明显多很多。在道森的《班
克斯书信集》中，1812—1821 年间，里夫斯寄给班克斯 12 封信，并且
在首次通信时就告诉班克斯，自己已经随信寄去了茶树。大抵是与他的
茶师身份有关，里夫斯总是能给班克斯及其夫人送去不同品种的茶叶，
也能寄给班克斯茶树及其中国种茶、制茶的方法（Banks & Dawson，
1958：695‐696）。里夫斯在博物学方面最大的贡献，莫过于他雇用广州
当地画家所制作的动植物绘画了。这些绘画大部分寄给了皇家园艺学
会，也有一些直接寄给了班克斯，为班克斯等欧洲博物学家认识中国的
动植物做出了重要贡献。现在里夫斯的这些绘画都藏在英国的自然博物

馆，与班克斯探险期间制作的绘画存在一起。

没有留下任何证据表明，里夫斯到底是出于什么原因，来帮助班克斯完成他的博物学事业。班克斯在东印度公司的影响力应该是一个重要因素，毕竟在那个茶叶贸易如火如荼的年代，茶师的地位和收入都是令人嫉妒的，虽然目前无求于班克斯，但讨得他欢喜至少不是坏事。但这又不足以说明里夫斯博物学活动的动机，毕竟成百上千幅图画的制作和邮寄是件劳心费神又消耗资金的事，没有足够的兴趣是难以完成的。而且里夫斯的图画大部分寄给了皇家园艺学会，只有很少一部分是给班克斯的。里夫斯还与马礼逊一起研究中国医药学中的博物学知识，这些都说明，里夫斯可能本身就对博物学具有浓厚兴趣。

另外，从中国传回英国的博物学资料和材料，也有许多被转向了班克斯，或者听从班克斯的安排流向他处。1784 年 7 月 15 日林德给班克斯的书信中，就提到了从中国传给他的物品：

> 上周六我收到了两箱亚麻种子和相关资料，第二天晚上又受您恩惠告知我通过谁来转到温莎。我也乐于知道 1 号箱子滞留的原因，我猜想是那些从中国到英国的船员们存留或者丢失了。
>
> 现在我收到它们了，我必须请求您的帮助，这些亚麻种子要分配到哪里去呢？据我所知，这些品种优良的亚麻种子是皇家技艺促进会附加了保险费用的，可能要被引入英国来。菲利普·米勒在他的《园丁词典》中说，林肯郡的沼泽地里生长着大量的亚麻，如果真是这样，送给他们一些来尝试育植将是非常值得的。
>
> 这两箱物品中的一部分要送给斯韦迪亚博士，一部分送给伯格曼去分析。我希望您告诉我，这些博物学资源中的哪些种子和珍藏是给我的，我希望您总是能掌控它们，总是知道如何处理他们，以

最大限度地实现科学的普遍好处。（Banks & Chambers，2007b：503）

除依靠东印度公司驻广州工作人员和派驻职业采集员两种主要途径外，班克斯还几次利用大使团出使中国的机会，让随行博物学家或工作人员，在条件允许的情况下，学习中国的园艺、农耕、制茶、造瓷等技术，并收集一些重要经济植物的种子或植株，为增强英国财富服务。外交使团来华时可以深入内陆，这是班克斯最看重的一点，因此，无论是1792—1794 年马戛尔尼大使团出访中国，还是阿美士德大使团 1816 年访华，都受到了班克斯的高度重视。下面将以马戛尔尼大使团访问中国为例，考察班克斯在这次外交活动前后所筹划的博物学活动。

6.3 主导使团博物学交往

6.3.1 规划使团博物学活动

在班克斯职业生涯的几十年里，他采取过多次行动，以便从中国获取稀缺资源与情报，有时收获甚丰，有时所得无几，但他从未放弃过努力。当获知国王将派遣大使团去中国时，班克斯马上联系了老斯当东。老斯当东是皇家学会会员，1792—1794 年马戛尔尼使团的秘书。他与班克斯关系甚笃，因此班克斯得以帮助他们完成筹备工作。1 月 22 日，班克斯写信给马戛尔尼，描述了自己心中的中国形象：中国正处于文明毁坏时期，但在历史辉煌期，人们的心智曾产生了远高于今日欧洲的成就。火药、印刷术、阿拉伯数字以及造纸术等科学和文明赖以存在的基础，即使不是从中国偷学而来，也只算得上重新发明。同时，班克斯承认，自己对实用科学的兴趣，丝毫不少于对观赏性科学（ornamental

science)① 的期望，他希望这些实用科学能带来无尽的利益（Banks &
Chambers，2010：330）。

在实用科学方面，班克斯最看重的是中国的茶业生产和瓷器制造。
茶叶和瓷器是当时中英贸易的主要产品，也是造成英国逆差的主要原
因。当时的贸易大多是通过真金白银等硬通货来完成的，大量的贵金属
流入大清王朝。要扭转贸易劣势，英国就必须掌握这两种商品的生产工
艺，争取实现自足或者部分自足。

班克斯非常关心陶瓷制造工艺。1792 年 2 月 6 日，为了更好地完成
大使团的筹备工作，他致信韦奇伍德（Josiah Wedgwood）。韦奇伍德是
英国当时著名的陶器制造商，班克斯称赞他将陶器工艺转变为科学。班
克斯想借助韦奇伍德寻找一位精通陶器生产秘密的技工，随马戛尔尼大
使团一起去中国。他希望在条件允许的情况下，技工能学会中国人所使
用的生产工艺。在班克斯看来，这些工艺是欧洲人所不知晓的。

2 月 17 日，身患风湿的马戛尔尼给班克斯写了一封信，解释自己因
病不能与班克斯商讨韦奇伍德所提供的信息，并提出了自己的看法：

> 中国政府一定不希望其他任何一个国家习得瓷器制造艺术，也
> 一定掌握着为我们所不知的一些生产机密。因此我想，只要有条
> 件，只要韦奇伍德所选择的精于陶器技艺的工匠能够跟随大使团一
> 起看到整个过程，归来后就会对我们大有裨益。　　（Banks &
> Chambers，2010：346）

---

① 班克斯将科学分为两种：实用科学（useful science）和观赏性科学（ornamental
science）。前者能带来实际的利益，而后者，相当于后来所说的理论科学（pure
science），在某种程度上也有巨大作用。比如，班克斯立志将邱园建设成世界范围内保
有植物种类最多的花园，就是为了展现大英帝国的实力和帝国威慑作用，以此可以提
高民族自豪感，虽然他心里清楚，有些植物只具有"观赏性"作用。

由此可以看出制瓷技术对英国的重要性，因此班克斯才会不遗余力地去促成此事。另外，他还多次叮嘱通讯人，要做好保密工作，以防走漏信息而影响技术的获取。当时，英国的专利制度已存在 100 多年，对新科技成果的保护逐渐成熟，但在国家层面上，班克斯的帝国掠夺意识和自私行径显露无遗。

植物的收集与移植是班克斯心之所系，也是他的专长。这些活动既包括能创造生产力的实用学问，也包括用于审美的观赏性艺术。班克斯与老斯当东、马戛尔尼曾多次商议随行博物学家的人选，他们最希望林德博士能够随行，马戛尔尼愿意先为其支付 500 英镑，事成之后从东印度公司申请 1000 英镑或者自己另行支付 500 英镑。但林德的底价是 6000 英镑，政府和东印度公司不愿意为他支付如此巨额的工资（Banks & Chambers，2010：334；353；368），最终只找到两位从事植物栽培工作的人配备到大使团中，其中一位还是使节团员私人出资，他们负责沿途收集植物标本。老斯当东对此十分失望，认为使节团中没有博物学家是一个美中不足的事（斯当东，2005：18‑19）。

1792 年 8 月 18 日，班克斯专门为出行中国的大使团提供了一份园艺方面的注意事项，希望他们能够以此为指导，抓住重点，避免重复工作或者将人力物力花费在次重要的工作上。准确地说，班克斯的这个注意事项是对一些摘录内容的注解。摘录内容来自巴特（Charles Batteux）等人编辑的百科全书《中国回忆录》（*Mémoires concernant les Chinois*），这本内容庞杂的书共 16 卷，后来还对达尔文理论研究产生过重要影响。班克斯所选内容从 436 页持续到 495 页，其实后面还论述了许多内容，但没有给出进一步的页码标记。注意事项的第一部分是对园艺技术或植物状况的注解，例如，班克斯对书中花的催熟和玉兰花的记述是这样的：

《中国回忆录》第三卷第 436 页提及了让花卉提前开放的方法，欧洲的园艺师对此并不熟悉。这里的描述相当模糊，但没有合适的理由去怀疑中国人掌握了这门技术。因此，我们的园艺师一定非常渴望习得这一技巧……

《中国回忆录》第 441 页提及的玉兰（Yulan）是木兰花中很美丽的品种，但整个英格兰只有两株。因此，增加一些数量应当是很有价值的。并且，如果花蕾结实，它们就不需要任何的保护，可以安全度过我们的冬天。（Banks & Chambers，2010：414－415）

注意事项中还包括一个列表，班克斯希望访华使团的所有人都能了解英国目前对中国植物的掌握状况，以便对将来的植物采集活动有所帮助。班克斯依旧是从中国游记中搜集感兴趣的植物，这次又增加了一些肯普弗和图恩伯格所提到的植物，并附上了每种植物的中文名及优点，如牡丹，仍是迫切想要得到之物，而紫薇，在英国已经司空见惯，不那么迫切需要（基尔帕特里克，2011：127）。在班克斯看来，相比其他植物，这些物种对皇家植物园的作用和价值更大。列表中共包含 21 种植物，除第二部分标记为 55 号的植物没有名称外，其他每种植物都给出了拉丁名字（属名或完整的属加种），以及这些植物选自哪本著作，甚至包括它们在著作中的具体页数①（Banks & Chambers，2010：422）。

---

① 这儿一共提到了三本书，第一本 *Kaempfers Amanitates Exotice*，作者肯普弗是德国旅行家，艺术家，精于远东文化和博物学研究。1690—1692 年随荷兰东印度公司访问日本，1712 年出版该著作。第二本 *Icones Kampferiane*，是班克斯根据肯普弗的著作，编辑出版的图画简装本。第三本 *Thunberg Flora Japonica*，作者桑伯格（Carl Peter Thunberg，1743—1828），博物学家、旅行家，曾在日本和好望角采集植物，他是林奈最优秀的门生之一，皇家学会会员。访问英国期间与班克斯结下深厚友谊。肯普弗与桑伯格的著作都是在日本游历期间写成，班克斯希望大使团能在离日本不远的中国找到它们，以便进一步研究。

Kaempfers Amanitates Exotice 肯普弗《异域采风记》

p. 802.（Citrus trifoliata）枳①

809.（Hovenia Julius Thunb）北枳椇

815.（Taxus nucifera）日本榧树

846.（Azalea indica）皋月杜鹃

860.（Kiri）日本泡桐

881. Skimmia（Illicium anisatum）白花八角

Icones Kampferiane《肯普弗日本植物图谱选集》

Tab. 2. Limodorum Striatum 白及

18. Mespilus japonica 枇杷

20. Begonia oblique 斜叶秋海棠

22. Clerodendrum trichotomum 海州常山

23. Dryandra cordata 日本油桐

42. Kobus 日本辛夷

43. Mokkwuren 1 日本厚朴 1

44. Mokkwuren 2 日本厚朴 2

45. Korei Utsugi 海仙花

46. Sjeri 待定

47. Konokko Juri 美丽百合

55.

Thunberg Flora Japonica 桑伯格《日本植物志》

Tab. 16. Weigela japonica 日本锦带花

---

① 班克斯所给出的这些植物名称中，有些已经被新的名称取代，有些可能出现拼写错误，难以查询。翻译工作得到北京大学生命科学科学院刘夙老师的帮助，在此致谢。

20. Gardenia radicans 栀子

22. Andromeda japonica 马醉木

30. Camellia Sasanqua 油茶

6.3.2 使团在华的博物学实作

1792—1794 年的中英外交活动以失败而告终，乾隆帝用高傲的口吻回绝了乔治三世的所有请求。在博物学层面上，由于清政府对大使团的活动时间和路线进行了严格限制，他们未能取得班克斯所预期的成果。1793 年 11 月 12 日，老斯当东从杭州致信班克斯，这是大使团来到中国之后两人的第一次通信。老斯当东认为，这次旅行没能像预期的那样丰富自己的见闻与知识，成果之少，不值得班克斯关注（Banks & Chambers，2011：171 - 172）。

按照清政府安排，大使团从北京沿着大运河南至杭州后，本应该乘船走海路到广州，但大使团的船运载量不够，约一半的人要走陆路去广州，使节成员正是利用这次千载难逢的机会取得了一些成果。除在沿途或北京皇帝的花园中见到一些新事物外，大部分博物学知识和动植物标本是在从杭州到广州的内地之行过程中取得的。老斯当东给班克斯的那封信中提及了他们的几项新发现：

> 中国有一种鸟叫鸬鹚（pelican），渔民可以用它们捕获大量的鱼，我们很高兴认识并确定了它们的种……我从中国朋友那里获得了一些中国的茶树，它们生长于不同的地方，现在还无法确定它们是否属于同一个种……我在北京皇帝的花园里见到了睡莲（nemuphar，*Nymphaea tetragona*），植株冬天凋谢，次年重新生长。（Banks & Chambers，2011：171）

丝绸是中英两国贸易的另一项重要商品，每年东印度公司要从中国进口大量的丝绸制品，也为此付出了大量白银。为了缓解贸易中的不利地位，英国同样想把丝绸生产引进到印度殖民地；但他们不知道桑树怎么种植，桑蚕怎么饲养，蚕茧怎么打开并织成优良的丝纱。清政府和商家为了维护自身的利益，严格限制丝绸技术向外传播，不允许大使团询问任何与丝绸有关的生产技术。但丝绸制品的高利润还是让大使团想尽一切办法来了解这项技术。老斯当东有幸在苏州弄到一些桑蚕卵，到达广州后他立即给班克斯邮寄回了英国，想让班克斯鉴定一下中国桑蚕的种类，因为他曾听桑伯格说过，中日两国的桑蚕与欧洲的桑蚕品种不同。在南京，老斯当东也获得了一些桑蚕卵，它们所产出的蚕茧可以制成著名的南京丝绸。老斯当东将这些样品转送到了印度殖民地，希望印度能够实现丝绸自主生产（Banks & Chambers，2011：186 - 187）。在游记中，老斯当东详细记述了桑树的栽培（包括栽种、灌溉、剪枝）和桑蚕饲养技术（如避免噪音，适当湿润）。另外，老斯当东还形象地记载了中国人是如何通过热水蒸煮蚕茧的技术来取得原料丝的（斯当东，2005：427 - 428）。即使这样，英国的桑蚕移植计划也没能成功。

纺织是英国工业革命的先锋产业，在英国生产总值中占有重要地位。因此与纺织相关的染布技术能引起班克斯和其他一些化学家、博物学家的关注就不足为奇了。班克斯对中国的棉布上色工艺十分感兴趣，他希望大使团能够偷习中国的先进工艺，以增强英国的国家财富。1793年，在从北京赶往承德的道路旁，大使团发现了大片整齐匀称的蓼属植物。他们听随从的中国人说，把这种植物的叶子和靛青植物叶子一样浸化，也可以产生靛青一样的蓝色染料。另外，此地还种植了另一种植物，芽和嫩叶可以制出绿色染料。这让大使团感到非常敬佩，因为中国人根据世代相延的试验，总能找到植物的使用价值。更高明的是，如若此地不生长某种东西，当地人也可以找到替代品（斯当东，2005：315－316）。

　　大使团对中国的农业生产很感兴趣。老斯当东的著作中描述了许多农业工具及多种农产品的种植方法，如播种、施肥、采摘等，甚至涉及后期加工。如杭州府附近的甘蔗制糖，"这里所见到的是生长了一年的甘蔗，粗细上下一致，节很长，大概比西印度群岛的甘蔗更富于汁液，这里每节甘蔗约六英寸长，西印度群岛的最长不过四英寸……甘蔗是成行种植的，根上需要堆相当多的土""在中国，种蔗同制糖不属于同一事业，种蔗的人不榨糖。制糖的人带着简单制造工具到全国生产甘蔗的地方去就地制糖。这样简单的制糖方法，在西印度群岛的人看来太落后而不值一提"（斯当东，2005：448－449）。另外，著作还提及了各地茶叶的生产与制作，樟树及竹子的用途等。在工艺品制作方面，瓷器与瓷窑对他们来说是最神秘的，另外还有纸张的生产、画廊的施工等。

　　在植物标本采集方面，植物园工作者在北直隶省采集标本106种（斯当东，2005：313－314），热河至北京67种（斯当东，2005：365－366），山东、江南两省126种（斯当东，2005：435－436），江西、广东两省97种（斯当东，2005：478）。从其列表来看，这些植物绝大多数是野外常见品种，极少有尊贵的园艺植物。由此可以猜测，标本大多是旅行途中偶然所遇，他们在每个地方驻足时间都很短，加上清政府对活动范围的限制，大使团想要认识一些中国的高官或富商，从而进入他们的花园是比较困难的。

　　马戛尔尼使团回到英国之后，班克斯积极组织相关人等开始筹备本次航行的官方游记，准备编辑出版。1795年1月15日，他们聚于东印度公司总部，由内政大臣邓达斯宣读会议的主要内容，会上商讨了该项任务的可行性、操作方案以及其他一些具体事宜，比如插入多少图画，

使用哪些标本。班克斯建议由老斯当东负责文字部分，尼克尔（Geroge
Nicol）负责资金管理，巴罗（John Barrow）帮助身患痛风的班克斯选
择图画。之后又经历多次协调修正，1797 年出版了两卷本的《英使谒见
乾隆纪实》（*An Authentic Account of an Embassy from the King of
Great Britain to the Emperor of China*）（Banks & Chambers，2011：
250）。这本书在当时引起了很大的轰动，书中所记述的博物学见闻得到
了广泛传播，大大扩展了英国科学界对中国科学、技术与文化的认识。

　　1792—1794 年中英两国外交活动中所发生的科学文化交流，主要由
英国一方发起，具有如下几个方面的特点：从方向看，英国属于信息或
物质输入，而中国则是被动或者无意识的输出。这种形式与近代早期欧
洲传教士进入中国时有些不同，更与清末"师夷长技"阶段有所不同；
从参与的机构和人员来看，交流活动以大使团为中心，借助了"非正式
帝国"或者说"非国家机构"，如东印度公司，甚至这次外交执行都是
由东印度公司赞助的；从参与方式和内容来看，这一阶段的交流更加注
重博物学的实作，而不是文本文化交流，内容主要是动植物标本及相关
的信息收集，而不是数理实验科学。

　　当然，这样总结中英两国在 18 世纪末 19 世纪初的科学文化交流，
并不意味着与之相反的情况不会出现。而只是说，上面这些特点占据着
主流。比如，大使团带来了象征着英国近代数理科学和工业文明成就的
天象仪（planetarium），但乾隆帝将其视为"优良的玩具"，并认为使团
对它的评价有些夸大其词（Schaffer，2006：238）。该时期的中国人会从
双方交流中有选择地接收新知识，只是这种情况的发生范围和实际影响
太小。

　　自邓肯兄弟每年从广州向英国寄送植物开始，在短短几十年间，班
克斯为邱园引进了大量的植物，如 18 世纪初的优美花木——银杏、槐

树、山茶、蜡梅、金边瑞香等，另外，温室中还种植着各种各样的亚热带植物（基尔帕特里克，2011：135－136）。在以班克斯为首的组织者的引导下，这一时期的英国博物学家对中国动植物的了解取得了明显进步，更重要的是，与詹姆斯·昆宁汉姆时期相比，班克斯已经可以将大量的植物栽种在邱园等英国的植物园里，而不仅仅是靠绘图和采集标本来认识植物了。

7 班克斯式科学

班克斯出身名门，他的曾祖父、祖父和父亲都曾经当过林肯郡的议员；他学术名声显赫，享誉整个欧洲；政治关系过硬，与国王乔治三世私交甚笃，另外与海军部高官、东印度公司管理委员会成员关系也相当好，完全可以在当时的政治活动中大有作为。但班克斯并不为之所动，他仅仅把自己定位于国王的仆人，希望能利用知识来为国王和政府提供好的建议，从来不希望卷入党派之争。在那个时代的同等阶层中，班克斯称得上是个例外。当上皇家学会主席后，他努力保持学会学术活动不受政治影响，尽可能保持学术研究的自由。

1778 年班克斯当选为皇家学会主席，这让他的职业固定下来。随后的许多场合，班克斯都宣布自己政治独立，宣称自己投身于科学事业。正如他在 1778 年 12 月 12 日当选为皇家学会主席时所说，"我的时光不会再流连于政治生活，而是要快乐地投入科学事业中去"。因为在班克斯看来，皇家学会主席的职位是与政治生活相违背的

（Gascoigne，1998：47－48）。假如班克斯没有当选学会主席，也许他就会像前辈一样，成为林肯郡的议员，或者接受波士顿市的议员职位。

尽管班克斯多次宣称他对政治生活毫无兴趣，小心翼翼地保护着皇家学会的独立性，但他又要借助政府和王室来推动科学及学会的发展。实际生活中他很好地利用了自己培养起来的政治资源，为其学术理想服务。反过来，他也利用博物学知识竭诚为大英帝国服务。班克斯在"独立"与"结盟"之间，彰显着他的个人魅力和智慧。借用"洪堡式科学"的提法，这里将班克斯担任皇家学会主席期间英国特有的科学发展方式称之为"班克斯式科学"。

7.1　科学与权力的谋和

英国皇家学会的性质和运作模式十分特殊。以其当时最大的竞争对手法国为例，法国科学院是君主统治下的一个官方机构，定期享受国家资金支持，成员有固定薪金收入。科学院一方面促进科学发展，维护国家荣誉；另一方面规划法国科学的研究范围，将科学研究控制在国家手中，为帝国发展和扩张服务，帮助法国打击英国，重拾欧洲霸权。欧洲各国科学院的建立也大都以此专制的中央集权体制为蓝本。

而英国皇家学会则依据国王在 1662 年、1663 年以及 1669 年颁发的特许状，保留了成立之前的"民间团体"属性，在法律允许范围内可以自主决策、独立发展。学会基本不享受国家资助，因此也不受国家、教会等势力的干涉，这种与国家之间松散的权利、义务关系一方面保证了社团活动和科学研究活动的自由进行，另一方面也因缺少了国家的统一资助和管理而缺乏动力。皇家学会的首任秘书奥尔登伯格给玻意耳的信尾附言："假如我能得到任何有利的援助，那我该能驾驭多么伟大而又有用的哲学事业啊。"（转引自默顿，2000，1970 年再版前言：16）这体现了科学事业对经济资助的迫切需求。

对当时的英国政府来说，科学更多是一种与国家实力无关的智识活动。科学家的伟大成就可能会增强民族自豪感，可能会带来其他国家的普遍尊重而使国家有更好的名声，但难以直接转化成财富。这就不难理解，为什么政府对科学，对皇家学会表现如此冷漠了。科学、政府所处的特殊发展阶段决定了两者在 18 世纪中叶之前不会建立起常规、亲密的联系。即使皇家学会早期的某些建立者，想让自己的某些研究成果转化为实用知识，也无法得到政府的理解和认可。比如"皇家学会曾想编纂一部贸易史来促进英国的工业，但因得不到支持而夭折"（Gascoigne，1998：19）。从整体来看，早期皇家学会成员似乎也并不热衷于服务政府，强调学会自治和学术自由才是这一阶段的主流。那么皇家学会为什么会采取这样一种方式来运作呢？

18 世纪皇家学会的"自画像"很好地反映了当时英国科学界对专制王权的抵制：英格兰人普遍主张，与法国科学院相比，皇家学会维持了生而自由的英国人的自主权，这是值得英国民族引以为豪的。在 1785 年写给德国数学家、法学家温狄士格莱茨（Graf von Josef Niklas Windischgrätz）[①] 的信中，班克斯用雄辩的语言和英国人特有的高傲口气，比较了皇家学会与法国科学院、柏林科学院的不同：

> 我很有必要向你说明，英国皇家学会与巴黎科学院或柏林科学院的组织形式在本质上是不同的，虽然这些国家的科学院看起来是

---

① 温狄士格莱茨（1744—1802），热衷于法学、数学、经济学研究，致力于改革法律用语，以减少语言的模糊性。他有一个收藏量非常大的图书馆，也有很广的朋友圈，包括本杰明·富兰克林、亚当·斯密和伊曼努尔·康德等。

仿照我们的皇家学会，但他们几乎是按照各自政府允许的政策建立的；这些科学院是博学之士的协会，有学问的人士通过各自的君主而聚集在一起，经常回答这样一些问题：比如他们的政府认为比较适合向他们提出的问题，或者认为有必要回答他们的关于随君主意愿授予薪金的问题。

我们是一群自由的英国人，通过相互选举而成为学会会员的。我们在财政上实行自助，并不接受国家拨款或工资收入，否则就会使我们不得不接受政府部门的命令或指示……以前政府提出决策时，我们总是反对。(Banks & Chambers，2007c：62)

班克斯担任皇家学会主席期间，小心谨慎地维持着科学的自由传统。他不希望英国皇家学会像法国科学院那样，变成国王的工具和附庸，但保持独立是有代价的——皇家学会很少获得政府的系统资助。也许对班克斯这样的富裕贵族来说，政府是否给予定期资助影响不大。但从科学发展历程来看，班克斯以及他所掌管的皇家学会依旧走上了科学与政府的合作道路。

到18世纪，欧洲范围内各民族国家逐渐形成，帝国主义国家之间在财富与军事方面竞争激烈。特别是英国、法国、荷兰等老牌劲旅，为争夺殖民地和海上霸权争斗不止。而恰恰在英国的死敌法国，科学与政治均呈现出了与英国完全不同的发展模式；在法国，弗朗西斯·培根所希望的科学与政府合作共赢的策略得到更有效实施。

1771年，也就是奋进号返航那一年，班克斯成了一名公共人物。此时能够给政府提供科学方面建议的机构就只有皇家学会，但政府和王室找不到太多理由去请教和麻烦这个科学组织。从乔治三世开始，英国逐渐发生了变化，这起源于英法之间在战争和商业两方面竞争的逐步升级。特别是 1783 年美国独立战争的胜利，标志着英国王室和政府所采取的传统管理方式彻底失败了。在公众看来，这场战争的失利完全是由政府低效造成的。这场失利也引发了政府改革，小皮特（William Pitt the Younger）当上首相。新政府要面对法国大革命给英国造成的恐慌，以及工业革命的逐步开展和重商主义的流行所带来的对外贸易问题（Gascoigne，1998：22）。

另外，进步的观念已经深深地扎根于 18 世纪地主阶级的头脑之中。国家要追求进步，寻求科学指导和技术支持是非常重要的手段。但当时，我们已知的大部分科学，如天文学、物理学、电学、光学、热力学还基本停留在有闲阶层的智力游戏阶段，没有真正走进人类生产生活。与之相比，农业化学、博物学等与人类农业生产活动距离较近的学科，便有了发挥作用的舞台。科学从这些实用性学科开始，与技术一起真正有"实用性"了。地主阶层想方设法利用知识改良土地、革新农作物品种、改进工具、设计系统高效的管理方式，以寻求更大的经济产出并增加政治资本，这为科学、技术与政府的结合提供了适宜的背景和良好的契机。当然，利用科学知识追求进步绝不仅仅发生在农业领域。

恰好在这个时期，林肯郡的年轻地主班克斯当选为皇家学会主席。这位通过奋进号航行一举成名的博物学家，在归来之后成了国王的座上宾，多年来两人一直保持着密切联系。从 1797 年开始，班克斯还成为国王枢密院的名誉会员，负责为国王出谋划策。从此，班克斯便有更多机会推动科学与国家之间的合作了。其实，班克斯之所以有机会竞选皇家学会主席，也在一定程度上得益于国王与学会前任主席普林格尔的矛盾。在避雷针是尖的好还是钝的好这个问题上，普林格尔选择了坚持己见。他与英国的敌人富兰克林一道，认为具有尖锐顶端的避雷针更能防止雷电袭击。而此时的国王正因美国独立战争而内外受敌，自然希望学会主席能跟自己站到一条战线上。但据说普林格尔大义凛然，知道此事后依然坚持自己的看法，并宣称"陛下，我不能逆转自然规律和自然的运作方式"①。在国王眼里，这种大逆不道的观点无异于反王叛国，从此两人之间便产生了矛盾（Lyte，1980：202‐203）。任期届满之后，普林格尔主动退避，不再继续担任，而与国王私交甚笃的班克斯，承载着修复皇家学会与乔治国王关系的重任登上了历史舞台。

班克斯承袭了大地主阶层的品鉴赏玩传统，从世界各地收集动植物标本和珍贵的艺术品。同时他又具有着这个阶层的优越感，即认为自己作为有威望阶级中的一员，有义务为这个国家做些什么。在1788年班克斯写给霍克斯伯里的信中，他明确提到：

> 受首相皮特所托，我打算就委员会7月份颁布的美洲小麦进口禁令一事去拜访您。因为商人集团都在对怀特黑文地区的贸易进行施压，所以我希望我能有幸明天去拜访您，具体时间您定，我将时刻准备着阁下的召唤。（Banks & Chambers，2007c：462）

班克斯的这封信，字里行间都透露着要利用科学知识为国家、为公众服务的决心。他紧紧抓住了科学在政治和社会两方面的重要性：一方面，科学需要资助者，尤其是需要政府的长期资助，这样才能更好地实现科学之功用，为政府服务（Banks & Chambers，2007c：462‐466）。加斯科因在其著作中半开玩笑地评论道，如果说弗朗西斯·培根在为哲学呐喊时的口吻像大法官，那么，班克斯的科学观便完全符合枢密院顾

---

① 英文为：Sire，I cannot reverse the laws and operations of nature.

问官的身份或者一位高级文职官员的身份。班克斯希望科学能够实现自身效用，满足政府需求。另一方面，此时的政府面临一系列问题，急需寻求科学研究者的帮助。

起初，班克斯给政府和王室所提供的建议，主要是关于航海探险和博物学资源开发的。在那个殖民争霸的时代，增强海军实力，发现并征服新殖民地，以此为如火如荼的工业革命寻求新的原料产地和商品销售市场，是海军部的重要使命。而有着三次探险经历的班克斯则是筹划新航行的最重要人选。担任皇家学会主席后，班克斯利用自己与海军部和王室的私人联系，更加频繁地参与到政府活动中来。作为回报，政府和王室也给了皇家学会许多资助。当然，班克斯所领导的皇家学会并非只在博物学领域给国家提供帮助。

为了真正解决现实问题，也为了向王室和政府证明皇家学会的重要价值，班克斯尤其重视实用性科学和技术的研究。蒸汽机的发明者詹姆斯·瓦特（James Watt）、化学家戴维、陶器制造商韦奇伍德都是他的朋友，并在他任职期间成为皇家学会的会员。工业革命期间，煤炭是一种紧缺资源，但采矿遇到难以克服的技术难题，从而严重影响了产量和工人安全。比如，排除地下水的动力问题一直没能得到很好的解决，从马匹到纽卡门蒸汽机是一个巨大进步，但仍不能满足现实需要；矿灯容易引起瓦斯爆炸的问题更是弄得人心惶惶。班克斯很早就意识到了詹姆斯·瓦特和博尔顿（Matthew Boulton）工作的重要性，于是便向政府汇报了他们的工作。班克斯曾拜访过两人在伯明翰的工厂，并在自己的煤矿区使用他们生产的蒸汽机来提水。班克斯与博尔顿有过多次通信往来，探讨机器的生产和改进问题（Banks & Chambers，2007b：231 - 232；2007c：249）。

1812 年 5 月 24 日桑德兰矿区的大爆炸引起了英国范围内的轰动，

当地的主教、贵族、矿区负责人和科学家被迫成立安全委员会以商讨对策。他们一致认为，应当在全国范围内寻求解决问题的办法。1813年冬天，委员会向皇家研究院递交了信函，希望科学研究者能帮助解决这个问题，而当时戴维是这个研究院的成员（Holmes，2008：351-352）。戴维知道这件事非常危险，但为了迎合班克斯"用科学推进人类进步"的想法，毅然接过了这个问题。对戴维来说，这也是一次提升自己名誉的机会。经过一番努力，戴维终于发明出一种在矿区能安全使用的灯，并将灯与相关研究一起呈递给皇家学会。学会在11月9日宣读了他的报告（Holmes，2008：362-365），并将成果发表在了1816年的《哲学汇刊》上①。其实，班克斯对戴维的工作非常满意，1815年10月30日的信中高度赞扬了戴维的工作：

> 非常感谢能收到你的来信，这带给我难以言说的快乐。你的这项发明是如此卓越，使得皇家学会的声誉在科学界中得到极大提升。我个人认为，相比同时代其他各种级别的学会，皇家学会这种实实在在的和卓有成效的荣誉将因为现在的发现而比过往得到更大推进。
>
> 我们之所以号召有人能提出帮助，是因为没有他人能够发现一种方法，来避免人们受到巨大灾难。我们希望能够借助启蒙哲学②找到一种切实有效的方法，来保障人类未来能够避免日益增多的危悚的恶魔。你的发现必会受到公众的感激，从而把皇家学会置于更加亲和的位置，而不像过往那些深奥晦涩的发现一样，把自己置于

---

① 题目为：On the fire-damp of coal mines, and on methods of lighting the mines so as to prevent its explosion.

② 这里指自然哲学，即科学。

未受教育的普通公众之外。我必将在我们开会的第一天进行宣读。

我们很高兴在这里见到了你，但是我更高兴能重新见到你更加成熟和完善的卓越之作，当时你初回伦敦，我还对你的成果几度失望，但是你进行了修改。我一定会在我们会议开始当天的早晨到达，不久之后我又能高兴地见到你了。（Banks & Chambers, 2007f：187）

从班克斯过往书信看，本次书信中对科研成果的表扬一反常态，最后还希望他尽快回到伦敦相见①。其实戴维在几年前就开始为皇家学会和英国政府工作。有一次，他要为军队开发一种强有力的炸药，以对抗拿破仑军队。这项任务来自班克斯的非官方授权。戴维险些因此而失明，最终他写信告诉班克斯，自己发明了一种炸药，芥末种子大小就有很大威力（Holmes, 2008：347）。

除此之外，皇家学会还承担过其他政府项目，帮助解决科学难题。1783—1787 年间，在班克斯监管下，皇家学会花掉王室资助的 3 000 英镑，用于勘探英格兰的地质情况（Gascoigne, 1998：24）。另外，作为皇家学会主席，班克斯还经常解答许多专业性很强的难题。比如 1783 年，班克斯应邀去考察一种新矿物燃烧的可能性；1803 年，班克斯和皇家学会关于昆虫学的知识派上用场了，他们要综合考虑，找出最好的办法来保存枪支上所用的法兰绒；1814 年，应内政大臣的邀请，皇家学会要去检测天然气公司存储器的安全性（Gascoigne, 1998：25）。

班克斯对技术的看法还具有前瞻性，1794 年他就提醒当时的首相

① 为了维护自己的权威，以符合皇家学会主席的身份，班克斯的书信很少透漏个人情感，这封信是个例外，由此可见班克斯对戴维工作的极度满意。

小皮特，希望政府建立和使用电报系统：

> 虽然我也意识到，在目前情况下，没有什么地方能用得上电报。但是毫无疑问，事情一定会发生变化，电报将会成为有用的并且必不可少的工具，而且这种变化可能会突然发生。如果这是真的，那么很明显，我希望这样一种非常成熟的有着合适信号传递的电报计划将会很容易、很方便地建立起来，文字信号的收集通过单一信号来传递如果说还不是必要的话，那么至少是一种有用的预防。（Banks & Chambers，2007d：339）

班克斯最关心实用知识。当然最主要的，也是班克斯最擅长的，就是为政府组织远洋探险队。几乎每一次大型的船队中，都会有班克斯安排的科学研究者跟随，尤其是博物学家，他们跟随船队在世界各地寻求有商业价值的作物和矿物。后来，班克斯又通过控制经度委员会等手段加强了与海军部的关联，进一步增强了皇家学会和政府的联系。

班克斯担任主席期间，皇家学会与政府部门、王室的合作次数有了明显的提升。这反映出大英帝国为应付日益增多的挑战，如经济快速增长、殖民竞争愈加激烈等问题，开始提升自己的管理能力和工作水平，而其中最重要的方法就是利用科学知识来提高政府效率。虽然这种合作是通过偶然的、非正式的方式来完成的，但毕竟产生了积极的效果，为后来两者之间合作的体制化打下了基础。正是在这种非体制化的合作方式中，才突显了班克斯作为皇家学会主席的领导能力，以及与政府、王室打交道的能力；同时突显出班克斯把握时代脉搏的能力，他认识到了科学的实际效用，希望能凭借自己的科学知识及其所管理的皇家学会，为大英帝国做出贡献。于是，他主动参与那些科学有关的政府活动，主动为政府提供建议，即使有时候政府部门根本没有向他咨询。

7.2 帝国博物学的兴衰

作为皇家学会主席，国王和海军部大臣的朋友，班克斯处在一个特殊位置上，使他能够推进科学研究对大英帝国的积极作用。另外，班克斯还是东印度公司的科学顾问，在航海问题，以及具有商业价值的植物移植方面，班克斯都有大量的知识储备和经验教训，可以为公司提供有价值的建议。班克斯的付出也得到了丰厚的回报，国王和政府越来越相信和依赖班克斯的科学知识，资助他的研究计划和博物学活动成了常态。同时，班克斯作为政府和东印度公司的编外人员，也具有了越来越大的话语权，这使他有了更大的权力去编织和控制自己的帝国博物学网络。这解释了邓肯兄弟为什么如此心甘情愿地为班克斯服务，也解释了班克斯为什么能够说服国王，给那些派遣到海外去采集植物的猎人支付薪水，更解释了东印度公司为什么能听从班克斯的建议，资助加尔各答植物园的建设，并在失败一次之后，依然能继续支持太平洋地区的面包树移植工程。这种合作模式有一个巨大的优点：若即若离非正式的关系具有强大的稳定性，时局的动荡和政府的更迭，很少会影响到班克斯帝国博物学的运作，当然也就不会影响到对这些活动的资助。在18世纪末那个政府更迭频繁的时代，班克斯所保持的这种关系更加突显了它的重要性。

但这种模式的局限性也很明显，班克斯虽然是闻名欧洲的博物学家和皇家学会的主席，但他只是这种合作模式的政策建议者，并无最终的决定权和话语权。行动是否实施、如何实施，人员以及财政资助如何调配与控制都在他的管辖范围之外，这就一定程度上限制了他计划的实施。因为政府和东印度公司不是慈善机构，也不是研究部门，他们一定会优先选择能带来丰厚利润的计划，而对纯粹的学术研究或者获益较少的研究不感兴趣。班克斯所给出的建立加尔各答植物园的主要理由是它可以种植茶叶、西米等有价值的作物，可以给东印度公司、大英帝国及其殖民地带来良好收益，因此他的建议才会被采纳；班克斯所组织的两次面包树移植计划，也是先说服了王室和海军部，让他们相信，这个计划的成功能给西印度群岛的殖民地省下很多粮食，赚取巨额利润。而有些活动，比如收集观赏性的植物，或者连观赏性都不具备的物种，则难以打动权力机构，尤其是东印度公司。这种情况下，班克斯只能利用自己的财富和个人关系去实现目标。当这些目标与国家、公司利益相冲突时，班克斯的活动往往受到漠视或者限制。下面以班克斯退出库克的第二次远航为案例，具体分析班克斯与这些机构的合作方式的局限性。

奋进号航行的主要目标是科学考察，即观测并记录金星凌日的数据。但在这个正大光明的理由背后，库克船长还接受了海军部的新指令——船队在完成天文现象考察之后，要去寻找南半球的大陆。这次任务失败了，库克并没有找到理论上的南大陆①，南半球上到底是否存在南大陆依旧是个疑问。而海军部大臣桑威治伯爵非常热衷于寻找南大陆的计划，于是海军部在得到国王的同意之后，决定再次派出远洋探险队，去寻找答案。这次远航依旧由库克担任船长，而此时已经声名鹊起的班克斯也决定再次随船队出征，进行他的博物学探索和采集活动。这次的准备活动，班克斯花费更多：3 个画家、2 个秘书、9 个熟悉动植物

① 按照当时地质学中的平衡理论，地球应该南北对称，这样才能运转规则。因此，这些理论家猜测，在南半球上一定有一块大陆，跟北半球的亚欧大陆对称（Ballantyne, 2004, Introduction：xix - xx）。

标本保存的仆人（Banks & Chambers，2008：112-113）。海军部还下达了命令，要尽可能给班克斯团队提供他们想要的房间，这是桑威治伯爵为照顾班克斯而提供的优惠待遇。

但在实际操作过程中，海军部并没有给班克斯提供满意的条件。他们并没有咨询班克斯和索兰德，需要选择什么类型的船只。同时，他们不能满足班克斯所要求的空间，不能为班克斯的画家提供宿舍。在第二次临行考察时，班克斯和索兰德指出，所选船只如能航行，倒也方便，只是船体头重脚轻。但是，班克斯和索兰德的考察报告并没有受到重视，海军部依旧使用了那艘船只，并且，也没有给这个庞大的博物学团队更多的空间，而是冷冰冰地告诉他们，"接受这个，或者连这样的条件都没有"（Tomlinson，1844：70）。结果是，班克斯无法忍受海军委员会的无礼，愤怒地拒绝了他们的施舍，自己出资完成了他生命中的最后一次长途远航——冰岛之行。

1772年5月30日，班克斯给桑威治伯爵写了两封长长的书信，来详细解释他为什么退出这次航行。第一封书信的开始，班克斯先是表明了书信的意图：

> 阁下一直以来对我的资助和支持，让我鼓起勇气给您写这封信。我所经历的与这次远航考察相关的事情变得异常糟糕。我希望为这件事情的恶化寻找原因，于是就给阁下写信了。
>
> 国王认为派遣船只去增长见识是合适的，就像这种发现之旅模式的开端奋进号一样；有人问我是否再次参与南海之行时，我高兴地回答说，这样一种建议符合我的性情……（Banks & Chambers，2008：112）

班克斯表达了自己对本次航行的渴望，并聪明地指出，远洋航行发现之旅对大英帝国增长知识的重要性。接着班克斯还详细介绍了自己为本次航行配备的人员和装备，希望能够打动桑威治伯爵。最后一段，班克斯明确提出了自己的不满之处：

> 到此为止我介绍了船只的整体情况，现在我提出需要更多空间。我向阁下承认，在这个船只将要起航的关键时刻，我是很受伤的。我也希望我和我的团队能够忍受比刚开始我拒绝远航时更少的空间。这些都是必需的空间，而非用于奢侈享受。　（Banks & Chambers，2008：115）

班克斯说，自己曾提出过船只的多种整改方案，都没有引起重视。但是船只在海上航行，安全和住所都是非常重要的（Banks & Chambers，2008：118 - 120）。最终，海军的检查员制定了一个计划，并声称留给班克斯团队的空间已经足以令人满意了，不必再添加。而船只在重新修改后，许多房间被拆除了，正常航行也保证不了，所以，班克斯就带领整个团队退出了（Banks & Chambers，2008：116 - 120）。6月3日的信中，班克斯陈述道，海军委员会对他所写的书信很不友好，他们认为，在这样的航海活动中，科学家起不到任何作用，只是不必要的累赘，因此委员会才同意清除掉给班克斯团队准备好的住所（Banks & Dawson，1958：617）。

也曾有观点认为，班克斯之所以退出这次航行，是因为库克船长从中作梗。因为库克很不满意，明明自己领导了一次伟大的海外探险，可最后班克斯成了民族英雄，受到政府、王室和大众的追捧，而自己依旧默默无闻。也有人曾猜测，班克斯不满意库克船长忧郁的性格和不知变通的脾气。这些理由有些牵强，一方面即便库克船长有些不满，两人依旧维持着友谊，库克没有必要阻止班克斯随行。1772 年 6 月 2 日库克还给班克斯写过一封信，协助班克斯的人将所有准备好的装备卸下船。信中解释自己是遵从丰富的经验而非单纯的知识来准备远行事宜，已存放的东西占满了空间，所以实在没有更多地方分享给班克斯团队。书信的最后库克预祝老朋友在其他发现之旅中能够成功（Banks & Chambers，2008：123）。从这封信的内容和语气看，库克确实没尽全力为班克斯争取空间，或许在他看来，相对于其他工作，班克斯团队远没有这么重要，但是似乎没有涉及个人恩怨。

另一方面，说班克斯忍受不了库克的性格更是毫无根据。第一次航行历经三年，班克斯早就了解了库克船长，如果两人真的无法合作，班克斯就不会决定要加入这次探险活动（Tomlinson，1844：71），也不会花费 5000 多英镑去购买科学仪器来筹备这次航行了（Banks & Dawson，1958：617）。

从这个事件可以看出，在 18 世纪末，科学并没有成为政府活动和民众生活的一部分，科学与政府之间也没有形成正式的联系。像班克斯这样的科学管理者，可以通过与政府官员及王室的私人联系，为他们提供一些科学建议，但从整个社会氛围来讲，科学的实用性还没有得到普遍认可。因此，班克斯所建立起来的科学与政府、王室相互支持、相互合作的关系得不到制度保障：当权力机构需要科学帮助时，他们能够相互利用共同进步；而当他们不需要科学的支持，或者科学不能给他们带来直接利益时，科学家就会受到冷落，科学活动也得不到资助。

从整体来看，班克斯所奠定的帝国博物学机制在 19 世纪得以继续绵延。大英帝国商业探险和殖民扩张的船只上，依旧有博物学家忙碌的身影，甚至有了固定化和习惯化的倾向。但班克斯作为皇家学会主席所

"霸道"地坚持的"总体科学"的思路,却最终无法维系下去。这主要表现在两个方面:首先,班克斯生前一直设置各种阻力来抑制各种分支科学学会的成立,固执地认为这样会影响科学的实用性。但班克斯去世之后,各种学会和杂志犹如雨后春笋般成立和创办起来。其次,博物学与数理实验科学的界限日趋明显,博物学自身也日渐专业化、分科化、数理化。如果说在班克斯时代,博物学家大多能够横跨植物、动物和矿物各领域,那么从 19 世纪中叶开始,随着积累的海外博物学材料越来越多,很少能有博物学家能像之前那样横跨三大领域了,甚至每一个领域也被进一步细分为不同的分支,比如动物学又可以分为昆虫学、鸟类学等。到 19 世纪后期,"'博物学'一词慢慢被抽空,剩存的名头则越来越狭义化,即主要指动植物分类学,以及对身边常见观赏性动植物如鸟和昆虫的研究。博物学则越来越包含'业余爱好者'的意味"(吴国盛,2016:25)。

但值得庆幸的是,在博物学日益式微的同时,民间博物学则日益发达。以往只有贵族、学者来把玩的稀有物种开始进入开放性动植物园和普通民众自己的花园里,使得公众对博物学的热情在 19 世纪末达到了顶峰。博物学活动成为一种时尚,广泛进入了公众的日常生活。

参考文献 *

波兰尼.2000.个人知识［M］.许泽民,译.贵阳:贵阳人民出版社.

波伦.2004.植物的欲望:植物眼中的世界［M］.王毅,译.上海:上海世纪出版集团.

波特.2010.剑桥科学史:18世纪科学［M］.方在庆,等,译.郑州:大象出版社.

勃里格斯.1991.英国社会史［M］.陈叔平,刘城,刘幼勤,周俊文,译.北京:中国人民大学出版社.

布克哈特.1998.意大利文艺复兴时期的文化［M］.何新,译.北京:商务印书馆.

布鲁克.2000.科学与宗教［M］.苏贤贵,译.上海:复旦大学出版社.

布罗迪.2010.苏格兰启蒙运动［M］.贾宁,译.杭州:浙江大学出版社.

程美宝.2003."WhangTong"的故事:在域外捡拾普通人的历史［J］.史林,2:106-116.

程美宝.2006.晚清国学大潮中的博物学知识［J］.社会科学,8:18-31.

---

* 班克斯的一些书信、日志、手稿由后人编辑出版,因此引用时采用"Banks & 编辑者姓氏"的方式,表示内容为班克斯所写,或者是班克斯所接收的书信.

程美宝.2009.班克斯爵士与中国 [J].近代史研究，4：146-152.

崔妮蒂.2011.博物学编史纲领 [M] //我们的科学文化：好的归博物，江晓原，刘兵，主编.上海：华东师范大学出版社：3-21.

戴蒙德.2006.枪炮、病菌与钢铁：人类社会的命运 [M].谢延光，译.上海：上海世纪出版集团.

狄博斯.2000.文艺复兴时期的人与自然 [M].周雁翎，译.上海：复旦大学出版社.

范存忠.2010.中国文化在启蒙时期的英国 [M].南京：译林出版社.

范发迪.2011.清代在华的英国博物学家：科学、帝国与文化遭遇 [M].袁剑，译.北京：中国人民大学出版社.

福柯.2012.词与物：人文科学考古学 [M].莫伟民，译.上海：上海三联书店.

格里宾.2013.植物探险家：11 位植物学家的科考纪实 [M].薄三郎，译.南昌：江西科学技术出版社.

郭俊，梅雪芹.2003.维多利亚时代中期英国中产阶级中上层的家庭意识探索 [J].世界历史，(01)：23-30.

哈丁.2002.科学的多元文化 [M].夏侯炳，谭兆民，译.南昌：江西教育出版社.

汉金斯.2000.科学与启蒙运动 [M].任定成，张爱珍，译.上海：复旦大学出版社.

基尔帕特里克.2011.异域盛放：倾靡欧洲的中国植物 [M].俞蘅，译.广州：南方日报出版社.

江晓原.2011.中国文化中的博物学传统 [J].广西民族大学学报（哲学社会科学版），(06)：22-24.

江晓原，刘兵.2011.我们的科学文化：好的归博物 [M].上海：华东师范大学出版社.

姜虹.2012.女性与植物学的传播和发展（1760-1830） [J].科普研究，7 (04)：77-82.

蒋劲松.2007.科学实践哲学视野中的科学传播 [J].科学学研究.25 (1)：9-13.

科尔.1989.科学的社会分层 [M].赵佳苓，等，译.北京：华夏出版社.

克拉夫.2005.科学史学导论 [M].任定成，译.北京：北京大学出版社.

克罗斯比.2001.生态扩张主义：欧洲900—1900年的生态扩张［M］.许友民，
    许学征，译.沈阳：辽宁教育出版社.

克罗斯比.2010.哥伦布大交换：1492年以后的生物影响和文化冲击［M］.郑
    明萱，译.北京：中国环境科学出版社.

库克.2013.库克船长日记［M］.北京：商务印书馆.

李斌、柯遵科.2013.18世纪英国皇家学会的再认识［J］.自然辩证法通讯，35
    (2)：40-45.

李鹭、殷杰.2008.生态女性主义的科学观［J］.科学技术与辩证法，(01)：
    60-65.

李猛.2011.班克斯的博物学实践及对英国科学的影响［M］//我们的科学文化：
    好的归博物，江晓原，刘兵，主编，上海：华东师范大学出版社，55-71.

李猛.2013.博物学在皇家学会中地位的演变［J］.自然辩证法通讯，35(02)：
    46-50.

李猛.2013.启蒙运动时期的皇家学会［J］.自然辩证法研究，29(02)：103-
    108.

李文靖.2009.几何学骑士遭遇博物家公民：为什么达朗贝1758年离开百科全书
    派［J］.科学文化评论，6(03)：52-68.

列文.2012.博物学与科学革命的历史［M］.姜虹，译//科学的畸变，江晓原，
    刘兵，主编，上海：华东师范大学出版社，144-166.

刘兵.2009.克里奥眼中的科学［M］.上海：上海科技教育出版社.

刘华杰.2007.看得见的风景：博物学生存［M］.北京：科学出版社.

刘华杰.2008.《植物学》中的自然神学［J］.自然科学史研究，27(2)：166-
    178.

刘华杰.2010.07.01.博物学与个人知识［N］.中国社会科学报，B14.

刘华杰.2010a.大自然的数学化、科学危机与博物学［J］.北京大学学报（哲
    学社会科学版），47(3)：64-73.

刘华杰.2010b.理解世界的博物学进路［J］.安徽大学学报（哲学社会科学
    版），6：17-23.

刘华杰.2011a.博物学论纲［J］.广西民族大学学报（哲学社会科学版），33
    (6)：2-11.

刘华杰.2011b.博物学、科学传播与民间组织［J］.科普研究，6(3)：32 54.

刘华杰.2012.博物人生［M］.北京：北京大学出版社.

马斯格雷夫，等.2005.植物猎人［M］.杨春丽，等，译.太原：希望出版社.

迈尔.1990.生物学思想发展的历史［M］.涂长晟，等，译.成都：四川教育出版社.

麦克法兰.2008.英国个人主义的起源：家庭、财产权和社会转型［M］.管可秾，译.北京：商务印书馆.

麦茜特.1999.自然之死［M］.吴国盛，等，译，长春：吉林人民出版社.

梅森.1980.自然科学史［M］.周煦良、胡寄南，等，译.上海：上海译文出版社.

默顿.2002.十七世纪英格兰的科学、技术与社会［M］.范岱年，等，译.北京：商务印书馆.

培根.1979.新大西岛［M］.何新，译.北京：商务印书馆.

培根.1986.新工具［M］.许宝骙，译.北京：商务印书馆.

皮克斯通.2008.认识方式：一种新的科学、技术和医学史［M］.陈朝勇，译.上海：上海科技教育出版社.

钱承旦，许洁明.2002.英国通史［M］.上海：上海社会科学院出版社.

钱乘旦.1992.工业革命与英国工人阶级［M］.南京：南京出版社.

斯特斯.1986.植物分类学与生物系统学［M］.韦仲新，等，译.北京：科学出版社.

田松.2008.神灵世界的余韵［M］.上海：上海交通大学出版社.

汪子春.1981.李善兰和他的《植物学》［J］.植物杂志，（02）：28-29.

王一方.2006.04.27.医学家的博物学情怀［N］.中华医学信息导报，21（08）：15.

沃尔夫.1997.十六、十七世纪科学技术和哲学史［M］.周昌忠，等，译.北京：商务印书馆.

沃斯特.2007.自然的经济体系：生态思想史［M］.侯文蕙，译.北京：商务印书馆.

吴国盛.2002.科学的历程［M］.北京：北京大学出版社.

吴国盛.2007.回归博物科学［J］.博览群书，（03）：21-23.

吴国盛.2009.08.25.追思博物科学［N］.中国社会科学报，第5版.

吴国盛.2010.博物学教育：回归自然、重塑人性［J］.绿叶，（07）：73-78.

吴国盛.2016.西方近代博物学的兴衰［J］.广西民族大学学报（自然科学版），22（01）：18-29.

吴彤. 2007. 两种 "地方性知识"：兼评吉尔兹和劳斯的观点 [J]. 自然辩证法研究，23 (11)：87 - 94.

邢冬梅. 2013. 科学编史学：从殖民主义到后殖民主义 [J]. 苏州大学学报（哲学社会科学版），(1)：22 - 28.

熊姣. 2011. 约翰·雷的地球博物学及其意义 [J]. 自然辩证法研究，27 (10)：47 - 53.

熊姣. 2015. 约翰·雷的博物学思想 [M]. 上海：上海交通大学出版社.

熊姣. 2013. 约翰·雷的动物学研究与自然神学 [J]. 自然辩证法通讯，35 (04)：33 - 38；44.

徐炳声. 1981. 物种概念与分类学 [J]. 生物科学动态，(03)：1 - 9.

徐保军. 2012. 建构自然秩序：林奈的博物学 [D]. 北京：北京大学哲学系.

阎照祥. 2003. 英国史 [M]. 北京：人民出版社.

赵敦华. 2001. 西方哲学简史 [M]. 北京：北京大学出版社.

Adams, Brian. 1986. The Flowering of the Pacific: Being an Account of Joseph Banks' Travels in the South Seas and the Story of His Florilegium [M]. London: Collins.

Agnarsdóttir, Aslaug. 2004. This Wonderful Volcano of Water: Sir Joseph Banks, Explorer and Protector of Iceland, 1772 - 1820 [M]. London: the Hakluyt Society.

Aiton, William. 1789a. Hortus Kewensis; or, A Catalogue of the Plants Cultivated in the Royal Botanic Garden at Kew. (Vol. 1) [M]. London: M. DCC. LXXXIX.

Aiton, William. 1789b. Hortus Kewensis; or, A Catalogue of the Plants Cultivated in the Royal Botanic Garden at Kew. (Vol. 2) [M]. London: M. DCC. LXXXIX.

Aiton, William. 1789c. Hortus Kewensis; or, A Catalogue of the Plants Cultivated in the Royal Botanic Garden at Kew. (Vol. 3) [M]. London: M. DCC. LXXXIX.

Alberti, Samuel. 2001. Amateurs and Professionals in One County: Biology and Natural History in Late Victorian Yorkshire [J]. Journal of the History of Biology, 34 (1): 115 - 147.

Alberti, Samuel. 2002. Placing Nature: Natural History Collections and Their

Owners in Nineteenth-Century Provincial England [J] . The British Journal for the History of Science, 35 (3): 291 - 311.

Allan, David. 2001. Naturalists and Society: the Culture of Natural History in Britain, 1700—1900 [M] . Aldershot: Ashgate.

Allan, Denna. 1959. Notions of Economic Policy Expressed by the Society's Correspondents and Its Publications, 1754 - 1847: (iii) Internationalism, Scientific 'Improvement' and Humanitarianism [J] . Journal of the Royal Society of Arts, 107: 217 - 219.

Allen, David. 2010. Books and Naturalists [M] . London: Harper Collins Publishers.

Anderson, Warwick. 2002. Introduction: Postcolonial Technoscience [J] . Social Studies of Science, 32 (5/6): 643 - 658.

Armstrong, Patrick. 2000. The English Parson-Naturalist: A Companionship between Science and Religion [M] . Trowbridge: Cromwell Press.

Ashworth, W. B. 1996. Emblematic Natural History of the RenaissanceJardine [M] // Cultures of Natural History, Eds. N. Jardine, J. Secord and E. Spary. Cambridge: Cambridge University Press.

Atkinson, Dwight. 2011. The "Philosophical Transactions of the Royal Society of London," 1675—1975: A Sociohistorical Discourse Analysis [J] . Language in Society, 25 (3): 333 - 371.

Ballantyne, Tony. 2004. Science, Empire and the European Exploration of the Pacific [M] . Aldershot: Ashgate.

Banks & Beaglehole, John. 1962a. The Endeavour Journal of Sir Joseph Banks. (Vol. 1) [M] . Sydney: The Trustees of the Public Library of New South Wales in association with Angus & Robertson.

Banks & Beaglehole, John. 1962b. The Endeavour Journal of Sir Joseph Banks. (Vol. 2) [M] . Sydney: The Trustees of the Public Library of New South Wales in association with Angus & Robertson.

Banks & Biswas, Kalipada. 1950. The Original Correspondence of Sir Joseph Banks Relating to the Foundation of the Royal Botanic Garden [M] . Calcutta: Royal Asiatic Society of Bengal.

Banks & Carter, Harold. 1979. The Sheep and Wool Correspondence of Sir Joseph

Banks，1781—1820［M］. London：British Museum（Natural History）for the Library Council of New South Wales.

Banks & Chambers, Neil. 2000. The Letters of Sir Joseph Banks：A Selection, 1768—1820［M］. London：Imperial College Press.

Banks & Chambers, Neil. 2007a. The Scientific Correspondence of Sir Joseph Banks 1765—1820. (Vol. 1)［M］. London：Pickering & Chatto Ltd.

Banks & Chambers, Neil. 2007b. The Scientific Correspondence of Sir Joseph Banks 1765—1820. (Vol. 2)［M］. London：Pickering & Chatto Ltd.

Banks & Chambers, Neil. 2007c. The Scientific Correspondence of Sir Joseph Banks 1765—1820. (Vol. 3)［M］. London：Pickering & Chatto Ltd.

Banks & Chambers, Neil. 2007d. The Scientific Correspondence of Sir Joseph Banks 1765—1820. (Vol. 4)［M］. London：Pickering & Chatto Ltd.

Banks & Chambers, Neil. 2007e［M］. The Scientific Correspondence of Sir Joseph Banks 1765—1820. (Vol. 5)［M］. London：Pickering & Chatto Ltd.

Banks & Chambers, Neil. 2007f. The Scientific Correspondence of Sir Joseph Banks 1765—1820. (Vol. 6)［M］. London：Pickering & Chatto Ltd.

Banks & Chambers, Neil. 2008. The Indian and Pacific Correspondence of Sir Joseph Banks, 1768—1820. (Vol. 1)［M］. London：Pickering & Chatto.

Banks & Chambers, Neil. 2009. The Indian and Pacific Correspondence of Sir Joseph Banks, 1768—1820. (Vol. 2)［M］. London：Pickering & Chatto.

Banks & Chambers, Neil. 2010. The Indian and Pacific Correspondence of Sir Joseph Banks, 1768—1820. (Vol. 3)［M］. London：Pickering & Chatto.

Banks & Chambers, Neil. 2011. The Indian and Pacific Correspondence of Sir Joseph Banks, 1768—1820. (Vol. 4)［M］. London：Pickering & Chatto.

Banks & Chambers, Neil. 2012. The Indian and Pacific Correspondence of Sir Joseph Banks, 1768—1820. (Vol. 5)［M］. London：Pickering & Chatto.

Banks & Chambers, Neil. 2013. The Indian and Pacific Correspondence of Sir Joseph Banks, 1768—1820. (Vol. 6)［M］. London：Pickering & Chatto.

Banks & Chambers, Neil. 2014. The Indian and Pacific Correspondence of Sir Joseph Banks, 1768—1820. (Vol. 7)［M］. London：Pickering & Chatto.

Bamks & Chambers, Neil. 2015. The Indian and Pacific Correspondence of Sir Joseph Banks, 1768—1820. (Vol. 8)［M］. London：Pickering & Chatto.

Banks &. Dawson, Warren. 1958. The Banks Letters: A Calendar of the Manuscript Correspondence of Sir Joseph Banks, Preserved in the British Museum, the British Museum (Natural History) and Other Collections in Great Britain [M]. London: Printed by order of the trustees of the British Museum.

Banks &. Dawson, Warren. 1962. Supplementary Letters of Sir Joseph Banks [M]. London: Trustees of the British Museum (Natural History).

Banks &. Hill, James. 1952. The Letters and Papers of the Banks Family of Revesby Abbey, 1704—1760 [M]. Hereford: Hereford Times.

Banks &. Troil, Uno von. 1780. Letters on Iceland [M]. Dublin: Printed by G. Perrin for S. Price.

Banks, Joseph. 1805. A Short Account of the Cause of the Disease in the Corn, Called by Farmers the Bright, the Mildew, and the Rust [M]. London: Harding.

Banks, R. E. R. , et al. 1994. Sir Joseph Banks: A Global Perspective [M]. Kew: the Royal Botanic Gardens.

Barber, Lynn. 1980. The Heyday of Natural History, 1820—1870 [M]. London: Doubleday.

Barringer, Tim and Tom Flynn. 1998. Colonialism and the Object: Empire, Material Culture and the Museum [M]. London and New York: Routledge.

Bauer, Martin. 2012. The Culture of Science: How the Public Relates to Science across the Globe [M]. New York: Routledge.

Bennet, Tony. 1995. The Birth of the Museum: History, Theory and Politics [M]. London and New York: Routledge.

Bewell, Alan. 2004. Romanticism and Colonial Natural History [J]. Studies in Romanticism, 43 (1): 5 - 34.

Bleichmar, Daniel. 2004. Visual Culture in Eighteenth-century Natural History: Botanical Illustrations and Expeditions in the Spanish Atlantic [M]. A dissertation presented to the faculty of Princeton University.

Bleichmar, Daniel. 2006. Painting as Exploration: Visualizing Nature in Eighteenth-Century Colonial Science [J]. Colonial Latin American Review/ Taylor and Francis, 15 (1): 81 - 104.

Bleichmar, Daniel. 2007a. Exploration in Print: Books and Botanical Travel from

Spain to the Americas in the Late Eighteenth Century [J]. Huntington Library Quarterly/Huntington Library, 70 (1): 129 - 151.

Bleichmar, Daniel. 2007b. Training the Naturalist's Eye in the Eighteenth Century: Perpect Global Visions and Local Blind Spots [M] // Skilled Visions: Between Apprenticeship and Standards, ed. Cristina Grasseni. Oxford: Berghahn: 166 - 190.

Bleichmar, Daniel. 2009. Visible Empire: Scientific Expeditions and Visual Culture in the Hispanic Enlightenment [J]. Postcolonial Studies, 12 (9): 441 - 466.

Bleichmar, Daniela. 2012. Visible Empire: Colonial Botany and Visual Culture in the Hispanic Enlightenment [M]. Chicago: University of Chicago Press.

Bleichmar, Daniela and Peter Mancall. 2011. Collecting across Cultures: Material Exchanges in the Early Modern Atlantic World [M]. Philadelphia: University of Pennsylvania Press.

Bligh, William. 1969. A Voyage to the South Sea [M]. Adelaide: Libraries Board of South Australia.

Bretschneider, Emil. 1898. History of European Botanical Discoveries in China [M]. London: Sampson Low, Marston and Company, Limited.

Brockway, Lucile. 1979. Science and Colonial Expansion: The Role of the British Royal Botanical Gardens [M]. London: Academic Press.

Brookes, Richard. 1763. A New and Accurate System of Natural History [M]. London: M. DCC. LXIII.

Brougham, Baron and Brougham Vaux. 1846. Lives of Men of Letters and Science Who Flourished in the Time of George III [M]. Philadelphia: Carey and Hart.

Burek, Cynthia. 2001. The First Lady Geologist, or Collector Par Excellence [J]. Geology Today, 17 (5): 192 - 194.

Cameron, Hector. 1952. Sir Joseph Banks: The Autocrat of the Philosophers [M]. London: the Batchworth Press.

Cameron, Hector. 1966. Sir Joseph Banks [M]. Sydney: Angus and Robertson.

Canno, Garland. 1975. Sir William Jones, Sir Joseph Banks, and the Royal Society [J]. Notes and Records of the Royal Society of London, 29 (2): 205 - 230.

Carter, Christopher. 2004. Imperialism and Empiricism: Science and State in the

Age of Empire ［M］. Doctoral Dissertation, Department of History, Duke University.

Carter, Harold. 1964. His Majesty's Spanish Flock: Sir Joseph Banks and the Merinos of George III of England ［M］. Norwich printed: Angus & Robertson.

Carter, Harold. 1974. Sir Joseph Banks and the Plant Collection from Kew Sent to the Empress Catherine II of Russia, 1795 ［M］. Bulletin of the British Museum (Natural History) Historical Series, 4: 281 - 385.

Carter, Harold. 1987. Sir Joseph Banks: A Guide to Biographical and Bibliographical Sources ［M］. London: British Museum (Natural History).

Carter, Harold. 1988. Sir Joseph Banks, 1743—1820 ［M］. London: British Museum (Natural History).

Carter, Harold. 1995. The Royal Society and the Voyage of HMS 'Endeavour' 1768—71 ［J］. Notes and Records of the Royal Society of London, 49 (2): 245 - 260.

Chambers, Neil. 1999. Letters from the President: the Correspondence of Sir Joseph Banks ［J］. Notes and Records of the Royal Society of London, 53 (1): 27 - 57.

Chambers, Neil. 2007. Joseph Banks and the British Museum: The World of Collecting, 1770—1830 ［M］. London: Pickering & Chatto.

Classen, Constance and David Howes. 2006. The Museum as Sensescape ［M］// Sensible Objects: Colonialism, Museum and Material Culture, eds. Elizabeth Edwards, Chris Gosden and Ruth Phillips. Oxford and New York: Berg, 199 - 222.

Collingridge, Vanessa. 2003. Captain Cook ［M］. London: Ebury Press.

Crawford Matthew. 2009. Empire's Experts: The Politics of Knowledge in Spain's Royal Monopoly of Quina. (1751—1808) ［D］. California: University of California.

Crosland, Maurice. 1995. Studies in the Culture of Science in France and Britain since the Enlightment ［M］. Hampshire: Variorum.

Crosland, Maurice. 2005. Relationships between the Royal Society and the Acadmie des Sciences in the Late Eighteenth Century ［J］. Notes and Records of the Royal Society of London, 59 (1): 25 - 34.

Cunningham, Andrew and Nicholas Jardine. 1990 [M] . Romanticism and the Sciences. Cambridge: Cambridge University Press.

Cunningham, James. 1702. Part of Two Letters to the Publisher from Mr James Cunningham, F. R. S. and Physician to the English at Chusan in China, Giving an Account of His Voyage Thither, of the Island of Chusan, of the Several Sorts of Tea, of the Fishing, Agriculture of the Chinese, etc. with Several Observations not Hitherto Taken Notice of [J] . Philosophical Transactions, 23 (280): 1201 - 1209.

Da Costa, Portia. 2002. The Culture of Curiosity at The Royal Society in the First Half of the Eighteenth Century [J] . Notes and Records of the Royal Society of London, 56 (2): 147 - 166.

Danforth, Susan. 2001. Cultivating Empire: Sir Joseph Banks and the. (Failed) Botanical Garden at Nassau [J] . Terrae Incognitae, 33 (1): 48 - 58.

Darwin, Erasmus. 1799. The Botanic Garden (the Fourth Edition) [M] . London: printed for J. Johnson, St. Paul's Church-Yard.

Daston, Lorraine and Fernando Vidal. 2004. The Moral Authority of Nature [M] . Chicago: University of Chicago Press.

Davies, John. 1943. Sir Joseph Banks, P. C. , K. C. B. , F. R. S.. (1743 - 1820) [J] . Nature. 3824: 181 - 183.

De Vos, Paula. 2007. Natural History and the Pursuit of Empire in Eighteenth-Century Spain [J] . Eighteenth-Century Studies, 40 (2): 209 - 239

Desmond, Ray. 1992. The European Discovery of the Indian Flora [M] . Oxford: Oxford University Press.

Desmond, Ray. 1995. Kew: The History of the Royal Botanic Gardens [M] . London: Harvill Press.

Dietz, Bettina. 2010. Making Natural History: Doing the Enlightenment [J] . Central European History, 43 (1): 25 - 46.

Dolan, Brian. 2000. Exploring European Frontiers: British Travellers in the Age of Enlightenment [M] . Basingstoke: Palgrave Macmillan.

Drayton, Richard. 2000. Nature's Government: Science, Imperial Britain, and the 'Improvement' of the World [M] . New Haven: Yale University Press.

Duncan, Andrew. 1821. A Short Account of the Life of the Right Honourable Sir Joseph Banks KB, President of the Royal Society of London [M] . Edinburgh: P. Neill.

Dupree, Anderson. 1964. Nationalism and Science: Sir Joseph Banks and the Wars with France [M] // A festchrift for Frederick B. Artz, eds. D. Pinkney and T. Ropp. Durham N. C. : University of North Carolina Press: 37 - 51.

Dupree, Anderson. 1984. Sir Joseph Banks and the Origins of Science Policy [M]. Minneapolis: Associates of the James Ford Bell Library, University of Minnesota.

Duyker, Edward and Per Tingbrand. 1995. Daniel Solander: Collected Correspondence, 1753—1782 [M] . Melbourne: Miegunyah Press.

Edwards, Elizabeth, Chris Gosden and Ruth Phillips. 2006. Sensible Objects: Colonialism, Museum and Material Culture [M] . Oxford and New York: Berg.

Evans, David, et al. 1969. Herschel at the Cape: Diaries and Correspondence of Sir John Herschel 1834—1838 [M] . Cape Town: A. A. Balkema.

Fara, Patricia. 1997. The Royal Society's Portrait of Joseph Banks [J] . Notes and Records of the Royal Society of London, 51 (2): 199 - 210.

Fara, Patricia. 1998. Images of a Man of Science [J] . History Today, 48 (10): 42 - 49.

Fara, Patricia. 2003. The Story of Carl Linnaeus and Joseph Banks: Sex, Botany and Empire [M] . Cambridge: Icon Books UK.

Farrington, Oliver. 1915. The Rise of Natural History Museums [J] . Science, 42 (1076): 197 - 208.

Fogg, Gordon. 2001. The Royal Society and the South Seas [J] . Notes and Records of the Royal Society of London, 55 (1): 81 - 103.

Francisco-Ortega, Javier, et al. 2008. Plant Hunting in Macaronesia by Francis Masson: The Plants Sent to Linnaeus and Linnaeus Filius [J] . Botanical Journal of the Linnean Society, 157 (3): 393 - 428.

Franklin, Benjamin. 1774. Of the Stilling of Waves by means of oil [J] . Philosophical Transactions. 64: 447 - 455.

Fulford, Tim. 2004. Literature, Science and Exploration in the Romantic Era:

Bodies of Knowledge [M]．Cambridge：Cambridge University Press.

Fulford，Tim and Peter Kitson. 1998. Romanticism and Colonialism：Writing and Empire，1780—1830 [M]．Cambridge：Cambridge University Press.

Gascoigne，John. 1994. Joseph Banks and the English Enlightenment：Useful Knowledge and Polite Culture [M]．Cambridge：Cambridge University Press.

Gascoigne，John. 1996a. The Ordering of Nature and the Ordering of Empire：A Commentary [M] // Visions of Empire：Voyages，Botany and Representation of Nature，eds. David Miller and Peter Reill. Cambrige：Cambridge University Press：107 - 113.

Gascoigne，John. 1996b. The Scientist as Patron and Patriotic Symbol：The Changing Reputation of Sir Joseph Banks [M] // Telling Lives in Science：Essays on Scientific Biography，eds. Michael Shortland and Richard Yeo. Cambridge：Cambridge University Press：243 - 263.

Gascoigne，John. 1996c. The Scientist as Patron and Patriotic Symbol：The Changing Reputation of Sir Joseph Banks [M] // Telling Lives in Science：Essays on Scientific Biography，eds. Michael Shortland and Richard Yeo. Cambridge：Cambridge University Press，243 - 266.

Gascoigne，John. 1998. Science in the Service of Empire：Joseph Banks，the British State and the Uses of Science in the Age of Revolution [M]．Cambridge：Cambridge University Press.

Gascoigne，John. 2001. Joseph Banks and His Abiding Legacy [M]．London：Menzies Centre for Australian Studies.

Gascoigne，John. 2009. The Royal Society，Natural History and the Peoples of the 'New World（s）'，1660—1880 [J]．British Journal for the History of Science，42（4）：539 - 562.

Gascoigne，John. 2010. Science，Philosophy and Religion in the Age of the Enlightenment [J]．Surrey：Ashgate.

Golinski，Jan. 1992. Science as Public Culture：Chemistry and Enlightenment in Britain，1760 - 1820 [J]．Cambridge：Cambridge University Press.

Grove，Richard. 1995. Green Imperialism：Colonial Expansion，Tropical Island Edens and the Origins of Environmentalism 1600 - 1860 [M]．Cambridge：Cambridge University Press.

Harrison, Mark. 2005. Science and the British Empire [J] . Isis, 96 (1): 56 - 63.

Hermannsson, HalldÓr. 1928. Sir Joseph Banks and Iceland [M] . London: Humphrey Milford.

Holmes, Richard. 2008. The Age of wonder: How the Romantic Generation Discovered the Beauty and Terror of Science [M] . New York: Pantheon Books.

Home, Richmond. 2002. The Royal Society and the Empire: The Colonial and Commonwealth Fellowship, 1731 - 1847 [J] . Notes and Records of the Royal Society of London, 56 (3): 307 - 332.

Home, Richmond. 2003. The Royal Society and the Empire: The Colonial and Commonwealth Fellowship, After 1847 [J] . Notes and Records of the Royal Society of London, 57 (1): 47 - 84.

Hoock, Holger. 2010. Empires of the Imagination: Politics, War and the Arts in the British World, 1750 - 1850 [M] . London: Profile Books.

Huigen, Siegfried. 2009. Knowledge and Colonialism: Eighteenth-Century Travellers in South Africa [M] . Leiden; Boston: Brill.

Hunter, Michael. 1981. Science and Society in Restoration England [M] . Cambridge: Cambridge University Press.

Jardine, Nicholas, James Secord and Emma Spary. 1996. Cultures of Natural History [M] . Cambridge: Cambridge University Press.

Jones, James. 1978. Country and Court: England, 1658 - 1714 [M] . London : E. Arnold.

Judith, Diment. 1984. Catalogue of the Natural History Drawings Commissioned by Joseph Banks of the Endeavour Voyage. (Part 1) [M] . London: British Museum (Natural History) .

Judith, Diment. 1987. Catalogue of the Natural History Drawings Commissioned by Joseph Banks of the Endeavour Voyage. (Part 2) [M] . London: British Museum (Natural History) .

Kitson, Peter. 2001. Travels, Explorations and Empires: South Sea and Australia. (Vol. 8) [M] . London: Pickering & Chatto.

Knight, David. 1972. Natural Science Books in English, 1600 - 1900 [M] .

London: Batsford.

Knight, David. 1996. Presidential Address: Getting Science Across [J] . The British Journal for the History of Science, 29: 129 - 138.

Koerner, Lisbet. 1999. Linnaeus: Nature and Nation [M] . Boston: Harvard University Press.

Krisuk, Jennifer. Museums, Home Collections, and the Gendering of Knowledge in the Nineteenth-Century Novel [D] . Tulsa: University of Tulsa.

Lincoln, Margarette. 1998. Science and Exploration in the Pacific: European Voyages to the Southern Oceans in the Eighteenth Century [M] . Woodbridge, Suffolk, UK; Rochester, NY, USA: Boydell Press in association with the National Maritime Museum.

Lintel, Amy. 2010. Surveying the Field: The Popular Origins of Art History in Nineteenth-Century Britain and France [D] . California: University of Southern California.

Lipkowitz, Elise. 2014. Seized Natural-history Collections and the Redefinition of Scientific Cosmopolitanism in the Era of the French Revolution [J] . The British Journal for the History of Science, 47: 15 - 41.

Livingstone, David and Charles Withers. 1999. Geography and Enlightenment [M] . Chicago: University of Chicago Press.

Logan, William. 1996. Joseph Banks and the Board of Longitude [Poem] [J] . The Sewanee Review, 104 (1): 36 - 37.

Lyons, Henry. 1944. The Royal Society 1660 - 1940 [M] . Cambridge: Cambridge University Press.

Lysaght, Averil. 1971. Joseph Banks in Newfoundland and Labrador, 1766: His Diary, Manuscripts and Collections [M] . London: Farber and Farber.

Lyte, Charles. 1980. Sir Joseph Banks: 18th Century Explore, Botanist and Entrepreneur [M] . London: David and Charles.

Mackaness, George. 1936. Sir Joseph Banks, His Relations with Australia [M] . Sydney: Angus & Robertson Limited.

Mackay, David. 1985. In the Wake of Cook: Exploration, Science and Empire, 1780 - 1801 [M] . London: Victoria University Press.

Mackay, David. 1996. Agents of Empire: the Banksian Collectors and Evaluation of New Lands [M] // Visions of Empire: Voyages, Batany and Representations of Nature, eds. David Miller and Peter Reill. Cambridge: Cambridge University Press: 38 - 57.

MacKenzie, John. 2009. Museums and Empire: Natural History, Human Cultures and Colonial Identities [M]. Manchester: Manchester University Press.

MacNalty, Arther. 1960. The Royal Society and its Medical Presidents [M]. The British Medical Journal, 2 (5193): 171 - 181.

Magee, Judith. 2011. Images of Nature: Chinese Art and the Reeves Collection [M]. London: Natural History Museum.

Maiden, Joseph. 1909. Sir Joseph Banks: The "Father of Australia" [M]. Sydney: William Applegate.

Masterson, James. 1946. Travelers' Tales of Colonial Natural History [J]. The Journal of American Folklore. 59 (231): 51 - 67.

Masterson, James. 1946. Travelers' Tales of Colonial Natural History (Concluded). The Journal of American Folklore [J]. 59 (231): 174 - 188.

Matthew, H., Brian Harrison and Lawrence Goldman. 1994 -. Oxford Dictionary of National Biography [M]. Oxford: Oxford University Press.

McClellan, James. 1985. Science Reorganised: Scientific Societies in the Eighteenth Century [M]. New York: Columbia University Press.

McClellan, James. 1992. Colonialism and Science: Saint Domingue in the Old Regime [M]. Baltimore: Johns Hopkins University Press.

Métailié, George. 1994. Sir Joseph Banks: An Asian Policy [M] // Sir Joseph Banks: A Global Perspective, eds. R. Banks, et al. Kew: the Royal Botanic Gardens: 157 - 169.

Miller, David. 1981. Sir Joseph Banks: An Historiographical Perspective [J]. History of Science, 19 (4): 284 - 291.

Miller, David. 1989. "Into the Valley of Darkness": Reflections on the Royal Society in the Eighteenth Century [J]. History of Science, 27 (2): 155 - 166.

Miller, David. 1996. Joseph Banks, Empire and "Centers of Calculation" in Late Hanoverian London [M] // Visions of Empire: Voyages, Batany and Representations of Nature, eds. David Miller and Peter Reill. Cambridge:

Cambridge University Press: 21 - 37.

Miller, David. 2012. The Usefulness of Natural Philosophy: The Royal Society and the Culture of Practical Utility in the Later Eighteenth Century [J]. The British Journal for the History of Science, 32 (2): 185 - 201.

Miller, David and Peter Reill. 1996. Visions of Empire: Voyages, Batany and Representations of Nature [M]. Cambridge: Cambridge University Press.

Mingay, Gordon. 1963. English Landed Society in the Eighteenth Century [M]. London: Routledge and Kegan Paul.

Morrell, William. 1958. Sir Joseph Banks in New Zealand: From His Journal [M]. Wellington: A. H. & A. W. Reed.

Morse, H. B.. 1926 - 1929. The Chronicles of the East India Company: Trading to China 1635 - 1834 [M]. Oxford: The Clarendon Press.

Nappi, Carla. 2009. The Monkey and the Inkpot: Natural History and Its Transformations in Early Modern China [M]. Cambridge, Massachusetts, London: Harvard University Press.

O'Brian, Patrick. 1987. Joseph Banks: A Life [M]. London: Collins Harvill.

Ogilvie, Brian. 2006. The Science of Describing. Natural History in Renaissance Europe [M]. Chicgo: University of Chicago Press.

Palladino, Paolo and Michael Worboys. 1993. Science and Imperialism [J]. Isis, 84 (1): 91 - 102.

Parkinson, Sydney. 1984. A Journal of a Voyage to the South Seas in His Majesty's Ship, the Endeaour [M]. London: Caliban Books.

Pindar, Peter. 1788. Sir Joseph Banks and the Emperor of Morocco [M]. London: printed for G. Kearsley.

Porter, R.. 1989. The Exotic as Erotic: Captain Cook at Tahiti [M] // Exoticism in the Enlightenment, eds. George Rousseau and Roy Porter. Manchester: Manchester University Press: 117 - 144.

Pratt, Mary. 2008. Imperial Eyes: Travel Writing and Transculturation [M]. New York: Routledge.

Pyenson, Lewis. 1990. Over the Bounding Main [J]. Historical Studies in the Physical and Biological Sciences, 20 (2): 407 - 422.

Rauschenberg, Robert. 1772. The Journals of Joseph Banks's Voyage up Great

Britain's West Coast to Iceland and to the Orkney Isles July to October [J] . Proceedings of the American Philosophical Society, 117 (3): 215.

Rauschenburg, Robert. 1973. The Journals of Joseph Banks's Voyage up Great Britain's West Coast to Iceland and to the Orkney Isles July to October, 1772 [J] . Proceedings of the American Philosophical society, 117: 186 – 226.

Raven, Charles. 1942. John Ray, Naturalist: His Life and Works [M] . Cambridge: Cambridge University Press.

Richardson, William. . 2004. Mercator's southern continent: its origins, influence and gradual demise [M] // Science, Empire and the European Exploration of the Pacific, ed. Tony Ballantyne. Aldershot: Ashgate: 11 – 42.

Rourke, John. 1994. John Herschel and the Cape Flora [J] . Transactions of the Royal Society of South Africa, 49: 71 – 86.

Royal Society. 1784. An Appeal to the Fellows of the Royal Society [M] . London: Printed for J. Debrett.

Ruskin, Steven. 2004. John Herschel's Cape Voyage: Private Science, Public Imagination and the Ambitions of Empire [M] . Hampshire: Ashgate Publishing Limited.

Rutherford, H. V. . 1952. Sir Joseph Banks and the Exploration of Africa, 1788 to 1820 [D] . Berkeley: University of California.

Schaffer, Simon. 1980. Herschel in Bedlam: Natural History and Stellar Astronomy [J] . The British Journal for the History of Science, 13 (3) .

Schaffer, Simon. 1986. Scientific Discoveries and the End of Natural Philosophy [J] . Social Studies of Science, 16: 387 – 420.

Schiebinger, Londa. 2004. Nature's Body: Gender in the Making of Modern Science [M] . Rutgers: Rutgers University Press.

Schiebinger, Londa. 2007. Colonial Botany: Science, Commerce, and Politics in the Early Modern World [M] . Philadelphia: University of Pennsylvania Press.

Schmidly, David. 2005. What It Means to Be a Naturalist and the Future of Natural History at American Universities [J] . Journal of Mammalogy, 86 (3): 449 – 456.

Secord, Anne. 1994a. Corresponding Interests: Artisans and Gentlemen in Nineteenth-Century Natural History [J] . The British Journal for the History of Science, 27 (4): 383 – 408.

Secord, Anne. 1994b. Science in the Pub: Artisan Botanists in Early Nineteenth-Century Lancashire [J]. History of science, 32 (97): 269 – 315.

Secord, Anne. 2002. Botany on a Plate: Pleasure and the Power of Pictures in Promoting Early Nineteenth-Century Scientific Knowledge [J]. Isis, 93 (1): 28 – 57.

Secord, James. 2000. Victorian Sensation: the Extraordinary Publication, Reception, and Secret Authorship of Vestiges of the Natural History of Creation [J]. London: the University of Chicago Press.

Sivasundaram, Sujit. 2001. Natural History Spiritualized: Civilizing Islanders, Cultivating Breadfruit, and Collecting Souls [J]. History of Science, 39 (4): 417 – 443.

Sloan, Kim. 2003. Aimed at Universality and Belonging to the Nation: the Enlightenment and the British Museum [M] // Enlightenment: Discovering the World in the Eighteenth Century, eds. Kim Sloan and Andrew Burnett. London: The British Museum Press.

Smith, Edward. 1975. The Life of Sir Joseph Banks [M]. New York: Arno Press.

Snyder, Micheal. 1994. Sir Joseph Banks and Commercial Biology [D]. Alberta: University of Alberta.

Sorrenson, Richard. 1996. Towards a History of the Royal Society in the Eighteenth Century [J]. Notes and Records of the Royal Society of London, 50 (1): 29 – 46.

Stafleu, Frans. 1971. Linnaeus and the Linnaeans [M]. Utrecht : Oosthoek.

Staunton, George. 1978. An Authentic Account of an Embassy from the King of Great Britain to the Emperor of China [M]. Dublin: Wogan.

Stearn, William. 1969. A Royal Society Appointment with Venus in 1769: The Voyage of Cook and Banks in the 'Endeavour' in 1768 – 1771 and Its Botanical Results [J]. Notes and Records of the Royal Society of London, 24: 64 – 90.

Stephen, Leslie. 1962. History of English Thought in the Eighteenth Century [M]. London: R. Hart-Davis.

Stern, William. The Uses of Botany, with Special Reference to the 18th Century

[M]. Taxon, 42 (4): 773 - 779.

Strauss, W.. 1965. Parodoxical Co-operation: Sir Joseph Banks and the London Missionary Society [J]. Historical Studies, Australia and New Zealand, 2: 246 - 52.

Stungo, Ruth. The Royal Society Specimens from the Chelsea Physic Garden 1722 -1799 [J]. Notes and Records of the Royal Society of London, 47 (2): 213 - 224.

Teute, Fredrika. 2011. The Loves of the Plants; or, the Cross-Fertilization of Science and Desire at the End of the Eighteenth Century [J]. Huntington Library Quarterly, 63 (3): 319 - 345.

Tobin, Beth. 1999. Picturing Imperial Power: Colonial Subjects in Eighteeth-Century [M]. Durham and London: Duke University Press.

Tomlinson, Charles. 1844. Sir Joseph Banks and the Royal Society [M]. London: John W. Parker, West Strand.

Warner, Brian, et al. 1998. Flora Herscheliana: Sir John and Lady Herschel at the Cape 1834 to 1838 [M]. Johannesburg: Brenthurst Press.

Weld, Charles. 1848. A History of the Royal Society [M]. London: John W. Parker, West Strand.

Wharton, William. 1893. Captain Cook's Journal During the First Voyage Round the World [M]. Lodon: Elliot Stock.

Wickwire, F.. 1966. King's Friends, Civil Servants, or Politician [J]. American Historical Review, 71: 18 - 42.

Williams, Glyndwr. 1998. The Endeavour Voyage [M] // Science and Exploration in the Pacific: European Voyages to the Southern Oceans in the Eighteenth Century, ed. Margarette Lincoln. Woodbridge, Suffolk, UK; Rochester, NY, USA: Boydell Press in association with the National Maritime Museum.

Williams, Glyndwr. 2004. Captain Cook: Explorations and Reassessments [M]. Rochester, N. Y. : Boydell Press.

Wolff, Lester. 2007. The Anthropology of the Enlightenment Stanford [M]. California: Stanford University Press.

译名对照表

A

Adams, Thomas　亚当斯

Addison　艾迪生

Aiton, William　艾顿

Anderson, James　安德森

B

Babbage, Charles　巴贝奇

Bacon, Francis　培根，弗朗西斯

Bacon, Roger　培根，罗吉尔

Banks, Joseph　班克斯

Barretto, Lewis　巴雷托

Barrington, Daines　巴林顿

Barrow, John　巴罗

Batteux, Charles　巴特

Bauer, Ferdinand （德文 Franz）
鲍尔

Beaglehole, John　格尔霍尔

Benett, Etheldred　班尼德

Bentley, Richard　本特利

Biswas, Kalipada　贝斯沃斯

Blagden, Charles　布莱顿

Blake, John　布莱克

Bleichmar, Daniel　布莱克马

Bligh, William　布莱

Blumenbach, John　布卢门巴赫

Boorstin, Danie　布尔斯廷

Boulton, Matthew　博尔顿

Bowie, James　鲍威

Boyle, Robert　玻意耳

Brahe, Tycho　布拉赫

Brockway, Lucile　布罗克韦

Brookes, Richard　布鲁克斯

Broussonet, Pierre　布鲁索内

Brown, Robert　布朗，罗伯特

Browne, Patrick　布朗，帕特里克

Browne, William　布朗，威廉

Bruce, James　布鲁斯

Buchan, Alexander　巴肯

Bunbury, Charles　邦伯里

C

Carter, Harold　卡特

Chambers, Neil　钱伯斯

Chantrey, Francis　钱特里

Coltman, Thomas　科尔特曼

Compton, Samuel　康普顿

Conway, Moncure　康韦

Cook, James　库克

Crosby, Alfred　克罗斯比

Cunningham, Allan　昆宁汉姆，阿伦

Cunningham, James　昆宁汉姆，詹姆斯

Curtis, William　柯蒂斯

Cuvier, Georges　居维叶

D

Da Costa, Emmanuel　达·考斯塔

Darwin, Erasmus　达尔文

Dauberton, Louis　多伯顿

Davy, Humphry　戴维

Dawson, Warren　道森

Devanes, William　戴维内斯

Dillen, Johnne　迪伦

Dinwiddie, James　丁威迪

Dominicus, George　多米尼克斯

Drayton, Richard　德雷顿

Dryander, Jonas　德吕安德尔

Du Halde, Jean Baptiste　杜赫德

Duncan, Alexander　邓肯，亚历山大

Duncan, Andrew　邓肯，安德鲁

Duncan, John　邓肯，约翰

Dundas, Henry　邓达斯

E

East, Hinton　伊斯特

Ehret, Georg　埃雷特

Ellis, John　埃利斯

Elphinstone, William 埃尔芬斯通

Eudemus　欧德摩斯

F

Fabricius, Johann　法布里休斯

Falconer, Thomas　法尔克纳

Fara, Patricia　法拉

Flinders, Matthew　弗林德斯

Folkes, Martin　福克斯

Forster, Johann　福伊斯特

Foster, John　福斯特

Franklin, Benjamin　富兰克林

G

Gascoigne, John　加斯科因

Gerald of Wales　杰拉尔德

Gerard, John　杰拉德

Glennie, James　格莱尼

Good, Peter　古德

Green, Charles　格林

Greville, Robert　格雷维尔

H

Hanson, Norwood Russell　汉森

Harding, Sandra　哈丁

Hargreaves, James　哈格里夫斯

Henrey, Blanche　亨里

Herschel, William　赫歇尔

Hill, John　希尔

Hodgkinson, William　霍奇金森

Home, Everard　霍姆

Hooker, Joseph　胡克

Horrox, Jeremiah　霍罗克斯

Horsley, Samuel　霍斯利

Houston, William　胡斯顿

Hove, Anton　霍夫

Huddson, William　哈德孙

Hume, David　休谟

Hunter, James　亨特，詹姆斯

Hunter, John　亨特，约翰

I

Inglis, Hugh　英格利斯

J

Jenkinson, Robert　詹金森

Joseph I, Franz　约瑟夫一世

K

Kaempfer, Engelbert　肯普弗

Kerr, William　克尔

King, John　金，约翰

King, Philip　金，菲利普

Konig, Charles　柯尼格，查尔斯

Kyd, Robert　基德

L

Lance, David　兰斯

Lee, James　李

Lightfoot, John　莱特富特

Lind, James　林德

Lock, John　洛克

Lyons, Israel　里昂

M

Macartney, George　马戛尔尼

Macfarlane, Alan　麦克法兰

Mackay, David　麦凯

Marrison, Robert　马礼逊

Martyn, Thomas　马丁

Masson, Francis　马森

McNeill, John　麦克尼尔

Menzies, Archibald　孟席斯

Merck, Johann　默克

Miller, David　米勒，大卫

Miller, James　米勒，詹姆斯

Miller, John　米勒，约翰

Miller, Philip　米勒，菲利普

Montagu, John　蒙塔古

Morris, Valentine　莫里斯

Morton, Thomas　莫顿

N

Nelson, David　纳尔逊

Nepean，Evan　尼平

Nicol，Geroge　尼克尔

O

Oldenburg，Henry　奥尔登伯格

P

Paillou，Peter　佩娄

Paley，William　佩利

Parker，John　帕克

Parkinson，Sydney　帕金森

Pennant，Thomas　本南德

Percy，Thomas　珀西

Petiver，James　贝迪瓦

Phillip，Arthur　菲利普

Phipps，Constantine　菲普斯

Pope　薄柏

Pratt，Mary　普拉特

Price，Derek　普赖斯

Priestley，Joseph　普利斯特列

Pringle，John　普林格尔

Pye，James　派伊

Pyenson，Lewis　佩恩森

R

Ray，John　雷

Reeves，John　里夫斯

Rouleau，Ernest　鲁洛

Roxburgh，William　罗克斯伯勒

Rumphius，Georg Eberhard　朗夫

S

Sarton，George　萨顿

Shaftesbury　沙夫茨伯里

Shirley，Henry　雪莉

Sibthorp，John　西布索普

Sinclair，John　辛克莱

Sloane，Hans　斯隆

Smith，James　史密斯

Snyder，Michael　斯奈德

Solander，Daniel　索兰德

Sonnerat，Pierre　索纳拉

Sowerby，James　索尔比

Spencer，George　斯宾塞

Spöring，Herman　斯堡林

Staudon，George Thomas　小斯当东

Staunton，George Leonard　老斯当东

Stephen，Leslie　斯蒂芬

Sutter，George　萨特

Swift　斯威夫特

T

Thunberg，Carl Peter　桑伯格

Tobin，Beth　托宾

Turner，William　特纳

W

Walker，John　沃克

Wallen，Matthew　沃伦

Walpole，Horace　沃尔波尔

Watt，Alexander　瓦特，亚历山大

Watt，James　瓦特，詹姆斯

Weddell，John　韦德尔

Wedgwood，Josiah　韦奇伍德

Wesley，John　卫斯理

West，Benjamin　韦斯特，本杰明

West，James　韦斯特，詹姆斯

White，Gilbert　怀特

Whitworth，Charles　惠特沃思

Wilkins，John　威尔金斯

William of Worcester　威廉

Windischgrätz，Graf von Josef Niklas
　温狄士格莱茨

Woodward，Samuel　伍德沃德

Worster，Donald　沃斯特

Wren，Christopher　雷恩

Y

Young，Arthur　杨

后　记

　　"班克斯研究"是恩师刘华杰先生给我的命题作文。工作之后，借助新挖掘的文献，我更加聚焦于班克斯帝国博物学的空间逻辑和实践特性研究，试图系统再现欧洲近代帝国博物学与殖民活动之间的二元共生模式，揭示与帝国主义生产体系全球扩张同步的欧洲科学文化同质化空间的生产和生成过程。

　　对我来说，研究博物学思想史和在北京大学读博士都是很偶然的事情，当然，也是极幸福的事情。前者源于刘华杰教授在北京师范大学的一次讲座，我觉得这门学问很好玩；后者则顺理成章，要研究博物学，在当时科学哲学专业，只此一家。毕业近五载，但在我心中，燕园依旧是那个最有魔力的地方。我定是积攒了千百世的"因缘"，才能得此眷顾，有四年时间来感受她的气息。那里学术自由、严谨、包容，那里老师谦虚、博学、厚德。

　　我的人生很是幸运，两位导师生活上待我宽容温润，学业指导上尽心竭力，我将永记于心。首先我要诚挚感谢博导刘华杰。老师学术严谨，待人谦和。回想这些年来，几乎每一篇文章都有老师认真的修订和教导，从布局到细节；几乎每前进一步都有老师热情的关照和教诲，从生活到工作。感谢硕导田松先生，我虽然已毕业，但您一如既往地帮助我、指导我。一日为师，终身为父，这种恩情自当铭记。

　　我的人生很是幸运，竟得如此多名师的关心和指导，我为之深深感动。吴国盛老师强大的学术气场和对博物学文化特有的洞见一直是我不断前进的动力。苏贤贵老师在畅春园餐厅的"第二课堂"让我的研究工作化繁为简。刘孝廷老师和董春雨老师高尚的学术品格和无私的帮助，诠释着传道和解惑。论文写作、外审与答辩过程中，周程老师、冀建中老师、刘晓力老师、崔伟奇老师、张增一老师、江晓原老师、程美宝老师给出了真诚的建议，令我受益匪浅。还有杜伦大学的奈特（David Knight）和埃迪（Matthew Eddy）。大卫爷爷当时已 80 高龄，聊起博物学文化谈笑风生。马修教授年轻严谨，我们谈论学术、品评英国文化的场景恍如隔日。感谢剑桥大学的法拉（Patricia Fara），您的邀请让我备受鼓舞。感谢自然博物馆的普拉卡什（Rane Prakash）和皇家学会图书馆的霍普金斯（Joanna Hopkins），为我提供了文献收集的诸多便利。

　　我的人生更是幸运，有着家人的全力支持。感谢我的父亲、母亲和姐姐！家人的理解和宽容，使我有勇气奋斗到现在。感谢相伴我的妻子！当事情进展不顺，你从未责备；偶有小成，你总是更激动。

　　感谢博物学文化丛书的主编刘华杰老师、编辑唐宗先老师，以及上海交通大学出版社的领导，有你们的认可和付出，本书才能付梓。